경복궁의 모던 프로젝트

경복궁의 모던 프로젝트

제9회 심원건축학술상 수상작

심원문화사업회가 주최하는 <심원건축학술상>은 건축역사와 이론, 건축미학과 비평 분야의 신진학자 및 연구자의 완성된 연구 성과물 또는 저작물 중 학술적이며 논쟁적 가치가 높은 응모작을 선정하여 출판을 지원하는 프로그램으로서 2008년에 제정되었다. 이 책은 그 여섯 번째 결실이다.

심원건축학술상 2기(2014~현재) 위원회

김종헌, 배재대학교 건축학과 교수

박진호, 인하대학교 건축학과 교수

우동선, 한국예술종합학교 건축학과 교수

함성호, 스튜디어 EON 대표

심원건축학술상 1기(2008~2013) 위원회

배형민, 서울시립대학교 건축학과 교수

안창모, 경기대학교 건축대학원 교수

전봉희, 서울대학교 건축학과 교수

전진삼, 간향 미디어랩 《와이드AR》 발행인

경복궁의 모던 프로젝트

강난형 지음

일러두기

1. 이 글은 필자의 박사학위 논문인「경복궁의 모던 프로젝트—발전국가시기 광화문과 국립종합박물관을 중심으로(1962~1973) Modern project of Gyeongbokgung palace from 1962 to 1973—focusing on Gwanghwamun gate and the National Museum in the Developmental state of Korea」의 내용을 바탕으로 수정·보완하였다.
2. 본문에서 주요 용어와 지명, 인명은 한국어로 표기하는 것을 원칙으로 하고 필요한 경우 본문에서 한자 또는 영문을 병기하였다.
3. 인용된 글과 표는 원서 내용 그대로 표기하였다. 대신 오타가 있는 경우 각주에 별도로 설명하였다.
4. 각주, 그림, 표 번호는 각 장을 구분하여 부여하였다.
5. 그림은 국문 명칭으로 표기하고, 생산년도는 괄호( )안에 넣었고, 출처와 소장처를 표기하였다.
6. 출전 표기가 없는 그림, 도면 등은 필자가 직접 제작한 것이다.
7. 그림, 표의 출처 정보는 그림, 표 목차에 쪽수와 함께 표시하였으나 필요에 따라 본문 내에 표시하였다.
8. 참고문헌은 단행본의 경우, '지은이, 「논문제목」, 『책제목』,(발행처, 출판년), 쪽수'순으로 표기하였고, 옛 문헌, 단행본, 전집, 정기간행물에는 겹낫쇠(『』)를, 학회지 논문에는 홑낫쇠(「」)를 사용하였다.
9. 찾아보기는 인명, 단체조직명, 장소·건물명의 고유명사를 기준으로 정리하였다.

서론 **개발시대 역사도시 프로젝트, 서울의 (탈)식민주의의 공간 읽기**·11

1부 **오래된 도시와 새로운 수도: 발전국가 개발방식으로 다시 보기**·23

국가의 이름으로 도시를 보존하고 수도를 개발하기·27
발전국가 한국 상상하기
아시아 국가의 문화 공간 개발: 하나의 네이션, 하나의 문화

경복궁과 발전국가 수도 계획·38
중앙청 재사용과 군사혁명 1주년 산업박람회 개최
경복궁의 7개 문화시설의 장소 경합과 '전통을 계승하기'

2부 **국가 유산을 보존하고 전통을 계승하기**·73

테크노크라트 건축 조직과 문화적 정체성·77
문화재 실측설계사와 건축가의 경계에서, 국보건설단 강봉진
문화재 실측도 분석을 통해 건축 양식론을 펼친 건축사가, 정인국

국립종합박물관의 '전통을 계승하기'·85
국가 유물 이동과 통합 정의하기
문화재 관리국의 종합박물관 설계 지침
국보건설단의 국립종합박물관 현상설계 당선안
추진위원회의 자문검토과정과 수정안
전통을 계승하기 1차 논쟁 : 탈 전통과 전통 계승, 장소성과 지역성

광화문의 '전통을 계승하기'·103
문화재 관리국의 광화문 설계 지침
국보건설단의 광화문의 설계안
전통을 계승하기 2차 논쟁 : 조선왕조와 발전국가를 잇는 새로운 도시 축

글 순서

3부 **국가와 국가너머 세계: 수공예 콘크리트 모던 생산하기·137**

건축 텍토닉과 발전국가·141
네이션 빌딩과 콘크리트
원조와 다른 건축

지역과 계승·151

국가와 국가너머 수공예 콘크리트 모던·172

결론 **탈 발전국가와 건축 텍토닉 상상하기·193**

참고문헌
보고서·205
구술자료·206
저서·207
논문·212
잡지·219
영상자료·220
그림 목차·221
표 목차·224

부록
구술자 소개·229
구술채록 자료·231
찾아보기·275

감사의 글·282

서론

개발시대 역사도시 프로젝트, 서울의 (탈)식민주의의 공간 읽기

경복궁의 모던 프로젝트

개발시대 역사도시 프로젝트, 서울의 (탈)식민주의의 공간 읽기

20세기 후반 아시아의 근대성에 대한 논의는 서양과 동양, 중심과 주변부, 개발과 저개발, 문명과 문화와 같은 두 경계 사이의 관계로 독해되었다. 국제적인 학문적 성과는 상당히 축적된 형편이지만 아시아 내부의 시각으로 아시아의 근대성을 연구한 사례는 거의 찾아볼 수가 없다. 아시아의 포스트식민주의에 대한 연구자들조차 아시아의 근대에 대한 문제는 서구의 영향으로 인정하면서 서구만을 참조의 틀로 삼는다.[1]

그러나 아시아의 근대성에 대한 연구는 비서구의 식민주의적 유산, 예를 들면 일본의 제국주의와 관련된 지역들을 검토함으로써 새로운 질문들을 추가할 수 있다. 산업화의 과정에서 식민지였던 아시아 지역에서 발생한 근대성의 문제는 '세계 전체에 거쳐 굴절된 도시적 삶의 특정한 생산 양식'[2]에 의해 발생하였다.

서울이라는 공간은 식민지의 유산과 그 이후 발전국가의 의도가 결합된 곳으로, 도시 공간의 개발 담론이 어떻게 생산되고 소비되었는가를 연구할 수 있는 주요 대상 가운데 하나이다. 그러나 그 건축적 실천은 국가나 건축가를 단일한 주체로 단정하기는 힘들다.

도시 공간 안팎의 도전에 끊임없이 타협하고 경쟁하고 방어하며 갱신되고 재창조와 변형되는 역사적 과정 안에서 만들어졌다. 그렇기 때문에 도시 공간의 개발 주도적인 산업화 과정은 규범적 기준에 따른 근대의 모방과 이행이라는 단정보다는 문화를 생산하는 과정으로 읽어야 한다. 이 점에 있어서 본 연구는 통상적으로 '폐기된 모든 것으로부터 자신을 떼어 놓으려는 단호한 노력'[3]으로 이해되어 온 근대성에 대한 또 다른 태도를 제시하고자 했다.[4]

우리는 다른 아시아 신흥공업국처럼 식민지 상태에서 해방된 이후 국가주도하에 기업을 동원한 산업화 과정이 이루어졌다는 점을 공유한다. 도시 공간을 발전국가[5]를 통해 이해한다는 것은 아시아 도시의 문화적 횡단의 구성물로 근대성과 민족주의의 모순적 양상이 더욱 두드러지는 지구적 현상에 대한 연구를 진행한다는 의미이다. 타이페이와 베이징, 평양과 서울은 다른 이데올로기 속에 비슷한 도시의 역사적인 경험을 했다. 서울이 1960년대 개발방식으로 거리, 광장, 기념물을 계획하고 1990년대에 과거 1960년대 개발 산물을 파괴함으로써, "역사도시 서울,"의 진정한 양식 부활을 위한 기억의 소거를 진행했듯이,[6] 다른 아시아 도시인 베이징도, 타이페이도, 평양도 '역사도시'만들기를 위한 이데올로기에 따라 과거 50년 동안 지어진 구조들의 파괴가 있었다.[7] 그러한 점에서 서울이라는 도시 공간의 연구는 '문화적이면서 물질적이고', '지구적이면서 국가적인 양상'[8]에 대한 탐구라고 할 수 있다.

연구의 목적

본 연구의 목적은 경복궁의 역사를 연구하거나 모던 프로젝트의 모델을 찾으려는 것이 아니다. 그것보다는 1960년대 후반 경복궁 주변에서 벌어졌던 건축 행위들의 모던 프로젝트로서의 성격과 그것의 역사적 의미를 추적하는 연구이다.

당시 프로젝트를 수행했던 이들은 경복궁 재건 사업을 모던 프로젝트와 동일시하였다. 왜 그들은 전통 건축의 가장 핵심적인 장소인 '궁'을 대상으로 하는 건축 행위를 가장 모던한 방식이라고 생각했는가?

본 연구는 이러한 질문에 초점을 맞추면서 한국에서 모던 프로젝트의 기반이 어떻게 만들어졌는가를 살펴보려 한다. 또한 누가 어떤 이유로 이러한 모던 프로젝트를 수행하였으며, 그것의 기반이 되는 지식이 어떠한 것들인지도 추적하고자 한다. 이를 통해 필자는 국가 주도의 산업화 과정으로서의 모던 프로젝트를 건축의 지식과 공간 생산의 문제로 확장하고자 했다.

연구는 시·공간적으로 1962년부터 1973년의 경복궁 안과 밖의 변화를 다룬다. 물리적으로는 중앙청이 복구되고, 황토현에서 중앙청까지 앞길 폭이 53미터에서 100미터로 넓혀졌으며, 광화문은 건춘문 북측에 남겨진 석축을 경복궁 정면으로 이건하고 콘크리트 구조로 다시 재건되었다.

또한 군사혁명 1주년을 기념하는 산업박람회가 개최된 이후 궁 안에 3개의 박물관 체제가 구성되면서 국립종합박물관(현 국립민속박물관)이 지어졌다. 제도적으로도 국립종합박물관 신축 과정에 문화재관리국이 문화재개발 5개년 계획을 시행하였던 시기이다.

민족의 문제가 더욱 보수적이고 윤리적인 문제로 고착되었던 유신 이전의 시기를 다룸으로써 연구는 발전국가의 정체성이 형성된 '불안정하면서도 모험적인' 시·공간을 다루고자 했다.

연구의 방법

이제까지 아시아 국가의 탈식민주의 도시공간에 대한 연구는 몇 가지 전술이 있어왔다. 비서구의 타자로서 아시아를 해체하고, 아시아 도시공간을 보편주의에 반대되는 특수주의로 규정하였으며, 내재론적 발전론의 관점으로 문명을, 민족주의 주체성을 읽고자 하였다. 그러나 시도들에서 보듯이, 불균등한 지식생산의 구도에서 서구 중심주의를 대응하는 것은 비현실적이었다.[9]

경복궁의 모던 프로젝트는 아시아의 근대성 형성을 분석하기 위한 새로운 방법으로 다음의 세 가지 구축 방식을 제안했다. ①건축 조직: 중간 건축 조직에 의한 역사적 장소의 세속화, ②건축 양식: 역사주의 설계를 통한 전통의 재해석, ③재료와 지역: 수공예 콘크리트 기술에 의한 기술적 실험들이다. 이때 아시아의 근대성은 근대화되기 위한 규범적인 노력이 아니라 근대화의 효과를 위한 시도로서 역사와 문화를 조율하는 분석적 개념이 된다.[10] 이는 지역으로서 아시아 국가와 식민 역사 사이에 형성된 공간의 실천과 경험을 살펴봄으로써 탈 식민주의 연구의 대안이 될 수 있다.

1960년대의 한국은 발전국가로서, 자본과 인적·제도적 장치 등의 기본적인 토대가 부족한 상황에서 다양한 주체들이 국가의 계획을 수행하였다. 특히 건축전문가와 관료가 결합된 중간 조직은 프로젝트의 진행 과정에서 재편

되었으며, 궁의 안팎에서 개발 과정을 수행하였다. 그러한 점에서 중간조직이 보여주었던 의사 결정 과정은 장소와 관련된 논리를 살펴볼 수 있는 기준이 되었다.

또한 당시 프로젝트를 수행했던 이들의 역사주의 설계를 통해 어떤 방식으로 과거(전통)와 근대인으로서의 자신 사이의 차이를 정의하고 근대적이라고 여기는 새로운 감각을 표현하고자 했는가를 살펴보았다.

해방 이후 한국의 '산업적 근대화'과정은 건축의 물질적 조건에 큰 영향을 주었다. 발전국가의 건축 프로젝트는 장소에 대한 개발과 민족 유산의 재조명이라는 구도에서 진행되었다. 또한 건축의 기술문제는 서구문명과 민족문화의 대립이나 저항이 아닌 결합의 구도에서 만들어졌다. 이것이 발전국가의 건설과정에 민족주의와 발전의 담론이 결합할 수 있었던 이유이다. 결합 담론은 민족과 서구를 민족문화와 발전된 문명, 전근대와 근대, 집단과 개인의 단순한 구도에서 한쪽만을 선택한 것이 아니었다.

이를 위하여 방법론적으로 텍스트 내의 상상 지리적 경계(궁궐과 도시, 담론과 생산, 국가 문서와 개인 구술)을 탐험하고자 했다. 물론 궁궐과 도시의 문제는 1960년대 연구의 전유물이 아니었다. 국가의 통치권이 미치는 궁이 도시와 만나는 외부 경계 구역의 문제는 전근대에서 근대로 넘어가는 시점에 만들어졌다.

도시공간의 소유와 점유의 문제는 왕실재산이지만 근대시설이나 민간주거로 점용되면서 발생하였으며, 도시의 권력과 공간으로 궁궐이 전통기획의 장소가 된 것은 일제강점기 왕실 재산(제실유)이 행정기관의 소유(국유)로 넘어가는 때부터 시작되었다. 그러나 현재 경복궁 연구는 조선왕조의 법궁이라는 상징성에 기반을 두고 있다. 그 관점은 시대별 연구가 진행되었지만 그 원형의 파괴와 활용에 대한 과정과 의미, 원인을 찾는 것에 집중되는 상황을 만들었다. 이는 한국의 건축지식 생산 환경의 '진정성 찾기'문제와 연관되어 있다.

한국의 건축지식 생산 환경은 프로젝트로서 연구가 큰 영역을 차지하며, 그 공공기관의 연구에 많은 부분이 전통과 관련되어왔다. 예를 들어 문화재 발굴과 정화 사업이 활발해지면서 관련 문헌들의 발굴과 함께 도성축조나 궁궐 조영 관련 분야의 논문들이 발표되었다. 화성성역의궤의 영인본(1964년) 발간으로 생산조직의 문제가 거론되어 건축생산사의 연구 기반이 시작되었으며, 서울 남대문 해체수리공사(1963년)를 시작으로 1970년대까지 전국에 산재한 중요건축문화재에 대한 조사와 해체보수작업으로 실측자료가 소개되면서 목구조나 의장기법과 같은 전통건축의 지식기술에 대한 연구가 시작되었다. 이는 전통분야만의 문제는 아니다. 현대건축의 지식생산문제에 있어서도 관주도의 생산과 기술시도, 연구사업으로 만들어진 이론 연구가 역사를 구성하고 있는 우리의 조건으로 사라지지 않았다.

발명된 전통에 관한 선행연구자들은 주로 국가기록원, 문화재청에 정리된 문화재 보수 및 복원 보고서, 관료의 논문 등을 자료로 이용한다. 또한 미 국립문서보관소의 1960년대 후반부터 1970년대 초까지의 문서들이 본격적으로 해제되고, 한국정부 내에서도 주요 사건과 관련 문서를 공개하면서 자료는 풍부해졌다.

그런데 학자 한 개인이 자신의 세계를 구성하는 지식을 통제할 수는 없지만 국가 입장에서 생산된 자료가 대부분이어서 공문서와 프로젝트 문서를 역사적 대상으로서 다르게 보는 보완의 방식이 필요하다. 국가 지정의 새로운 사적의 분류 틀은 연구 진행에 있어서 한계가 되고 있으며 공통적으로 문화재를 전통건축으로 인식하고 원형을 잘못 복원한 사례로만 단정지었다.

그러므로 건축사 연구에 있어서 1960년대~1970년대는 국가의 정치도구로 쓰인 건축으로 표상되고 그 시기를 정치적 상황이 만든 암흑기로 묘사된 것은 당연해 보인다. 이와는 달리 건축에 대한 연구는 담론에 의한 결과물로 주목하기보다는 사회적 조건에서 만들어진 특정한 생산으로써 논의가 필요하다.

1960년대 경복궁의 도시공간은 국가 정체성을 만들어가는 방법으로 일제강점기와 전쟁으로 파괴된 경관을 바꾸는 과정이 활용된 것이다. 건축의 혼종적 상황은 단일한 행위자가 아닌, 관료와 건축전문가 사이에 테크노크라트적 관점의 상호 조절된 실천이라 할 수 있다.

도시개발과 유산보존의 관점에서 궁의 안과 밖의 도시계획국과 문화재관리국 두 기관의 집행 문서를 함께 읽었다. 이를 통해 도면, 회의록, 지도 등 1차 자료를 수집하였으며 조건과 대응, 검토와 조정과정을 정리하였다. 특히 중간조직으로 건립추진위원회, 전문위원회, 소위원회를 주목하였다. 그들의 글과 인터뷰, 구술채록, 개인 소장 자료는 중요한 건축 행위자에 의한 다층적인 목소리가 되어 공식 역사와 다른 미시적인 접근을 담을 수 있기 때문이다.

책의 구성

국가의 이름으로 도시 공간을 상상하고(1부) 정의하며(2부) 생산하는(3부) 일련의 과정을 3부로 구성하였다.

첫 번째 주제는 아시아 도시의 근대성에 대한 비판적인 서술이다. 1부를 통하여 5·16쿠데타 이후 1960년대 초, 군부 정권이 어떻게 경복궁을 발전국가 산업화를 위한 장소로 상상하고 재현하였는가를 다루었다. 관료들과 건축 전문가들로 구성된 중간 조직은 역사적 장소를 설정, 선택, 분류, 생산하는 중요한 역할을 맡았다. 경복궁과 같은 사적지 주변의 도시건설은 특히 서울시와 문화재관리국이 가장 대립하던 장소였다. 그리고 각 기관 간의 대립과 갈등은 도시 개발과 문화재 보존이라는 두 가지 목표의 기묘한 공존에서부터 만들어졌다.

두 번째 주제로 1960년대 건축계의 '탈 전통과 전통 계승' 논쟁을 다룬다. 2부를 통해 테크노크라트 건축조직이 국가 정체성 논의의 맥락에서 전통을 어떻게 선택하고 정의하였으며 폐기하였는지를 다루고자 하였다. 경복궁 안과 밖의 광화문과 국립종합박물관프로젝트는 '상상의 공동체를 이룩하고자 하는 발전국가의 프로젝트'이면서 국가 주도적인 '역사적 전유'에 대한 일정한 동조와 갈등, 저항의 폭넓은 스펙트럼을 생산하였다.

세 번째 주제는 콘크리트 국가 문화유산 생산의 문제를 네이션 빌딩을 위한 근대 기술과 민족주의의 결합 문제로 보는 관점을 제공한다. 원조시대와는 다른 국가 주도의 산업화 과정을 대변하는 역할을 맡았던 것은 기계가 아닌 인간의 노동을 이용하여 만든 수공예 콘크리트 기술과 그 실험이었다. 3부는 국가와 국가너머의 지역성을 위해 역사주의 설계가 국가 지역을 통해 재현되고 변용되는 양상을 살펴봄으로서 탈 식민주의와 근대성 사이의 혼란스런 관계를 드러낸다. 이 시기 국가 건축가들의 건축 지식 생산은 일제 시기 관변 학자들이 행한 작업에 영향을 받으면서도 동시에 충돌하였다. 왜냐하면 그 유기적 관계 안에서 문화유산 조사와 건축사론을 재 서술하였기 때문이다.

'2부 국가 유산을 보존하고 전통을 계승하기'는 한국 근·현대 미술사학회의 '국보건설단 강봉진과 국립종합박물관'(2017)의 글을 다시 정리하여 포함하였으며, '3부 국가와 국가너머 세계: 수공예 콘크리트 모던 생산하기'는 IASTE 학회에서 전통의 정치학 주제 아래 발표한 「수공예 콘크리트 모던—발전국가의 국가너머 탈 식민국가만들기 Handcrafted Concrete Modern in the Developmental State: Making Post- Colonial Nation beyond the Nation」(2018) 글을 추가하여 보완하였다. 결론의 일부 내용은 EAAC 학회에서 「두 번의 실천—경복궁 광화문의 중건 Two Practices: Reconstructions of Gwanghwamun in Gyeongbokgung」(2015)로 광화문의 두 가지 중건을 비교하는 연구로서 발표된 적이 있다.

경복궁과 그 앞길에 담긴 역사와 근대성 문제는 건축가 발언너머 문제로 인식되어왔다. 발전국가의 프로젝트에서 현대 건축이 소외되었고 그 결과 작가의 저작권이 인정되지 않는 공식적 사건으로, 전통성 표현에 대한 논쟁이 형태 또는 양식이 아닌 공간이어야 한다는 건축계 자각의 문제로 읽혀졌다. 그러나 우리는 '전통' 또는 '근대성'에 대한 발전국가의 논의를 추적해가면 식민지에 대한 기억, 전쟁의 역사성, 민족주체성의 문제에 대한 고민과 다양한 해석들을 마주할 수 있다. 그리고 국가 프로젝트로서 건축이 어떻게 연동되었으며 얼마나 갈등하였는지 건축적 파장과 대응을 실감하게 된다.

[1] • 13p
Chen, Kuan-Hsing, "Introduction: Globalization and Deimperialization", in *Asia as Method: Toward Deimperialization* (Duke University press, 2010), 1-3쪽.

[2] • 13p
Modernity was generated by a distinct mode of production condensed in the life of the cities and inflected throughout the industrializing world, especially in the semiperiphery and colonial realms of Asia.: Harry D. Harootunian, *History's Disquiet.: Modernity, Cultural Practice, and the Question of Everyday Life,* (New York: Columbia Press, 2000), 5쪽. (해리 하르투니언, 『역사의 요동』, 윤영실 서정은 옮김, (휴머니스트, 2006), 50쪽)

[3] • 13p
resolute effort to distance oneself from all that is antiquated.: Benjamin, Walter, *The Arcades Project.* Translated by Howard Eiland and Kevin Mclaughlin, (Cambridge, Massachusetts, and London, England, The Belknap press of Harvard University Press, 1999), 4쪽.

[4] • 13p
진이 김왓슨은 새로운 아시아 도시의 기술적 공간적 변천이 '도저히 믿을 수 없는 근대화'라는 모델의 범위를 벗어난다고 평가하였다. 진이 김 왓슨, 「서론 싱가포르, 서울, 타이페이의 공간생산」, 『새로운 아시아: 도시 공간과 도시형태의 3차원 허구들』, 태혜숙 옮김, (심산, 2011), 50쪽.
아시아 도시공간이 기술적, 산업적 변화에 의해 근대성의 특수한 과정을 겪었다는 것에 동의한다. 그러나 한국의 근대성에 대한 또 다른 태도 접근으로 역사적 지속성을 왜 다루었는지 탈 식민지적 접근이 필요하다.

[5] • 13p
2003년 '동아시아 경제 변화와 국가의 역할 전환'이라는 공동의 연구 주제로 정치, 경제, 사회, 도시 지역 분야의 전문가들이 모인 이후, 발전국가론에 대한 국내 연구는 더욱 활발히 진행되고 있다. 1980년대 후반부터 시작된 발전국가론(developmental state)은 동아시아 국가들의 자본주의적인 경제발전을 만든 경제적, 정치적 요인을 밝혀내기 위해 만들어진 이론으로, 미국적 양적 방법론의 관점에서 비판을 받았다. 동아시아의 자본주의적 경제 발전은 긍정적인 것만으로 평가받지는 않는다. 우리도 다른 아시아 신흥공업국의 도시인들처럼 이 시기를 거치면서 부의 불평등, 도시와 시골, 공사의 모호한 구분을 경험하게 되었기 때문이다. 최근, 발전국가라는 용어 대신 개발국가로 사용하는 학자들도 등장했다. 그 이유는 1)개발주의(성장지향의 시장혼합경제)와 국가주의(국가주도)의 결합의 의미 또는 2)환경을 고려하지 않는 자원 이용을 통한 경제 성장을 주

도한 국가의 의미로 그리고 3)'개발 경제 계획', '경제 개발원'등의 용례에 기대어 1960~1970년대부터 갑자기 출현한 '개발'개념을 주목하여서이다(김대환, 조희연 엮음, 『동아시아 경제변화와 국가의 역할 전환』, (한울아카데미, 2003); 문순홍, 『개발국가의 녹색성찰』, (아르케, 2006), 346쪽). 본 연구는 국가 주도의 개발 계획과 장기적 목표의 실행을 통해 '발전'을 만들 수 있다는 신념과 실천에 대한 질문을 건축으로 환원하고자 하는 의도에서 발전국가라는 용어를 그대로 선택했다.

[6] • 14p
Kang, Nan-hyoung, Song, In-ho, "Two Practices: Reconstructions of Gwanghwamun in Gyeongbokgung.", *International Conference on East Architectural Culture,* 2015.

[7] • 14p
Shuishan Yu, "Conclusion: Chang'an Avenue in a Global Context", in *Chang'an Avenue and the Modernization of Chinese architecture,* (Seattle, Wash. : University of Washington Press, 2013), 285쪽.

[8] • 14p
Chen, Kuan-Hsing, "Asia as Method: Overcoming the Present Conditions of Knowledge Production", in *Asia as Method: Toward Deimperialization,* (Duke University press, 2010), 214쪽.

[9] • 15p
Chen, Kuan-Hsing,"Asia as Method: Overcoming the Present Conditions of Knowledge Production", in *Asia as Method: Toward Deimperialization,* (Duke University press, 2010), 223쪽.

[10] • 15p
Modernity is not a normative drive to become modern, but an analytical concept that attempts to capture the effectiveness of modernizing forced as they negotiate and mix with local history and culture.: Chen, Kuan-Hsing, "Asia as Method: Overcoming the Present Conditions of Knowledge Production", in *Asia as Method: Toward Deimperialization,* (Duke University press, 2010), 244쪽.

1부

오래된 도시와 새로운 수도: 발전국가 개발방식으로 다시 보기

군사 쿠데타로 정부의 주요 행정조직에 참여한 군사 관료와 기업인, 건축가들은 서울을 국토의 종주도시로 변화시키려는 계획에 참여했다. 대한민국 수도 서울은 지자체의 자율성을 가진 도시공간과는 거리가 멀었다. 그들은 국토 인프라를 초집중시키는 과정에서 새로운 역사 수도 서울 프로젝트를 위한 행위자이자 행동가이자 주체의 역할을 하였다.[1] 서울은 '신생의 독립 민주주의 국가의 영광을 재회복하여','평화롭고 아름다운 수도로서 재부활하고자'하는 수도로 소개되었다.[2] 경복궁은 '수도 중심의 교육적 역사자료이자 외국인에게 한국 문화를 소개하는 거대한 문화재'[3]로서 우선적으로 관리되었다.

이 연구는 발전국가 근대기획으로서 국가 정체성 만들기에 대한 기존의 견해와 달리 1960년대 말부터 조선시대를 재조명하는 장소가 되기까지 주체들의 '개발주의'와 '보존주의' 사이 갈등 과정을 읽는 것을 주제로 하였다.

Warmest welcome to you on your visit to seoul, the Capital of the Land of Morning Calm.

(Tourist Service Section, 『Special City of Seoul』, 1962.)[4]

'고도와 문화재를 보존하고 후세에 전하는 법. 1960년대라는 시점에서 개발을 통하여 형적을 보태어 전하는 방법이 있다. 건설을 통하여 문화재를 시민과 더욱 접근시키자는 것이다.'

(『경향신문』, 1967년 10월 27일.)

국가의 이름으로 도시를 보존하고
수도를 개발하기 · 27

발전국가 상상하기 · 28

아시아 국가의 문화 공간 개발: 하나의 네이션,
하나의 문화 · 32

경복궁과 발전국가 수도 계획 · 38

중앙청 재사용과 군사혁명 1주년 산업박람회 개최 · 39

경복궁의 7개 문화시설의 장소 경합과
'전통을 계승하기' · 56

국가의 이름으로 도시를 보존하고 수도를 개발하기

"경복궁은 한국 전쟁 이후에도 다른 궁궐과 달리 한정된 공간만을 개방하였다. 경복궁과 그 주변 도시공간을 적극적으로 대중에게 공개한 것은 제3공화국부터였다. '군사혁명 1주년 산업 박람회'를 개최하고 국립종합박물관을 건립하였으며, 콘크리트 구조의 광화문을 중앙청 정문으로 세웠다. 경복궁이 다시 정치적 공간으로 사용된 것은 국가 정체성을 만들어가는 발전국가 건설과정을 통해 찾을 수 있다."

위의 기술은 정치권력이 특정한 공간을 민족적인(제국적인, 식민적인) 상징으로 재현하였다는 논리에 기반을 두고 있다. 그리고 이러한 정치권력과 문화 정치학의 기술방식에 의해 아시아 국가의 도시사와 건축사의 접점에서 연구하는 학자들에 의해 다양한 버전의 도시가 이야기되었다. 그들은 도시 공간이 시간을 통하여 미완성적으로 '치환'[5]되며, 문화적인 '경합'에 의해 '쓰여짐(생산)/지워짐(침묵), 글/파편, 기억/망각, 점유/추방, 헤게모니/저항, 혼종성/다문화'[6]의 정치적 관계를 연구하여 왔다.

그런데 이러한 방식은 문화적 버전의 다양성을 주장하는 것만이 아니다. 도시를 특정한 국가적 토양이 만드는 지리·역사·문화적 지속성을 주장하기 위해 사용하는 가능성이 있다.[7]

본 연구는 국가적 관점으로 재현의 정치학이 어떻게 도시에 사용되었는가를 폐기하기보다 이러한 '치환의 유전학'으로 도시를 다루는 방식에 대한 수정의 관점을 제시하고자 한다. 그러한 점에서 발전국가 형성과정을 국가적 관점의 문화 정치학보다는 도시 공간의 특수한 개발과정으로 읽는다. 또한 '국가를 상상하는 고정점이자 서로의 참조지점'으로 아시아 사회[8]를 불러오고, 도시와 건축 공간을 어떻게 보존하면서도 개발하였는지를 살펴보고자 한다.

한반도는 다른 아시아 지역과 달리 서양 강국이 아닌 아시아의 신흥 권력인 일본에 의해 식민화되었기 때문에 전후 식민주의적인 민족주의자들이 반서구를 주장한 것과 다른 양상을 보였다. 정부 관료, 건축가와 도시계획가에게 식민지적 경험은 탈 식민국가 만들기에도 사용되었다. 식민지를 경험했던 그들은 '식민지 역사적 관계에 문화·정치·경제적으로 반응한 여러 탈식민화 과정'[9]을 시도하였다. 이는 자기비판이면서 자기 발견의 실천과정이었다.

박정희 정부의 경제 정책은 강한 국가와 경제재건 및 부흥을 중요한 정책으로 설정하는 관료제와 국가 역량을 경제 발전에 집중하도록 하는 파일럿 기관을 구성하는 일본의 모델에서 영향을 받았다.[10] 국가가 경제적 변화를 주도할 때 가장 잘 발전한다는 관점으로 공공 소유권, 계획, 목표 설정을 도시를 변화하는 제도적인 수단으로 사용했다.

동아시아 건축역사에서 국가가 전면적으로 산업화 과정에 등장한다는 점에서 유럽 중심의 모델과는 다르다. 그러한 점에서 발전국가를 연구한 학자들은 국가의 역할이 무엇이었는지를 연구해왔다. 국가는 목표를 설정하고 기업을 지속적으로 자문한다는 점에서 '시장의 자문가, 지도자'(찰머스 존슨)[11] 로서, 또는 산업구조를 계획하고 산업 역량을 따라 자본과 차관을 통제하였다는 점에서 '설계사'(앨리스 앰스던)[12]이자 '시장 통제자'(로버트 웨이드)[13]의 역할을 했다.

1980년대 이후 시작된 그들의 연구는 후발 경제주자로서 불리한 경제적 조건을 '극복'하기 위한 국가의 개입을 정당화한 것이다. 국내에서도 2003년 '동아시아 경제변화와 국가의 역할 전환'이라는 공동 연구주제로 정치, 경제, 사회, 도시지역 분야의 전문가들이 모인 이후 발전국가론에 대한 연구가 시작되었다.[14]

그러나 국내 연구자들은 국가 주도의 자율성 논의의 극복을 제안하고 있다. 그들은 위의 연구가 여전히 국가가 군주, 정부 또는 관료, 제도로 치환되면서 '통합적이고 단일한 행위자'로 상정되었다고 이야기한다.

이런 논의는 한국건축역사 연구자에게도 시사점을 던져준다. 서구의 근대성 논의는 이제까지 역사적 주체를 어떻게 설정할 것인지와 근대성의 위기를 극복하는 투쟁 구도를 살펴보는 역사와 다름없었다. 그러나 그들에게 근대성 논의는 국가의 문제가 아니었다. 타푸리가 『건축과 유토피아』에서 '자본주의 개발로 건축을 빼앗겼다'라고 표현한 이유는 건축에 미래를 투사하는 역할이 남아있는가에 대한 질문이기도 하다.

1929년 대공황 이후 케인즈 식 복지국가가 노동자들의 계급투쟁을 임금 인상과 복지정책으로 무력화시켰을 때 그는 국가 주도의 각종 사업과 계획을 반대하였고 건축이 역사를 변화시키는 힘을 동경하였다. 20세기 근대성의 건축적 논의는 '자본주의에 대한 문화예술로서 건축을 어떻게 위치시키는가'의 문제로 다루어졌다.

벤야민의 '과거와 근대의 단절구도(폐기된 모든 것으로부터 자신을 떼어 놓으려는 단호한 노력)' 또는 타푸리의 '자본주의 발전에 따른 건축의 역사적 접근(빼앗아간 그런 업무들에 대한 정확한 검증이다. 말하자면 일반적으로 이데올로기를 빼앗아갔다)'[15]라는 진단은 최근까지도 이어진다. 프램튼은 '비판적 지역주의라는 전략(문화·정치적 조건이 부재한 곳에서 창조적인 문화전략을 만드는 것은 어렵다. 세계적인 도시는 명백히 문화의 깊은 차이를 만들 수 없다)'[16]을 구사했다.

국가는 한국의 근대성 문제에 있어서 중요하지만 숨겨진 지점으로 작용해왔다. 1995년 중앙청 철거 반대 운동으로 시작된 '건축은 없다'는 외침은 국가에 대한 건축적 논의의 시작으로서 현재까지도 비평의 한 흐름을 만들고 있다.[17] 이종건이 말하는 한국 근현대 건축에 대한 판단은 '건축 없는 국가'이다. 이것은 문화·경제적 능력이 있으나 건축이 없는 국가라는 뜻이다. 이종건은 새로운 방도로 자본주의 문화논리를 벗어나 그러니까 자본거래가 전혀 개입하지 않는 방식으로 수행하는 건축 작업의 가능성을 이야기했다.[18]

이종건은 '좀 더 크고 빠르고 값싼 사업의 전문가들'과 '스스로 작업을 전자에 저항하는 문화적 노력으로 생각하는 비판적 디자이너들'의 두 진영 사이의 국가 없는 건축을 하는 '용감무쌍하면서도 죄의식도 없고 섬세하면서도 분노하지 않는' 체계적이면서도 비판적인 건축가의 위치를 규정하였다.
이상헌은 '국가와 테크노크라트, 산업에 의해 주도된 역사로서 한국건축의 변화를 이끈 역사적 주체는 건축가가 아니다'[19]라고 단정 짓는다.
이들의 비평은 탈 발전국가와 건축의 관계를 겨냥하는 것이다. 그러나 벗어나고자 하는 발전주의 국가와 건축의 문제는 우리가 이제까지 식민주의 국가와 건축 문제를 다루어왔듯이 폐기함으로써 침묵하는 것은 피해야 한다. 그보다 그 건축의 문제는 1960년대 건축적 상황이 현재적 조건에 어떠한 영향을 미쳐왔으며, 좀 더 구체적으로는 벗어나고자 하는 발전주의 국가가 무엇인지에 대한 논의가 필요하다.
한국 건축의 근·현대사는 자본주의 개발에 대한 저항 구도로 위치할 수 있는 문제가 아니었다. 그렇지 않다면 건축은 어떤 위치를 잡고 있는지 그 역사적 관점을 고찰하는 것이 이 연구의 시작으로 볼 수 있다.
자본주의에 대한 논의에서 국가의 역할을 무시하고 논의할 수 없을 때, 그 권위주의적 코퍼러티스트 국가(authoritarian corporatist state)가 어떻게 건설되었으며 그 산업화 과정이 건축에 어떤 영향을 주었는가. 그러한 점에서 주목하는 것은 강한 국가의 역할보다는 건축이 어떻게 산업과 협조하는 발전연합[20]을 통해 테크노크라트적인 생각으로 도시공간을 생산하였는가이다.
한국은 식민지 경험을 통해 '위로부터의 현대화(modernization from above)'라는 정치 체계로 국가 주도의 산업화(정부 조직, 금융체계, 재벌 중심의 자본 축적)가 진행되었다. 이는 유럽의 제국주의와 달리 행정 관료를 넘어서 '국가 부르주아지'로서 국가의 존재라는 차이의 문제이다.
국가 주도하에 기업을 동원한 산업화 과정에 대한 비판으로 한국 현대 건축 역사 연구는 한국 근대에 대한 판단과 대응으로 두 가지 흐름이 만들어졌다. 하나는 국가라는 틀을 의도적으로 삭제하고 예술·건축가의 내부 사유에 의한 작품으로서 건축물을 다루는 연구이고, 다른 하나는 국가의 정치적 도구로 동원된 건축물의 형태와 거대 담론의 관계를 다루는 연구이다. 그런데 본 연구는 1960~1970년대 현대 건축사의 경우, 두 가지 방식 모두 부족하다고 판단한다.

한국 근대 건축사에서 중요한, 전자의 접근 방식은 건축가의 독자적인 사유물로 건축 작품을 다루는 것이었다. 개별 건축물은 고유한 가치관을 찾기 위해 건축가의 회고록, 기고문, 에세이, 논문, 도면 등이 이를 판단하는 고증 자료로 활용되었다.

이에 반하여 사회적 배경은 건축물이 지어진 시대적 배경으로 간략하게 다루어졌다. 한 건축가의 작품으로만 접근하면 산업과 이념의 조화라는 국가적 과제를 달성했던 현재와는 다른 정체성을 가져야 했던 건축가의 목소리는 사라진다. 1960년대 건축가에게 국가 정체성을 거부하거나 수긍하는 일은 중요하면서도 정치적인 문제였다.

그들이 다루었던 재료, 공간, 역사의 문제는 국가 보조의 산업과 도시건설, 문화유산 관련 정책을 배경에 두지 않고는 설명될 수 없다. 또한 지속적으로 만들어진 각종 건립 추진위원회 등의 관료화된 건축조직의 지도와 통제, 조절과정을 삭제한 채 결과물로만 정리될 수도 없다. 그러한 점에서 발전국가와 건축의 문제를 상상하는 것은 단일한 주체로 국가의 건축이 아닌 국가와 건축에 대한 틀이 필요하다.

시장의 설계자, 자문가, 지도자, 통제자라는 국가적 틀을 극복하기 위한 역사적 기술접근을 위해 관료들과 건축 전문가로 구성된 '중간조직'을 주목하고자 한다. 중간조직은 기술 관료로서 테크노크라트가 된 건축가를 포함한 건축가가 국가 주도의 산업화 계획에서 취했던 좀 더 유연한 생존방식을 말한다. 예를 들면 김수근(金壽根)은 한국기술개발공사의 부사장으로 건축설계에 참여하였으며 김현옥은 건축가 이상의 정치적 권력을 가진 존재였다. 대외 원조의 심사기관이기도 했던 한국기술개발공사 내 신분으로 세운상가와 청계고가도로의 건설에 있어 큰 영향을 주었다.[21]

한국의 건축가는 그런 점에서 자본주의 시장에서 예술가의 입지를 세우려는 방식과는 사뭇 달랐다. 관료 조직과 연계된 지위는 건축가가 원하는 이데올로기를 실현하도록 해주었다. 그런데 테크노크라트 건축가의 문제는 국가가 산업계획자로써 활발하게 역할하던 1960년대에 만들어진 새로운 연합이다. 이후 국가 프로젝트의 방식은 건축가들이 지도위원이자 전문위원으로 위상을 차지하게 되었다.
따라서 획일적이고 반동적이며 반 일상으로 묘사되는 발전국가의 국가 정체성과 문화정치학을 강조하기보다는 다양한 주체의 복합적인 관계에 의해 건축의 규제와 행정 집행을 도시에서 일상적으로 보여줄 수 있는 발전국가와 건축의 관계를 설명할 수 있는 방법을 찾고자 했다. 그러한 점에서 관료와 건축 전문가의 '중간조직'은 도시의 변화과정에 대한 목소리로서 발전국가의 독특한 특성을 드러낼 수 있다

아시아 국가의 문화적 공간 개발: 하나의 네이션, 하나의 문화

'하나의 문화를 가진 하나의 네이션'[22]이라는 민족문화 건설은 '아시아 신생국가의 모더니티를 모험하는' 중요한 부분이었다. 아시아 신생국가에게 '각 국가는 상징적 영역에서 독특한 자신만의 문화가 있어야 한다'(Handler 1988:153)는 생각은 각 국가의 존재를 선언하는 문제였다.[23] 마찬가지로 남한과 북한은 어느 쪽이 민족의 정통성을 계승했는지가 중요한 문제였다. 정체성의 담론으로 '민족/전통'을 끌어들였다는 점은 남한과 북한만의 문제가 아니었으며 하나의 네이션과 하나의 문화라는 대결 구도를 만들었다는 점에서 대만과 한국의 '분열적 정체성'[24] 은 닮았다.
중화공화국(Republic of China)으로 피신한 국민당은 중화인민공화국(People's Republic of China)의 공산당과 진정한 중국의 계승자가 누구인지를 경쟁해왔다. 특히 문화대혁명(1966년~1976년) 시기 중국 대륙에서 전통문화에 대한 철저한 비판과 탈피를 주장하고 유교전통문화가 배격된 것은 국민당에게 유리한 기회가 되었다. 중국의 공산당 정권은 대약진 전략(Great Leap Forward, 1958년~1960년)이라는 대량 생산을 통한 근대화 정책의 일환으로 10개의 문화시설(Ten Great Building, 1959년)을 계획함에 따라 중화인민공화국의 수도 베이징을 다시 건설한 이후 문화대혁명을 시작하였다.

이를 '안티테제'로 두는 국민당의 타이페이 문화시설 계획은 중화공화국의 이미지를 고대 수도인 베이징의 궁궐양식에서부터 찾았으며 이는 '반공, 정복과 구출'의 건축이 되었다.[25] 전통 목구조건축을 철근 콘크리트 구조로 지은 민족건축 시리즈는 문화대혁명(1966년~1976년)으로 더 강한 힘을 갖게 되었다. 대부분 공모전을 통하여 당선된 건축가들이 국가 문화를 양식적인 측면에서 상징하고자하는 정부의 의도를 반영하였다.[26]

대만 국민당 정권은 중국의 정체성을 만들기 위해 중국전통문화의 계승과 발전을 도모하고 강조했다.[27] 장제스는 쑨원 탄신 100주년을 맞아 마련된 중산루 중화문화당(中山樓 中華文化堂, 1966년) 낙성식에서 문화부흥운동(文化復興運動, Cultural Renaissance Movement)을 주창했다. 타이완의 국제적이고도 지역적인 조건에서 중산루 중화문화당은 타이페이 수도의 주변부에 지어졌다. 네이션을 구성하는 궁궐은 잃어버렸지만, 난징 콜렉션의 20%에 해당하는 유물이 네이션의 큰 부분이 되었다.[28]

이듬해에 설립된 중화문화부흥운동 추진위원회(中華文化復興運動 推進委員會, 1967년)는 '진정하지 않은' 일제 식민지 흔적을 지우고 잃어버린 뿌리로서 중국의 정체성을 도시에 복원하고자 하였다.[29] 각 지역에 기구를 설치하고 학교마다 삼민주의와 반공, 애국교육의 실시, 중국고전문헌의 각주 작업 등의 중화문화출판사업, 국민일상규범과 관련된 국민생활수지(國民生活須知)와 국민예의범례(國民禮儀範例)를 제정하였다. 그리고 행정원장 쟝징궈(蔣經國)는 시정목표 가운데 하나로 '문화건설'을 공표하였다. 그는 향후 5년 계획으로 문화센터 건립, 전담기구 설치, 문화재보존법 수정 등의 문화정책과 관련된 청사진을 제시했다.

대만보다 한국은 문화정책에 있어서 과거 유물을 발굴하고 복원하는 사업과 제도, 기구 설립에 치중했다. 박정희 체제는 서구식 자유민주주의와 맞서는 민족적 민주주의를 내세우면서 1968년에 문화공보부를 발족해 문화재를 관리하기 시작했다. 1969년부터 1973년까지는 문화재 개발 5개년 계획의 일환으로 문화재를 발굴, 보존하는 지원을 확대했다.[30]

해방 이후 남북한 정부는 전담 문화유산기구를 통해 유물, 역사적인 장소,

기념비를 유산으로 연구하고 관리하며 선택하는 과정을 이어갔다. 국가 문화유산의 내력을 보장받는 방식은 일제강점기 때 일제 관학자와 관료들에 의해 만들어졌다. 그들은 유산의 역사기록을 조사하고 과학적 증거를 수집했으며 전문적인 감정으로 확인하였다. 이 과정에서 만들어진 기록자료, 실측도면, 스케치, 사진, 지도, 보고서는 유산을 문화자원으로 '선택하고, 관리의 우선 순위를 매기고 등록하는' 역사적 기준이 되었다.

예를 들어 경복궁은 해방 이후 적산(총독부(국유)재산)으로 취급되고, 미 군정청 소유의 귀속재산을 거쳐 대한민국의 국유재산이 된다. 그러나 모든 문화재가 경복궁과 같이 보존되어야 할 국유재산으로 분류된 것은 아니었다. 1960년 국유재산(구 황실재산+총독부(국유)재산)은 다시 영구보존재산과 기타재산으로 분리되면서[31] 경복궁은 문화재로서의 가치를 기준으로 영구보존재산이 되었지만 국유재산 중 일부의 구 황실재산은 기타재산으로 분리된다.

1960년대는 구 황실재산을 국유화하는 법안이 명문화면서 기타재산 중 잡종재산은 처분되어 문화재 관리 특별회계로 전임할 수 있게 되었다. 이 시기부터 문화재 긴급보수비용을 구 황실재산이었던 잡종재산의 매각대금으로 충당하려는 계획이 논의되었다. 경복궁 내의 광화문 중건(당시 명칭, 복원사업)비용을 위하여 잡종재산이었던 모진동 주변(유강원 터)을 불하한 것은 이러한 맥락에서 자금을 만드는 방식으로 해석될 수 있다. 또한 종합박물관을 건립할 때에도 영구보존재산과 잡종재산을 매각하여 재정자금운영특별회계를 만들고 자금을 만들었다. 구 황실재산의 잡종재산을 매각하여 문화재 긴급보수 비용을 충당하려는 계획이 논의된 것[32]을 미루어보아 자금 사정이 상당히 열악하였음을 알 수 있다.

28일 문화재관리국은 영구보존재산으로 돼있는 왕릉, 왕족의 묘 중 문화재나 관광자원으로 가치가 적은 것은 문화재보호대상에서 해제, 부속 토지나 임야를 일반에 불하해서 그 대금을 종합박물관 건립기금으로 돌려쓰기로 결정했다. 이 계획에 따라 문화재 관리당국은 우선 금년도 왕릉 등 10기를 연내에 이장하기 위해 후보지를 물색하고 있다. 이들 묘를 옮기면 4천여만 평((50억 원=1964년 평가액)의 영구보존재산 중 약 70만 평(시가 5억 원)을 불하할 수 있게 되며 불하대금 중 약 4억 원은 종합박물관의 건립기금으로 삼을 계획이다. 이날 하갑청 문화재관리국장은 "이 왕조의 능들은 대체로 필요 이상으로 넓은 임야를 차지하고 있어 적은 인원과 예산으로 제대로 관리하기 어려운 실정"이라고 말하고 경기도 여주 소재 영릉(세종대왕릉)의 경우 75만 평(경복궁은 9만 4천여 평)이나 되는 넓은 능역을 단 1명의 관리인이 맡고 있는 실정이라고 밝혔다. 영구보존재산 중에는 지정 경위나 사실로 보아 의의가 있는 것이 많은데, 그 중 강원도 삼척군 미로면 활기, 하사전, 동산, 상정리 등 2백 70만 평에 자리 잡고 있는 이태조의 6대 조부 묘인 준경영경묘 등이 있다. 당국은 이를 중점적으로 정리할 계획인데 현재 문화재 보호법에 따라 관리 중인 영구보존재산으로는 능40기, 원13기, 기51기, 단1기 이며 이들은 태조선대묘 등 몇몇 외는 거의 서울을 중심한 반경 40킬로미터 이내 지역에 위치해 있다. 한편 문화재관리국은 영구보존재산 외는 잡종재산(토지, 임야, 건물)을 모두 연내에 매각 그 대금 7억 원은 재정자금운영 특별회계를 만들어 연간이자 7천만 원을 모두 문화재보수비로 돌려쓸 방침이다. (「왕족 묘지도 판다」, 『동아일보』, 1966년 1월 28일.)

이처럼 문화재를 발굴하고 복원하고 가치를 매기며 선택하는 과정은 '개발주의'와 '보존주의'적 측면에서 두 가지의 의미를 갖는다.

첫째, 문화유산은 특정한 과정을 통해 국가 소유의 재산으로서 국가의 정체성을 확정할 수 있게 하였다. 개인이 최소한의 삶을 유지하기 위해 무엇인가 소유할 필요가 있는 것처럼 국가도 이러한 맥락에서 국가의 정체성을 지속하고 유지하기 위해 민족문화를 소유해야 했다. 국가 유산으로 선택된 문화유산과 아닌 유산은 '정부의 개발주의적 아젠다를 위하여 개인 소유권은 공공 소유로 전환되는 과정'[33]을 겪는다. 그리고 선택되지 못한 유산이 있는 대도시와 시골의 오랜 건물, 역사유적지구는 불도저로 밀어버리고 도시를 위한 인프라로 고속도로, 공장, 고층아파트 업무지구가 건설된다.

둘째, 국가를 생산하고 재생산하기 위해 필수적인 문화 자본이었다. 남북한 두 정부는 문화자본을 복구하는 것을 가장 민족적인 문제로 중요하게 다루었다. 그들에게 공통점은 역사적 유물은 식민지 시기의 체계적인 파괴와 약탈에 의해 위험하고 손실되었으며 미완성적인 것으로 취급된다는 것이다. 그리고 민족주의자와 정치인들은 장소를 선택하여 국가 정체성을 구성하기 위한 기억과 역사의 공간을 만들었다. 특히 '국가 유산의 상실 위기를 상상하는 것'은 장소를 '고대성, 아름다움, 문화적 세습'을 재현하는 더욱 매력적이고 감상적인 국가 상징 대상으로 만들었다.[34]

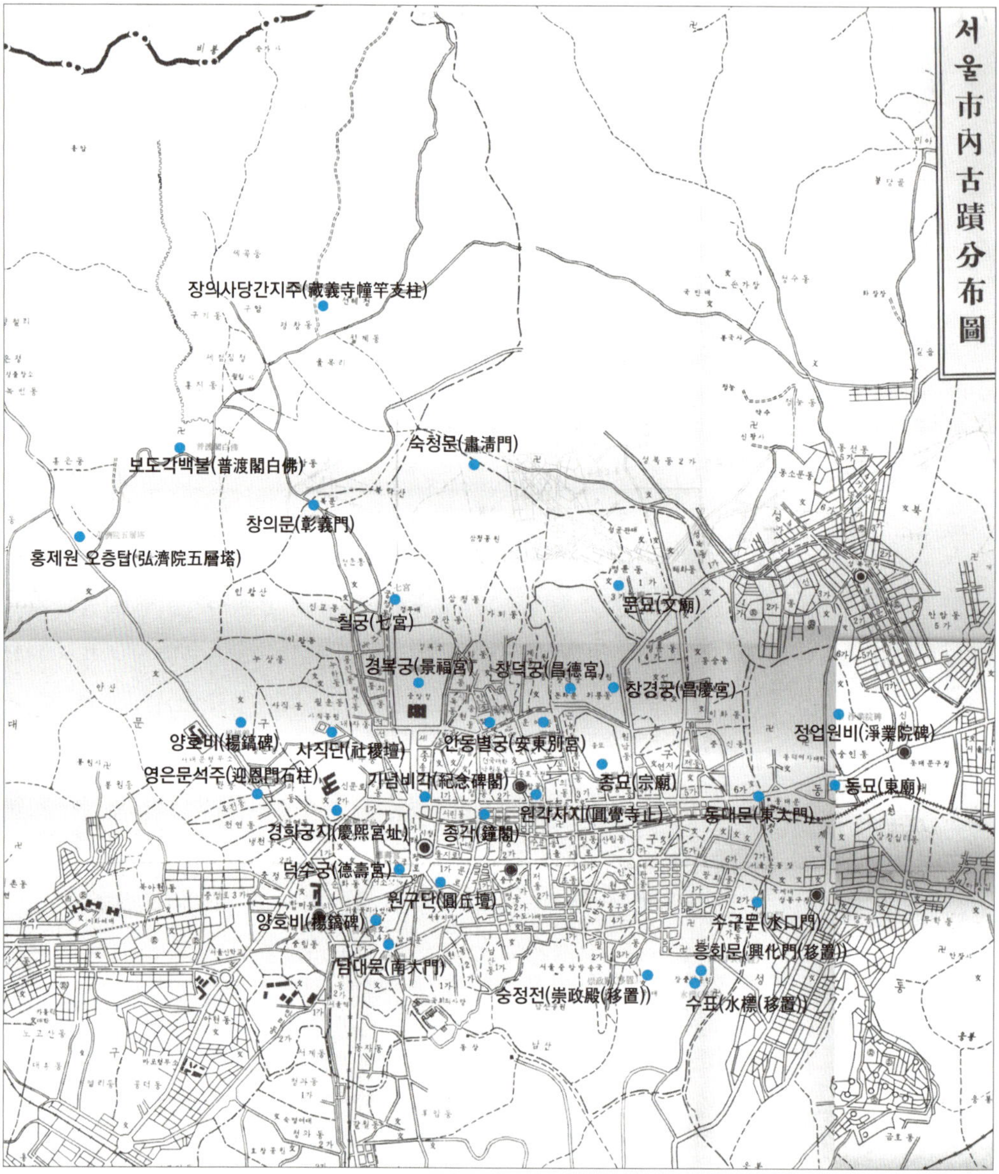

그림 1-1 서울시내 고적분포도 ©『서울특별시사: 고적편』, (서울특별시사편찬위원회, 1963)

일본이 과거 반세기 동안 우리나라를 지배하는 동안 그들이 지금도 자랑하는 문화 사업으로서 우리나라의 고적조사와 보존사업을 특필대서하고 있는 것을 우리는 보고 있다. 그러나 그들의 목적은 우리 민족을 문화적으로 향상하고자 하는데 있던 것이 아니다. 도리어 민족문화를 말살하려는 가공할 정책을 베풀다가 물러간 것이다. 그럼에도 불구하고 우리나라의 고문화의 원류를 살피는데 우리나라의 우수한 문화재는 귀중한 증거를 제시하고 있어 신라, 고려, 근조선의 각 시대에 놀라울 만큼 많은 문화재를 창조해왔고 그것은 동양문화를 살피는데 없어서는 안 될 귀중한 존재를 차지하고 있다. (문화재관리국, 『문화재』 창간호, 1965년 12월, 6쪽.)

우리 선조들이 남겨놓은 고귀한 문화유산을 유린한 일제의 식민지 문화정책의 악독한 후과를 청산하는 것은 일제 패망과 더불어 조선 인민 앞에 긴급히 나섰던 과업의 하나였다. 우선 일제에 의해 유린당하고 있는 고귀한 문화유산을 우리들 손으로 조사 수집하는 것은 인민들의 성숙된 요구였다. (김용간, 「문화유물 조사보존에 대한 조선노동당의 시책」, 『문화유산』, 1958년 제1호, 6-7쪽.)

북한은 '보물·고적·명승·천연기념물 보존령'을 1946년에 제정하였다. 북한의 문화유산의 실측조사는 남한보다 먼저 이루어졌다. 1956년 내각 직속 문화유물보존위원회에서 문화 선전성의 문화유물보존국이라는 전담기구(1956. 9. 3. 내각결정 83호)가 만들어졌다. 보존국은 국가지정으로 '명승 12개소, 천연기념물 43개소, 유적 260개소(총 315개소)'를 관리하면서 고건축물 115건의 실측도를 작성하였다.[35] 남한 정부는 해방 이후에도 17년간 조선총독부가 제정한 '조선보물·고적·명승·천연기념물 보존령(1933. 8.)'에 의해 문화유산을 관리했다. 문화재의 재지정은 북한보다 6년 늦게 이루어졌다. 1961년 10월부터 유산영역을 전담 관리하기 위해 만든 문화재관리국은 '문화재보호법(1962. 1. 10.)'을 제정하여 '국보 116개소, 보물 386개소, 사적 125개소, 천연기념물 98개소, 사적 및 명승 3개소'를 관리하였다.[36]

문화재의 재지정이 늦어진 남한에서는 이미 도시공간에 위치한 문화재인 경우 문제가 복잡하였다. 이미 그 공간은 사적으로 점유된 곳이 많아 다시 이양하고 지정하는 과정이 문화재 실측조사 작업과 함께 진행되어야 했다. 서울특별시사편찬위원회의 고적편의 작업에서 보듯이, 1954년~1961년 사이 시사자료, 조선왕조실록 등 문헌사료분류 자료를 정리하면서 서울시내 현존 유물 중 사적 가치가 선정되었다.

조사된 도면, 사진, 보고서가 지식권력으로 보존하고 파괴되는 관리 기준이 된다는 점에서 조선총독부의 방식과 유사하지만 실측조사를 만든 조건은 달랐다. 서울의 5대 궁은 '수도의 중심에 교육적 역사자료로 외국인에게 한국문화를 소개하는 거대한 문화재'로서 어떤 문화재 보수보다 중요했다. 조선왕조시대의 건물로서 궁궐은 전쟁 이후 파괴되고 소실되었다. 전쟁과 식민지 경험으로 파생된 '문화유산의 폐허'라는 문제가 유산관리의 당위성이 되었다. 더 많이 파괴된 궁궐은 오히려 그 역사적 자료의 중요성을 주목받았다.

일본과 한국은 피식민지와 식민지의 차이만큼 장소에 대한 접근이 다르다. 스스로를 아시아의 박물관으로 '세계문명의 거대한 움직임의 종착점'이라는 일제 관학자는 장소를 '지속성'의 측면에서 다루었다.[37] 한국의 도시 계획은 '단절'로부터의 보존과 개발이라는 필요성에 따라 만들어졌다.

경복궁과 발전국가 수도 계획

식민지 경험을 가진 나라들은 독립 국가를 세우려는 열망에 따라 식민지 흔적을 지우는 탈 식민지 과정을 경험했다. 한국도 패배와 승리, 독재와 민주, 일본과 근대의 뒤섞인 서술 속에서 국가 정체성을 만들기 위해 도시 공간을 지우거나 새로 만들며 개발해왔다. (탈)식민국가 만들기는 단지 특정 시기와 공간의 상상적 소유물이라고 할 수 없다. 사실 남한에서도 식민지의 패망을 다루면서 식민 기억이 남은 장소를 치환하거나 이동하고 물리적인 파괴를 통해 그 흔적을 오랫동안 진행해왔다.

도시의 (탈)식민주의 공간에 대한 연구자는 그러한 점에서 종종 식민주의를 기원적인 성격으로 규정하고 토착 문화들이 변화된 문제를 다루어왔다.

하나는 내재적 발전론의 문제 역시 모뉴멘트를 반일에 둠으로써 식민지 공간에서 유래되었다고 말한다. 이상, 정책, 개인의 실천이 역동적으로 만나는 장소를 도시공간으로 정의하면서[38] 조선시대가 일제 식민 정책과 자본의 침투에 얼마나 저항했으며 동화(同化)가 실패하였는가[39]를 다루었다. 그러나 '동화'만큼 '저항'과 '연합'의 문제를 식민지 공간 안에 가두고자 한다. 예를 들어 21세기 진정성 만들기로서 '불명예스러운 조선 궁궐의 기억을 반일의 장소로 치환하고 식민지 과거는 침묵하는','조선 르네상스' 현상도[40] '식민지 공간의 유령'으로 문제를 읽는다. 그러한 점에서 도시의 현재적인 실천들(투쟁, 저항, 연합)도 지속되는 식민주의 정체성으로 찾고자 한다.
다른 하나는 내재적 발전론을 '제국주의적 억압 대 민족적 저항, 식민지적 착취 대 민족적 발전, 일본 문화 대 한국 문화라는 이분법적 구성'[41]에 기반한 민족주의적 관점으로 규정하고 도전하는 방식이다. 현대 메트로폴리스 서울의 기원을 경성에서 찾아 '처음 대면한 근대의 실체와 유산의 현존'으로 그 '성찰의 출발점'으로 삼거나[42] 한국인들이 직간접적으로 참여한 '식민지적 근대성' 문제를 안팎의 도전에 '끊임없이 타협하고 경쟁하고 방어되고 갱신되고 재창조되고 변형되는 역사적 과정'[43]으로써 독해하고자 하였다.
그러나 본 연구는 신흥공업국의 급격한 자본주의 발전에 의해 만들어진 역사 또는 도시 공간의 '진정한 제조자'로서 강한 국가 권력의 식민지 시기 개발 경험에서 찾는 것이 아니다. 경복궁은 모더니티와 전통의 이분법적 구도에서 전통 공간을 담당하기보다 도시 개발에 숨겨진 민족주의와 근대성의 결합의 문제를 다루고자 한다.

중앙청 재사용과 군사혁명 1주년 산업박람회 개최

5·16쿠데타 이후 집권한 박정희 군부정권은 경복궁을 민족 수난의 공간으로 재현하고 재건해야 할 대상으로 삼았다. 재건방식에 있어서 식민시설과 그 방식의 전유가 이루어졌다. '동양 굴지의 서구식 건물'로 중앙청을 평가하고 '산업면의 후진성을 탈피하고 산업국가로 전환하는' 계기를 삼겠다는 명분으로 박람회를 개최하였다.
군부정권은 제3공화국을 기존의 정권과 차별화하기 위해 경복궁 안에 중앙청을 복구하고 산업박람회를 개최하며 그 앞길에는 조선 왕조의 국가적인 영웅의 동상을 배치했다. 식민지적 기념물을 물리적으로 제거하고자 한 제2공화국 정권과 달리 조선시대를 재조명하여 조선시대 영웅의 이미지를 차용해 일제강점기의 잔재를 물리적으로 제거하기보다 치환하려는 전략을 취한 것이다. 그런 점에서 제3공화국은 식민지 시설을 재사용하는 실리적인 태도를 고수했다고 볼 수 있다.

한국 전쟁 이후 경복궁은 전쟁 피해로 인한 복구가 이루어지지 않았다. 국립박물관은 경복궁으로 돌아가지 못했고 환도 후 1년은 남산 분관(구 국립민속박물관)으로, 다시 덕수궁으로 옮겨야 했다.[44] 중앙청도 태평로 1가의 국립극장을 임대하여 사용했다.

[표 1-1] 5대궁의 박람회 및 공공건축프로젝트(1953~1966)

장소	1953-1960	1961-1966
경복궁	대한민국미술전람회(국전)1-9회 전시(1949~1960)	'군사혁명 1주년 산업박람회'(1962.4.20.~6.5.) 대한민국미술전람회(국전)전시10-15회(1961~1966) 5대궁 유물전시(1963.10.1.~11.30.) 국립종합박물관설계경기(1966.1.8.) 민속관(수정전) 개관(1966.9.11.)
창덕궁 및 비원		5대궁 유물전시(1963.10.1.~11.30.)
창경궁	해방 10주년기념 산업박람회(1955.10.1.~11.30.) 반공 전람회(1956.10.26.~11.8.) 제1회 산업기술전람회(1957) 과학관 계획(1960)	창경원 동식물원 현대화 5개년계획(1961) 민속예술제(1961) 장서각 개관(1961.9.13.) 5대 궁 유물전시(1963. 10.1.~11.30.) 제12회 과학전람회(1966) 베트공 장비전시(1966) 현대식 과학관건립(1966)
종묘	구 왕실 진귀품공개(1959.10.1.~11.1.)	5대궁 유물전시(1963.10.1.~11.30.) 세종대왕기념관계획(1963)
덕수궁	제2회 국산품전람회(1953.10.15.) 제3회 국산품전람회(1954.10.20.~11.10.) 해외전시국보전(1957) 국보전시회(1958)	덕수궁 미술관 개관(1961) 대한민국미술전람회(국전)전시10-15회(1961~1966) 5대 궁 유물전시(1963.10.1.~11.30.) 경제개발 5개년 종합전시장(1966.3.~11.30.)
남산	남산음악당설계경기(1958) 남산국회의사당설계경기(1959)	남산서울시립도서관(1963) 남산자유센터(1964)

그런데 제3공화국 체제에서 경복궁의 위상은 변화했다. 제1, 제2공화국 때 산업박람회나 국가의 공공건축 프로젝트 장소로 사용된 것은 주로 덕수궁,

창경궁, 남산 지역이었다.

1960년대 후반에도 덕수궁과 창경궁은 박람회 장소로 여전히 사용되었다. 경복궁의 공간 운영은 한정된 장소를 특정한 사람에게 초대하여 개방하는 방식으로 이루어졌다. 구 황실재산사무총국은 궁궐의 관리운영에 있어 자금난을 겪고 있었다. 예산 부족을 해결하기 위해 궁궐 전각을 행사장소로 사용하였다. 광복 15주년 행사로 근정전에서 국악연주회를 개최하고,[45] 외국귀빈 환영파티,[46] 기념식, 대통령 귀국 환영파티 장소로 경회루를 사용했다.

5·16쿠데타 이후 군부정권은 우선적으로 문화국 문화보존과와 구 황실재산사무총국을 통합하여 문교부 문화재관리국을 창설했다. 구 황실재산사무총국은 대통령 직속기관이었지만 문화재의 통합조직이나 정책이 부재하였던 상황과 달랐다. 궁궐과 능원묘는 문화재관리국에 의해 관리되었다.

군부정권은 경복궁을 통해 식민국가의 상징을 치환하고 남한 정부가 한국의 역사를 유일하게 물려받은 정통성 있는 정권임을 안팎으로 과시하려고 했다. 경복궁이 대중적인 공개 장소로 사용되고 중앙청이 복구된 것은 이 시기 문화재관리 방식의 변화와 일정한 관련이 있다.[47]

[표 1-2] 경복궁의 영구보존재산목록표(1960.9.30.) ©舊皇室關係法令 & 財産目錄集(1992)

명	지목(필지수)					
	代	林	私事地	墓	田	計
경복궁	94,121.5(1)	0	0	0	0	94,121.5(1)

종류	건물수	면적	건물명
궁전	32	2302.90	건춘문,광화문,만세문,자경전,경회루,수정전,제수합,무명각,천추전,근정전,사정전,사정문,경안당,함화당,집경당,향원정,협길당,집옥재,팔각정,신무문 등
잡옥	11	882.20	변소,박물관,박물관 별관,미술관 등
사무실	1	6.40	
주택	2	75.30	관사 등
계	46	3266.80	

국유재산의 건물목록(1960. 9. 30.)과 사적지정(1963. 1. 23.)을 통해 알 수 있듯이 경복궁의 영역경계는 문화재관리국이 관리하던 시기에 중앙청과 경무대를 제외한 영역(94,121.5평/ 185,841평)으로 축소된다. 고적지정 영역(「대한민국관보」, 1960. 7. 23., 문교부고시 130호)은 그대로 사적지정 영역(「대한민국관보」, 1963. 1. 23., 문교부고시 174호)이 되었다.

경복궁 영역의 변화는 두 가지 의미를 갖는다.

첫째, 경복궁 영역과 사적지정 영역의 범위가 다른 것은 경복궁 내 소유 관계와 관리주체가 다름을 의미한다. 경복궁의 북측 영역은 문화재관리국이 1960년대 이후 개별문화재로서 보수하고 관리하였다. 제외된 영역인 중앙청과 경무대는 문화재관리국에서 관리하지 않고 총무처에서 관리하였다.

둘째, 제외된 영역과 현대건물(중앙청, 청와대, 미술관, 박물관)은 영구보존재산지정 전각과 달리 상대적으로 건물 기능의 변화가 자유로웠다.

일제 때 세워져 조선총독부로 사용되었던 중앙청 건물은 해방 이후엔 미군정 청사(Capital Hall)로, 대한민국의 제헌국회의사당으로 기능했다. 그러나 한국전쟁이 끝난 뒤에도 정부는 중앙청 건물을 사용하지 못하고 태평로1가의 국립극장(구 경성부민관)을 임대하여 사용했다. 전쟁 중에 중앙청 건물이 인민군청사로 사용되다 퇴각한 인민군들의 방화로 파손되었기 때문이다.

중앙청은 그 뒤 10년간 방치한 결과 옥상, 목조 부분과 들창 및 내부설비, 지층의 침수, 부분적 외벽 파손 등의 이유로 사용이 어려웠다.[48] 중앙청 광장은 한정적으로 국가적 행사를 치르는 장소로 쓰이긴 했지만 건물은 기능을 회복하지 못했다.

1961년 5월, 군사쿠데타로 집권한 박정희 정권은 구 조선총독부 청사를 정부 중앙청사로 수리해 사용하겠다는 방침을 밝혔다. 한국에 파견된 주한미군원조사절단(USOM)의 제의와 한미합동경제위원회의 기술검토조사서 보고로 이미 검토가 완료된 상황이었다.

주한미군원조사절단은 정부 시설로 일제 때 건설되었지만 한국전쟁으로 파괴되어 방치된 주요 건물을 수리 복구하여 사무실용으로 다시 사용할 것을 제의했다. 이에 한미합동경제위원회가 1950년대~1960년대 원조와 관련된 기술검토 회사였던 '스미스 힌츠맨&그릴스'[49]에게 기술문제를 의뢰하여 경비를 산출했다. 가장 규모가 큰 것이 중앙청(구 조선총독부청사)이었다.

이를 근거로[50] 정부는 곧바로 구 중앙청사 복구기술위원회(1961년)[51]를 구성했다. 그리고 청사 복구공사[52]로 주한미군원조사절단과 나란히 있던 정부청사의 재무부, 경제기획원은 내각수반실, 내각사무처, 법제처 등과 함께 중앙청으로 들어가게 되었다. 내각사무처에서 발표한 조선총독부 청사를 중앙청으로 변용하기를 결정한 근거는 5가지였다.

첫째, 동양굴지의 서구식 근대건물이며 둘째, 침수 붕괴로 인한 피해 손실이 매년 삼천만환에 달한다. 셋째, 동청사와 동등한 인원을 수용할 수 있는 '뿔룩'건물을 신축할 경우에는 약 칠십억 환이 드는데 비해 이를 복구 완성하면 건물가치는 약 삼백억 환으로 평가되고 수리비는 총평가액의 일할 내외로 완전 복구시킬 수 있으며 넷째, 이를 철거하려면 칠억 환이 소요된다. 다섯째, 수리사용으로 국민 부담이 경감하고 분산되어 있는 중앙기구를 한 청사 내에 집중 수용할 수 있다. (「구중앙청 청사복구재사용」, 『경향신문』, 1961년 9월 6일.)

중앙청 복구는 미국 정부의 경제적 효율성에 따른 원조(공사비의 20%인 5억 7천여 만원)를 받아 신축공사, 철거, 수리비용 등의 충당이라는 경제적인 효과를 거둔 것에 그치지 않고 기존 정권에 대한 반감을 이용해 조선총독부의 이력을 은폐하고 역사적인 건립주체의 문제를 논외로 만들었다.[53]

군부정권은 중앙청을 아시아에 지어진 서구식 건물이자 기술력이 뛰어난 건축물로 그 가치를 평가했다. 제2공화국이 한국전쟁 이후 전쟁과 상흔으로 '조선총독부 청사'에 대한 처리를 논의하였던 태도와는 달랐다. 일제 통치의 극복, 반공의 강조를 주장하는 방식과는 다르게 재정적으로 궁핍한 상황에서 전쟁 복구를 위해 원조를 제공하는 미국 정부의 제안을 받아들였다. 그리고 그 과정은 기술과 자본의 문제라는 실리적 측면으로 접근되었음을 알 수 있다.

군부정권은 중앙청 복구를 식민 통치시설이던 조선총독부를 재현하는 것으로 보지 않았다. 복구의 첫 번째 이유로 '동양굴지의 서구식 건물'에 가치를

1-2

1-2

1-3

그림 1-2.
복구 중인 중앙청 ©국가기록원

그림 1-3.
중앙청과 민족기록화 ©국가기록원

둔 것은 정권이 중앙청을 일제강점기의 지배와 저항공간이 아닌, 식민 지배를 가능하게 했던 근대적 유산으로 주목했음을 말해준다. 중앙청은 새로운 미래를 위한 유산으로서 건물 내부의 조선총독부, 미군정, 북한군의 흔적을 지우고자 했다.

군부정권은 군정을 거부하는 미국과 군정 비판세력을 의식해 적극적인 정치 선전의 장소가 필요했다. 이에 따라 1961년 11월 말부터 한국산업진흥회가 주관하여 박람회를 계획하였다. 1962년 2월에는 규모를 정리하여 광화문과 신무문을 정문으로 진입하는 구 선원전 자리로 결정했다.

그들은 '근대세계와 국가 진보가 기술적 혁신에 상응한다는 세계 박람회의 주요 내러티브 작성에 참여하고 후기 식민국의 정당한 시민권 획득'[54]을 위하여 갓 산업화에 진입하였지만 '더 나은 미래'를 강조하기 위하여 경복궁에서 박람회를 개최하였다.

경복궁을 박람회 장소로 사용한 것은 일제강점기 조선물산공진회에서부터 시작되었다. '편리한 교통 접근이 좋고 충분한 전시공간이 있으며 예산이 상대적으로 덜 투입될 수 있는' 실리적인 목적 외에도 전통도시의 중심지인 경복궁을 '역사적인 유적'으로 인식되기를 바라는 상징적인 목적이 있었다.[55] 이러한 목적은 1929년 박람회에서도 유지되었지만 기획가는 식민지 방문객에게 한국문화상품을 소개하기 위해 '한국'궁궐건축의 형태를 지역성으로 적극적으로 이용하였다.[56]

일제강점기 시정 5주년 조선물산공진회(1915년) 이후로도 전국의 상품 전시를 궁에서 개최하는 일은 지속되어왔다. 덕수궁의 국산품전람회(1953년, 1954년)와 창경궁의 해방 10주년기념 산업박람회(1955년)가 이를 말해준다.

그런데 이와 달리 '제2공화국이 창경궁에서 열었던 것보다 규모를 확대하며 교통이 편리하고 더 넓고 평탄한 부지에다 궁궐 전각이 잔존하고 있다'는 이유 뿐 아니라 '더 나은 미래'를 선전하기 위한 장소로서 덕수궁이나 창경궁이 아닌 경복궁을 장소로 삼았다.

해방 이후 두 번째 개최되는 산업박람회였지만 처음보다 규모를 확대하였다. 경제평론가 소륜(蘇輪)은 박람회의 의미를 '산업국가'로 전환하기 위한 계

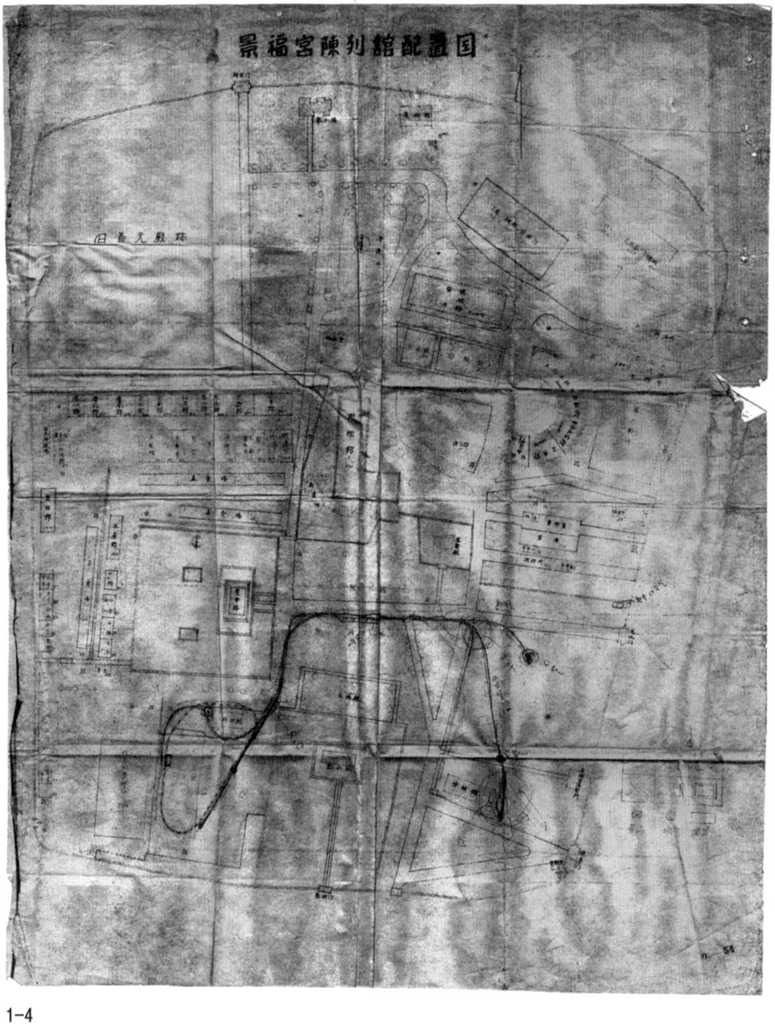

1-4

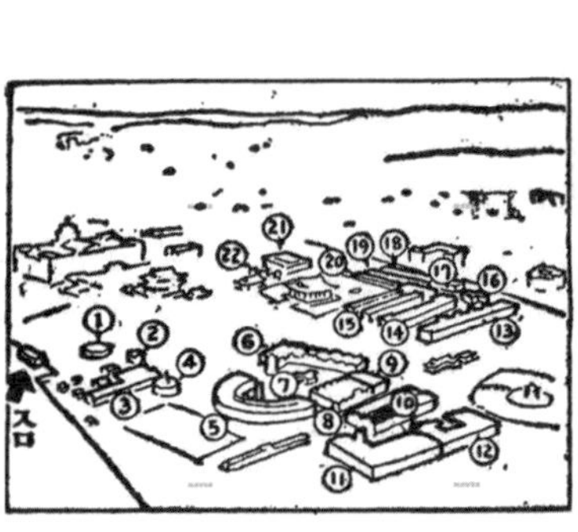

1-5

그림 1-4.
군사혁명 1주년 산업박람회 진열관 배치도 ⓒ국가기록원, BA0110225

그림 1-5.
'군사혁명 1주년 산업박람회' 투시도 ⓒ『경향신문』, 1962년 4월 16일.

기로 보았고 기존의 산업발전을 소개하고 자립경제라는 성취를 얻을 자극제가 될 것으로 기대했다.[57] 한국산업진흥회 회장 김덕승도 식민시기 산업박람회(물산공진회(1915년), 산업박람회(1935년), 대박람회(1940년)가 개최된 이래 해방 후 개최된 박람회로 한 자리에 산업경제성과를 모아 상호비교검토하고 자극하는 경제적 효과를 이야기했다.[58]

박람회 계획은 경제적인 목적 이외에도 정치적인 목적이 있었다. 국가의 적극적인 보조로 박람회 내용은 '경제개발 5개년계획과 1차 년도의 현황을 소개하고 국내 산업을 전시육성'[59]하는 것을 기본 목적으로 이루어졌다. 제1~제2공화국 시기의 덕수궁과 창덕궁의 국산품전람회나 산업박람회는 산업발전을 소개하는 상품의 집합과 전시에 목적을 둔 것에 비해 군사혁명 1주년 기념 산업박람회는 국가 계획(경제개발 5개년계획)의 정당성을 선전하는 정치적 목적이 추가되었다.

경복궁에서 '군사혁명 1주년 산업박람회'를 개최하는 것은 식민지 시기 조선왕실의 상징적 공간을 파괴하고 개최된 박람회를 염두에 두지 않을 수 없었을 것이다. 그럼에도 불구하고 일제 때 시정 50주년 기념 조선박람회로 경복궁 남쪽에 총독부와 박물관, 북쪽에 관사(구 선원전), 그리고 중앙에 조선박람회(1929년)로 활용하였던 것과 유사한 방식을 택했다. 기업이나 지역 특설관 영역과 별도로 국가가 기획한 직영관을 중심 공간으로 계획했다. 또한 다수의 대중이 걸어 다니며 관람하는 방식으로 광화문을 주요 전시영역으로 삼았으며 경회루 남북쪽에 부속시설구역이 배치되는 공통점을 갖는다.

일제 강점기의 경복궁은 일본에게 아시아 문명의 유물로서 그 문명의 풍부함과 후진성을 동시에 의미하는 곳이었다. 제국적 정체성을 위하여 일본은 한국의 전통유물을 '오리엔트의 상상적 지리를 위한 중요한 구성물'[60]로 사용하였다. 중앙청을 지을 시기, 경복궁은 이미 신성한 대상이 아니었다. 신고전주의 양식으로 중앙청을 지은 것은 오리엔탈리즘적 실천이며 일본의 정체성을 형성하는 것과 동시에 서구의 우월성을 드러내는 것이었다. 그런 점에서 경복궁을 재사용하는 것은 식민주의 방식과 영향을 받으며 남한 국가의 전통계승 문제를 만들었다.

그림 1-6. '군사혁명 1주년 산업박람회'(1962) ©『Welcome to Seoul』, (Seoul : Tourist Industry Section, Special City of Seoul, Republic of Korea, 1962).

그러나 군사혁명 1주년 산업박람회는 경복궁을 치환하는 의도와 장소적 조건에 있어서 일제 강점기와는 차이가 있다. 우선 박람회가 기존의 경복궁 영역의 성격을 바꾸는 계기로 이용되었는가에 대한 태도가 다르다.

일제 강점기의 박람회는 조선총독부의 이전 과정에서 기획되었다. 먼저 조선황실 공간이었던 전각을 해체, 매각하고 경복궁 궁역은 새로운 발전상을 선전하는 전시공간으로 사용되었다. 이에 비해 1962년 박람회는 구 정권 또는 식민시설과 대결하거나 지우기 위해 개최된 것은 아니었다. 한국전쟁 이후 파괴된 중앙청을 앞에 두고 육축만 남은 광화문을 통해 진입했다. 이는 기존의 방식을 고수해서라도 정권의 정당성을 인정받기 위한 방식이었다.

또 다른 차이는 지어진 건축양식이었다. 박람회의 중심 공간이었던 직영관은 조선박람회(1929년)의 경우 조선 양식을 차용했다. 광화문에서 경회루에 이르는 축을 따라 좌우대칭 형태로 진입부에 설계된 조선양식 건축물은 건축 형태뿐 아니라 진입 동선도 분리하였다. 나머지 특설관은 신무문으로 진입하여 경회루 주변에 배치되었다.

산업박람회(1962년)는 국가 주도 전시공간이 선원전 영역에 배치되어 광화문과 신무문을 주 진입으로 관람 후 각 지방 특별전시공간과 위락시설을 지나 현 영추문 남측 문으로 나오도록 계획되었다. 전통 양식의 형태가 아닌 모던한 건축물의 형태로 기존 궁궐전각과 대비가 되는 방식을 택하였다. 박람회장 상품들을 관람하는 공간은 한국전쟁으로 파괴된 장소였다. 관람자들은 복구되지 않은 중앙청을 앞에 두고 육축만 남은 광화문으로 진입하여 국가의 새로운 계획을 전시하는 공간으로 이동했다.

중앙청 복구와 군사혁명 1주년 산업박람회 개최는 경복궁이 전쟁 피해로 인한 수난의 서사구조를 기반으로 하고 있음을 알려준다. 경복궁은 후진국이던 한국이 선진국을 추격하기 위한 국가 경제계획을 발표하고 속도전을 위한 장소가 되었다. 국가적 운명의 가장 중요한 시험으로 당시의 과제는 중요했다. 1960년대 신문기사를 통해 살펴보면 중앙청이 위치한 경복궁은 '전쟁의 수난을 많이 받았던 대표적인 궁'으로 사라진 옛 도시풍경으로 묘사된다. 광화문 앞길로 광화문을 이건하자는 논의도, 문루를 중건하자는 논의도

1-7

1-8

1-7

그림 1-7.
애국선현 37인 조상(1964) ©국가기록원

그림 1-8.
이순신 동상 제막식(1968) ©국가기록원

없었다. 후진국이었던 한국은 보다 나은 미래를 위해 국가적 노력을 통해 만들 수 있고 개발될 수 있는 대상이었다.

중앙청을 복구한 이후 광화문 앞길(세종로)은 중앙청로(Capital Street)로 명명되었다. 중앙청에서 남대문에 이르는 중간 녹지대에 석고상 37점을 세운 것은 정부의 적극적인 도심 내 역사적 사건이나 인물기념사업의 시작이었다. 이전 정권이 동상건립보다 한국전쟁기념물과 추모시설 건립에 관심이 많은 것과 달랐다. 광화문 앞길에 새로운 영웅상이 세워졌기 때문이다.[61] 서울대, 이화여대, 홍익대, 서라벌대 학생들을 동원하여 중앙청에서 세종로까지 21개의 동상이, 시청에서 남대문까지는 16개의 동상이 설치되었다.[62]
중앙청에서 남대문까지 설치되었던 석고상들은 도시 기념비를 설치하기 위한 사전 모형이었다. 그렇기 때문에 애국선현의 석고상(1964. 5. 11. ~ 1966. 7. 20.)이 철거된 다음날 바로 애국선열조상위원회[63]가 구성되었다. 민족문화센터와 서울시는 이후 30개의 동상을 사적을 따라 공원, 로터리, 공공건물에 세울 계획을 추진했다.[64] 그리고 세종로의 이순신을 시작으로 덕수궁 중화전 앞 세종대왕(1968년), 장충단 공원 사명당(1968. 5. 11.), 사직공원 이이(1969. 8. 9.), 효창공원 원효(1969. 8. 16.), 서울시청 앞 김유신(1969. 9. 23.), 제2한강교 을지문덕(1969. 10. 14.), 남대문 뒤 유관순(1970. 10. 12.), 사직공원 신사임당(1970. 10. 12.), 제2한강교 정몽주(1970. 10. 16.), 남산시립도서관 앞 정약용·이황(1970. 10. 20.)의 동상이 각각 제작되어 세워졌다.

이순신 동상이 구 조선총독부 앞에 위치한 것은 한일회담 이후 정치적인 이유에서 반일감정을 의식한 일차적 대응으로만 읽기에는 부족하다. 오히려 전쟁 영웅 동상이 세워진 장소의 선택은 탈 식민국가 만들기라는 생산적인 이유가 있었다. 개인에게 필요한 것은 '새로운 인간' 개조이며, 조국과 겨레를 위해 모든 것을 희생한 정신을 강조하고 이를 1960년대 정신으로 규정하기 위해 장소가 선택된 것이었다.

그림 1-9. 광화문사거리(1966년 7월 4일) ©『돌격건설 김현옥시장의 서울』, (서울역사박물관, 2012).

이제 서울 세종로 네거리에서 충무공의 동상제막이 있었습니다. 조국과 겨레를 위해서 모든 것을 희생한 충무공의 정신은 천추만대에 길이 우리가 본받아야 할 민족의 얼이요 정기인 것입니다. 조국을 지키면서 건설하고, 싸우면서 일하고, 일하면서 싸우자는 우리의 정신도 곧 충무공의 정신과 직결되는 것입니다. 위대한 조상을 가진 우리는 위대한 후손이 될 것을 다짐해야겠습니다. 그것은 곧 오늘날 우리가 추진하는 조국근대화의 과업을 성공적으로 완수하는 길입니다. 우리 다 같이 이 민족적 대열에 한 사람도 낙오됨이 없이 참여해서 힘차게 전진합시다. (박정희, 『박정희 대통령 선집 6권: 위대한조상』, 지문각 1969, 156쪽)[66]

도심의 궁, 묘 등의 사적지역은 새로운 공공프로젝트를 통해 한국의 역사가 계승됨을 강조하고 탈 식민국가의 자존심을 되찾기 위해 역사적 공간으로 다시 평가되었다. 그러나 전통이 근대화 과정의 생산적인 힘이 된다는 인식은 모순적이었으며 실제 도시공간의 개발과 문화유산 보존 사이의 갈등을 일으켰다. 서울시는 이전부터 칠궁, 종묘 등의 사적지역에 도시개발을 감행하면서 비판을 받아왔다.

서울시는 도시계획기구를 개편하고 도시계획을 준비하여 여러 기반시설을 건설하게 된다. 특히 김현옥(金玄玉) 시장의 부임으로 시행정은 더욱더 도로건설에 중심을 두게 되어 광화문 앞길의 확장과 함께 광화문 앞길의 동상을 철거하게 되었다.

도로 확장에 앞서서 광화문 지하도(1966. 4. 19. ~ 1966. 9. 30.)[66]가 건설되었다. 이후 군사퍼레이드와 차량 행렬은 지상으로, 거리의 보행자들은 지하도로 다니도록 했다. 각종 정치선전 공연과 시가행진이 많은 장소였던 광화문 앞길과 지하도 공사로 서측 도로를 확장하여 53미터에서 80미터로 늘리는 거대한 토목공사가 이루어졌다.[67] 광화문 앞길(세종로)공사 직후 대한문 앞길(태평로)도 확장공사를 시작했다. 광화문과 같이 태평로 지하도(1967. 1. 13. ~ 1967. 6. 26.)를 계획하고 차후 도로를 50미터로 확장했다. 유산이 도시와 만나는 지점에 위치하기 때문에 그 입지 변경 문제는 민감했다.

서울시 부시장 차일석의 문화재에 대한 의견 발표는 서울시가 여러 사적지를 근대화의 가시적 '형적'을 보여주는 공간으로 인식했음을 알 수 있다. 서울시는 '각 궁역의 축소와 사적 이건'을 문화재관리국에 강경하게 요구하였다.[68] 이 밖에도 여러 사적에서 벌어지는 도시건설과 문화재보존 사이의 문

1-10

都市建設의問題點

伝統美와現代美와의関係

李 玹

立體的計劃 세워야

空間을 利用·調和찾도록

映畵業者 貸名행위禁止

1-11

그림 1-10.
광화문지하도와 기념비각 ©『공간』, 1967년 1월.

그림 1-11.
도시건설의 문제점 ©『경향신문』, 1967년 2월 15일.

제는 문화재관리국, 문화재위원과 서울시 간의 갈등이 극에 달했음을 보여 준다.

고도와 문화재를 보존하고 후세에 전하는 법에는 두 가지가 있다. 하나는 과거의 형태를 그대로 고스란히 미래에 전해주는 방법이고, 또 하나는 가령 1960년대라는 시점에서 개발을 통하여 그 형적을 보태어 전하는 방법이다. 우리는 후자를 선택하기로 하였다. 그리하여 뒷날 선조들이 어떻게 손질했는가를 말해주자는 것이다. 결국 우리는 건설을 통하여 문화재를 시민과 더욱 접근시키자는 것이다. (『경향신문』, 1967년 10월 27일.)[70]

국가의 1960년대의 기술('손질')로 근대 기술과 전통의 접합을 시도하고 문화재 보존을 명분으로 도시를 건설하겠다는 의지에 대하여 비판적 태도를 드러낸 것은 문화재 위원만이 아니었다. 광화문 지하도 공사로 기존 도시의 물길(청운천)을 지우고, 친경기념비전을 인근 녹지대로 옮기는 등의 계획에 대하여 건축가들은 신문지상에 의견을 표출했다.

이천승(李天承)은 '고궁에는 군대막사를 짓고 광화문 지하도 입구는 유서 깊은 기념비각을 네까짓 게 뭐냐는 식으로 막아섰으며, 시청 앞 분수는 대한문이나 시청사와 전혀 조화되지 않아 이것은 근대화도, 눈부신 발전도 아니다'[70]라고 말했다.

이구(李玖)는 경복궁의 종합박물관, 종묘의 세종기념관, 칠궁의 사당 이전 등의 현 도시상황에 대하여 도시계획에 있어서 전문가(건축가, 도시계획가, 예술가)의 참여로 전통건축과 현대건축의 조화가 필요함을 주장했다.

건축가가 각종 매체를 이용하여 도시계획이 행정가가 달성하는 도시 건설의 문제로 길을 넓히거나 헐어내는 것이 아님을 비판한 것은 그들이 생각했던 건축가의 역할과 관련된다.[71] 도시를 개발하고 계획하는 것은 독립적이고 경제적으로 발달한 나라를 재건하는 국가 정체성의 문제로 강요되었다. 건축가들은 물리적인 도시 공간의 변화를 반대한 것은 아니었지만, 행정가의 비전에 따라 여러 분야의 전문가가 동원되는 방식을 원하지 않았다. 그보다 건축가는 도시 계획에 있어서 전통과 현대가 조화된 도시의 비전을 제시하는 자로서 역할하기를 희망하였다. 그러한 점에서 탈 식민 국가 만들기 과정은 국가와 건축가 모두에게 정체성 만들기의 문제가 되었다.

경복궁의 7개 문화시설의 장소 경합과 '전통을 계승하기'

제3공화국 체제가 역사적인 영웅의 동상을 역사적 장소에 배치한 것은 한일회담 이후 민족 주체성의 문제가 정치적으로 이용된 것과 관련되었다. 문화재위원회는 '위인선열 자체는 역사상 남는 인물이지만 주상 자체는 문화재로 간주할 수 없다'고 주장하였다. 경복궁을 관리하였던 문교부는 공보부와 본격적 대립을 벌이게 되는데, 그것은 공화당 정책으로 종합민족문화센터를 계획하면서부터였다. 문화재관리국은 산업박람회 개최 이후 경복궁을 창경궁보다 큰 규모의 시민공원으로 계획하고자 했지만 실현되기는 쉽지 않았다.[72] 오히려 정치적인 위기로 수도경비사 부대가 경복궁에 영구적인 막사를 건립하면서[73] 신무문을 포함한 구 태원전 터는 비공개장소가 되었다.

공화당은 1965년 전당대회에서 경복궁을 포함한 지역에 종합민족문화센터 계획을 문화정책으로 발표했다.[74] 계획은 공보부 기획관리실을 중심으로 이루어졌고, 문화계 인사로 구성된 민간추진위원회(이병도, 박종화, 최현배, 손재형 등)가 조언을 담당했다.[75] 공보부의 종합민족문화센터 계획은 다양한 문화시설을 종합하는 것에 의미를 둔 계획이었다. 기존의 공보부에 소속된 시설은 국립극장, 국립국악원, 예총 등이었다. 그러나 이 계획은 문교부 소속기관인 학술원, 예술원, 학생회관, 도서관, 박물관, 미술관, 세종대왕기념관을 한 지역에 집합시키고자 했다. 국립종합박물관도 종합민족문화센터의 일부 시설로 취급하고자 했다.

문교부와 문화재위원회는 종합민족문화센터 건립추진위원회[76]아래 박물관이 통합된 프로젝트로 진행되는 것을 반대했다. 약 15,000평의 대형건축부지로 계획된 민족문화센터와 대지 약 10,000평에 건축부지 약 1,300평의 박물관은 대지 선정에 있어서 충돌이 있었다.

문교부와 문화재위원회의 공식적인 건의서(1965. 12.)[77]에 따르면 문교부는 법제상, 문화정책상의 이유로 공보부가 문화예술행정을 담당하는 것에 문제제기를 했다. 이제까지 문화행정을 총괄 추진해왔던 문교부에 대해 공보부의 방식은 공격적이었다. 특히 성격이 다른 기관(학·예술원, 도서관, 국립극장, 국립국악원)들을 모두 한 지역에 집합시키는 구상, 그리고 그 지역이 종묘나 고궁이라는 점에 대하여 조목조목 반대를 표명했다. 결국 이 건의서를 통해 문교부는 종합박물관과 민족문화센터의 분리된 입지 선택을 주장한 것이었다.

그들의 의견은 첫째, 성격상 민족문화센터에 종합박물관을 함께 지을 수 없으며 둘째, 문화재관리특별회계의 박물관과 공보부 일반회계의 민족문화센터의 두 사업이 통합되는 것은 행정적으로 어려우며 셋째, 민족의 상징유산인 종묘나 고궁(덕수궁, 경복궁)에 센터를 건립할 수 없으므로 남산 일대에 나누어 건립하자는 것이었다.

이 건의서에서 첫 번째로 언급한 박물관이 여느 시설과 다른 점은 '민족문화유산을 보관하는 장소'이기 때문이다. '상징적이며 경건하고, 정적인 장소'가 되기 위해 현대적인 건물('현대문화가 혼합된 동적인 문화센터')과 분리되어야 하고 한옥 군이 남아있는 경복궁을 건립 장소로 하겠다는 주장을 펼친다. 또한 종묘나 경복궁, 덕수궁이라는 역사적 장소를 보존하는 문제를 다루었다. 그 중 종묘 지역은 가장 세밀한 이유를 들어 반대가 심하였다. 동양에 하나밖에 없는, 원형을 보존한 한국 특유의 문화재로서 학술적으로도 가치가 있는데 지정문화재를 해제하여야 할 이유가 없다는 논리였다.

문화재위원회 역시 건백서 형식으로 센터와 박물관의 분리, 종묘에 건립 반대, 전통건축물 주위에 신식 건물 불허라는 의견을 추가하였다. 조선왕조의 유물이자 민족의 상징적인 유산으로 그 장소를 훼손할 수 없으며 이는 문교부 장관이 해제하더라도 위원회에서는 강경히 반대할 것임을 피력했다.

문화재위원 전원은 국립박물관의 설계로 탑파형한식(塔波形韓式)의 건축 형식으로 이미 내부적인 동의가 이루어진 상황에 공보부 주관으로 다시 계획되는 것을 원하지 않았다. 이 건의서와 건백서는 민족문화센터를 현대문화의 기능으로 주장하고, 남산에 분할하여 건립하기를 지속적으로 제안하였다.

종합민족문화센터 건립추진위원회 제5차 회의에 따라 전문가, 위원회, 각 기관의 의견이 반영되어 종합민족문화센터의 계획이 변경되었다. 한 장소에 모아 대규모 민족문화종합센터를 세우려는 계획은 실현되지 않았다. 제

5차 추진위원회회의(1966. 12. 25.)에 따라 성동구 응봉공원 대지 20만 평을 사용하여 총공사비 35억 원 규모의 계획은 여러 장소로 다시 분산되도록 결정되었다.

제5차 회의에서 통과된 건립 5개년 계획은 대략 다음과 같다.

1. 국립극장, 국립국악원, 국립국악사양성소는 자유센터 남단에 총건평 3천 5백평으로 신축한다.
2. 학술원, 예술원 및 중앙공보관은 예총 앞 광장에 건평 3천 평으로 신축한다.
3. 중앙도서관과 국사편찬위원회는 현 국립국악원 자리에 총건평 4천 평으로 신축한다.
4. 현대미술관은 덕수궁 내 박물관을 보수하고 2천 평짜리 건물을 중축한다.
5. 세종대왕기념관은 종묘에 건평 5백 평으로 신축하며 경복궁에서 기공식을 끝마친 종합박물관도 이 계획의 일환으로 포함된다. (「매머드 민족문화종합센터」, 『매일경제』, 1966년 12월 30일.)

문화센터의 각 시설은 서울 시내 및 근교의 국공유지에 짓되 한 곳에 복합단지로 건설하지 않고, 우선순위대로 5년 동안 추진한다는 지침이었다. 61쪽의 [표 1-3]에서 보듯 건립위치로 상정되었던 국공유지는 종묘, 경복궁, 장충단 일대, 덕수궁 등이다. 경복궁은 종합민족문화센터 각 동의 입지로 가장 많이 언급되어 경합이 치열한 장소였다. 3동 학·예술원(지침/2차), 4동 국립중앙도서관(1차), 5동 국사편찬위원회(지침), 6동 현대미술관(2차), 7동 종합박물관(지침/1차/2차)의 입지에 대한 회의마다 경복궁이 그 위치로 거론되었다. 문교부, 공보부, 건립위원회의 회의기록을 통해 살펴보면 각 기관의 시설입지는 지속적으로 변경되었던 것에 반하여 경복궁은 종합박물관의 건립위치로 1차/2차/지침의 실무회의에서 일관되게 정해져 있었음을 알 수 있다.
6곳의 후보지에 대한 평가에 있어 '예산을 절약할 것', '교통상 관람객 이용이 용이할 것', '문화지역으로 민족적 의식을 고취할 것'등의 사항이 검토되었다. 도심 내 궁, 묘와 단의 지역은 역사유적이면서도 개발이 필요한 지역으로 평가되었다.
문화시설을 역사적 장소에 배치하는 방법으로 신축뿐 아니라 기존 시설을 치환하는 것을 논의했다. 예를 들면 현대미술관은 경복궁 미술관을 보수하거나 덕수궁 미술관과 박물관을 활용하여 사용하고자 했다.
경복궁을 두고 7개의 문화시설 프로젝트의 장소 경합과 관련하여 문교부는 공보부의 대항 논리로 장소의 역사적 해석을 들었다. 문교부는 역사적 장소에 새로운 시설을 건립할 경우 '사라진 역사를 고려'해야 한다는 당위성을 제시하였다. 왕조의 유물이자 민족의 상징적 유산의 장소를 훼손할 수 없으므로 민족문화센터를 현대문화의 기능을 담당하는 시설로 남산에 분할 건립할 것을 제안하였다. 이는 '경복궁 내에 현대 건축물을 지을 수 없다'는 주장으로 해석될 수 있지만 '전통양식이라면 건립 가능할 수 있고, 개방될 수 있는 궁'이라는 주장이기도 했다. 즉, 경복궁에 대한 또 다른 해석이었다. 단절, 폐허의 공간에서 재건을 위한 장소였던 경복궁은 이제 계승을 위한 장소로 제시된 것이다. 그리고 그 '사라진 역사'에 대한 논의는 국보건설단 강봉진의 국립종합박물관 현상 설계안이 발표된 뒤 시작되었다.

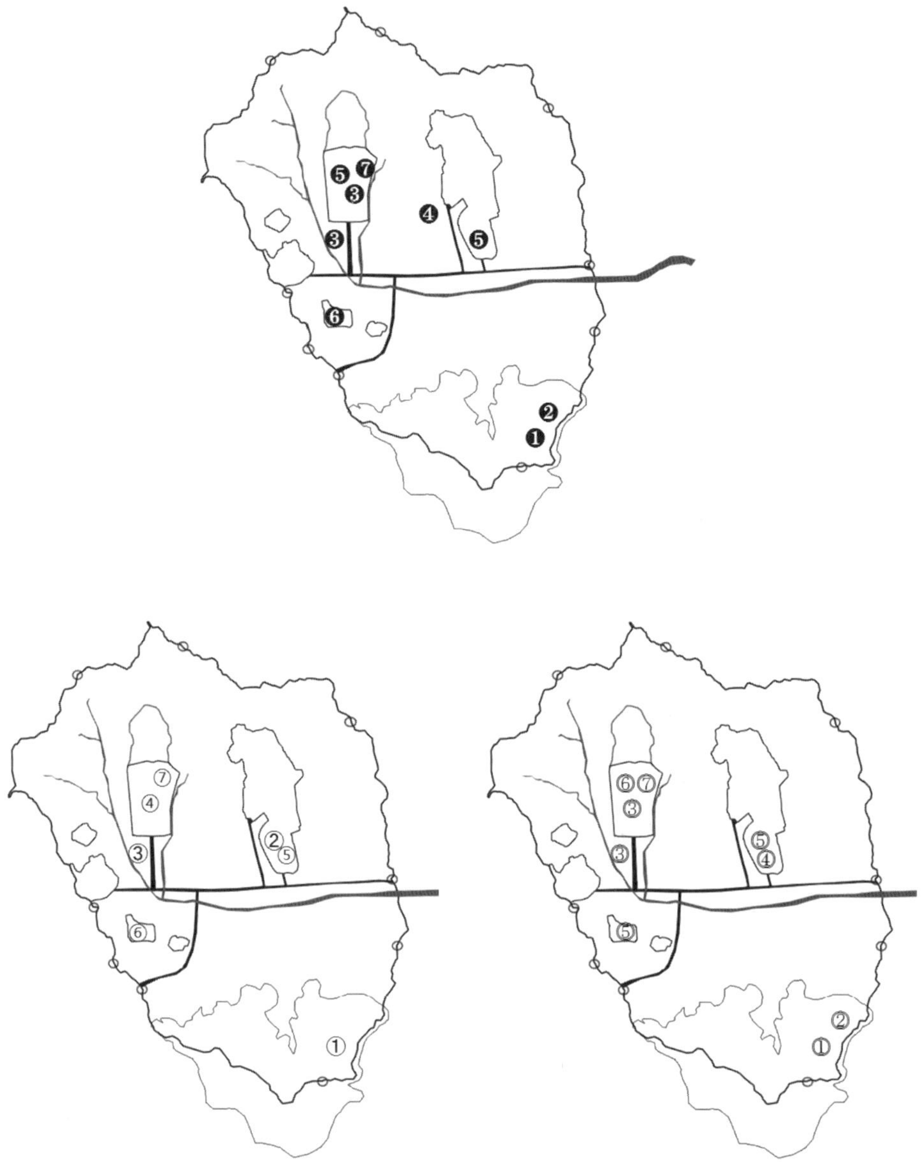

그림 1-12. 종합민족문화센터 건립위치 변화 ©강난형

*●(지침) ○(1차) ◎(2차)

*1동.국립극장/2동.국립국악원 및 국악사양성소/3동.예총회관, 학예술원 및 중앙공보관/4동.국립중앙도서관/5동.세종대왕기념관 및 국사편찬위원회/6동.현대미술관/7동.종합박물관

[표 1-3] 종합민족문화센터 건립위치 변화와 장단점 비교

	1	2	3	4	5	6	7	장점	단점
경복궁			● ◎	○	●	◎	● ○ ◎	조화된 환경이며 특히 행정 각부처기구와의 근거리에 위치케 됨으로 이용이 편리할 것임. 교통이 편리하여 관람객의 이용이 용이할 것임	1. 고궁문화재 내에 대형 현대식 건물을 건립함으로 문화재 보호의식 약화될 것임.
			● ◎	○	●	◎	● ○ ◎	경복궁미술관 보수사용으로 예산절약. 고궁 내 위치함으로 민족적 풍치를 살릴 수 있음. 증축할 공지 보유하고 있음.(6동)	1. 고궁의 공지를 침해하여 문화재보존에 지장을 줌.(6동)
덕수궁					◎	● ○		현존지역 활용 예산절약. 센터건립 후 동건물의 유휴방지.(5동)	1. 학예술원 및 국사편찬위원회 사무실로 유지비 많이 소요됨.(5동)
					◎	● ○		현 사용중임. 미술관과 박물관 건물을 활용함으로 예산절약을 할 수 있음. 도심지에 위치하고 있어 관객동원 용이함.(6동)	1. 건물의 규모와 위치가 현대미술관으로서는 적당치 못함. 2. 증축 보강할 부지가 충분치 못함.(6동)
종묘					● ○ ◎			1. 역사 유적 지역임으로 동지역에 건립함으로서 문화재 개발 추진. 2. 국악원과 국악사양성소를 동일지역에 연결시킴으로서 연구소에 상호 유기성을 갖게 될 것임.(2동)	1. 국립극장과의 유기성을 상실할 우려가 있음. 2. 문화적 지역에 교육지역을 건립함으로 문화재 보존의식이 약화될 소지가 있음.(2동)
		○ ○ ○		◎ ◎ ◎	● ○ ◎			유서깊은 지역건립 엄숙한 분위기 조성. 비활동적인 종묘 개발 활용. 세종대왕기념관과 동일지역으로 학구적 환경조성. 역사적 지역.(4동)	
					● ○ ◎			1. 역사적으로 유서 깊은 기념관을 동지역에 건립함으로 역사적 위치를 더욱 빛낼 것임. 2. 종묘의 유휴지를 십분 활용하며 종묘개발에 박차를 가할 수 있게 될 것임. 3. 도심지인 동시에 종묘의 환경을 촉진시켜 관객의 증수를 보다 효과적으로 할 수 있을 것임.(5동)	시사편찬위원회를 동 건물에 포함시키므로서 기념관의 의의가 소실될 우려가 있음.(5동)
남산자유센터남단	● ○ ◎	● ◎						1. 동지역 내 사유지 및 건물이 없음. 지형상 대지, 부지조성 용이하여 예산절약. 2. 대지위치가 남향을 이루고 있음으로 한강변의 전망 양호, 도시계획상 전면 관통도로로 교통 편리. 3. 동지역을 국제관광공사 관광지역 예정. 상호 효과적인 조화 예상. 4. 응봉공원 위치는 급경사, 조성시 부득이 사유지와 사유건물 침해로 건물환경상 예산상 부적합.	1. 현 지점에서는 도심지에서 분리되어 관객동원에 불편할 것임. 2. 대지관리 등이 자유센터에서 관광공사로 이관하여 동지역의 사용 등 단점.
예총광장			● ○ ◎					예총, 학예술원, 중앙공보관을 동일지역에 연결시킴으로 학예술의 총본산을 이루게 될 것임. 유휴지를 이용함으로 예산 절약/도시미관상 좋은 조화. 공보관을 포함으로 국내외 홍보효과.	1. 현 건물을 연결 증축시 조성건물 효용도 상실. 2. 환경의 혼잡으로 학예술원-연구소 예산 책정시 지장 있음.
국악원지				●				교통편리로 이용자 활용편리. 국악원 및 국악사양성소이전으로 유휴지활용 예산절약. 행정 각부처 및 각 교육기관과 근거리 위치 국립도서관 기능 발휘.	

*●(지침) ○(1차) ◎(2차)

*1동.국립극장/2동.국립국악원 및 국악사양성소/3동.예총회관, 학예술원 및 중앙공보관/4동.국립중앙도서관/5동.세종대왕기념관 및 국사편찬위원회/6동.현대미술관/7동.종합박물관

*지침 건립위치: 종합민족문화센터건립기본지침, 문화체육부 문화정책국 문화정책과, 1966, BA0004327, 126-163쪽 /1차 건립위치: 종합민족문화센터건립에 관한 건(제28회), 총무처 의정국의사과, 1967.4.20., BA0084503, 215-226쪽 /2차 건립위치: 종합민족문화센터 건립계획(수정안), 문화체육부 문화정책국 문화정책과, 1967(추정), BA0004327, 164-187쪽

[1] • 24p
역사는 사회적 과정으로 사람들이 3가지 역할－행위자들(agents, 구조적 위치 점유), 행동가들(actors, 정황에 관계된 개입), 주체들(subjects, 자신의 사회적 목소리를 표현하는 자)－로 참여한다. 진정성은 특별한 과거에 대해서 취하는 태도들이라기보다 과거의 관계에서 조차 우리들이 목격자, 행위자, 그리고 비평가로서 현재하고 있는 투쟁들 속에 존재한다. Michel-Rolph Trouillot, Hazel V. Carby(foreword), *Silencing the Past: Power and the Production of History,* (Beacon Press, 2015), 23쪽. (미셸 롤프 트루요, 『과거 침묵시키기; 권력과 역사의 생산』, (그린비, 2011), 62쪽, 280쪽.)

[2] • 24p
Special City of Seoul, *Seoul, old city, modern capital; a practical guide-book,* (Kukje Graphic Art Printery, 1962), 17쪽.

[3] • 24p
문화재관리국, 『문화재』 창간호, 1965년 12월, 61쪽.

[4] • 24p
Seoul (Korea). Tourist Industry Section, *Welcome to Seoul,* (Seoul : Tourist Industry Section, Special City of Seoul, Republic of Korea, 1962).

[5] • 27p
Joseph R. Allen, *Taipei : city of displacements,* (Seattle ; London : University of Washington Press, 2014).

[6] • 27p
Joseph R. Allen, “Postface: Theoretical Considerations”, in *Taipei : city of displacements,* (Seattle ; London : University of Washington Press, 2014), 186쪽.

[7] • 27p
the specific geographic, historical, and cultural contingencies in Taiwan make the island a particularly fertile ground for displacement’s genesis.: Joseph R. Allen, *Taipei : city of displacements,* (Seattle ; London : University of Washington Press, 2014).

[8] • 27p
The potential of Asia as method is this using the idea of Asia as an imaginary anchoring point, societies in Asia can become each other’s points of reference, so that the understanding of the self may be transformed, and subjectivity rebuilt.: Chen, Kuan-Hsing, *Asia as Method: Toward Deimperialization,* (Duke University Press, 2000), 212쪽.

[9] • 28p
Chen, Kuan-Hsing, *Asia as Method: Toward Deimperialization,* (Duke University Press, 2000), 3쪽.

[10] • 28p
한석정은 한국의 경제재건체제의 원류로 만주국(1932~1945)체제를 연구했다. 만주국은 소련국가계획위원회(Gosplan)를 모델로 '기획처'를 설립하고 '만주산업개발 5개년계획'(1932)을 추진했듯이, 박정희 체제 내에서 재무부의 예산기능과 부흥부의 계획부분이 합쳐져 경제기획원을 설립했다. 한석정, 『만주모던—60년대 한국개발체제의 기원』, (문학과 지성사, 2016).

[11] • 28p
Chalmers Johnson, *MITI and Japanese Miracle: The Growth of Industrial Policy 1925~1975,* (Stanford University Press, 1982).

[12] • 28p
Alice H. Amsden, *Asia's Next Giant South korea and Late Industrialization,* (Oxford university press, 1989).

[13] • 28p
Robert Wade, *Governing the Market: Economic Theory and the role of Government in East Asian Industrialization,* (Princeton universitypress, 1990).

[14] • 28p
김대환, 조희연, 『동아시아 경제변화와 국가의 역할 전환』, (한울아카데미, 2003). 지주형 『한국 신자유주의의 기원과 형성』, (책세상, 2012), 29-49쪽. 지주형, 「한국 국가형태와 권력행사방식의 전환: 권위주의 개발국가에서 신자유주의 국가권력으로」, 『한국정치학회보』 제43권 4호, 2009, 175-203쪽. 국민호, 『발전국가, 복지국가 그리고 신자유주의』, (전남대학교 출판부, 2012), 12-131쪽. 박은홍, 『동아시아의 전환—발전국가를 넘어』, (아르케, 2008), 17-35쪽.

[15] • 29p
What is of interest here is the precise identification of those tasks which capitalist development has taken away from architecture.: Manfredo Tafuri, *Architecture and Utopia, Design and Capitalist Development,* (MIT press, preface, 1976).

[16] • 29p
Where these cultural and political conditions are absent, the formulation of a creative cultural strategy becomes more difficult. the universal megalopolis is patently antipathetic to a dense differentiation of culture.: Kenneth Frampton, *Studies in Tectonic Culture: The Poetics of Construction in Nineteenth and Twentieth Century Architecture,* (MIT Press, 1996).

[17] • 29p
박민철, 이용범, 이주연, 전진삼, 『건축은 없다? : 舊조선총독부철거반대건축·미술전문가발언集』, (간향미디어, 1995). 이종건, 『건축 없는 국가』, (간향 미디어랩, 2014). 이상헌, 『대한민국에 건축은 없다 : 한국 건축의 새로운 타이폴로지 찾기』, (효형출판, 2013).

[18] • 29p
20세기 초 건축이 자본의 주체나 자본주의 체제에 어느 정도 맞설 수 있었다. 그러한 저항은 20세기 후반에 접어들면서 거의 제로로 떨어졌다. 지구촌 건축계에 속하는 사람은 누구나 알듯이 우리를 포함한 전 세계 건축가들은 시장논리에 대한 대응방식에 따라 두 진영으로 양극화되어 있다.: 이종건, 『건축 없는 국가』, (간향 미디어랩, 2014).

[19] • 30p
근대 이후 한국건축에 대한 평가는 서구와 같이 개인이 주도한 역사가 아닌, 국가와 기술관료, 산업에 의해 주도된 역사로 설명된다. 즉, 근대건축가의 등장과 무관하게 근대건축 운동이나 아방가르드 없이 강요된 것이며 건축가는 한국건축변화를 이끈 역사적 주체가 아니고, 자생적 변화의 산물이 아니다.: 이상헌, 「한국근대건축사 서술의 문제와 과제」, 『건축역사연구』 제24권 2호, 2015, 30쪽.

[20] • 30p
김윤태, 『한국의 재벌과 발전국가: 고도성장과 독재, 지배계급의 형성』, (한울아카데미, 2012), 69-115쪽.

[21] • 31p
청계고가도로의 경우는 건설에 필요한 철강을 받기 위해 경제장차관회의의 심의를 받기위한 심의 예비조사기관은 김수근이 사장으로 있는 한국종합기술개발공사였다.: 김종립, 「청계고가도로 건설을 통해 본 1960년대 후반 서울의 도시개발」, 서울대학교 과학사 및 과학철학협동과정 석사학위논문, 2013, 66쪽.

[22] • 32p
We are a Nation because we have a culture.: Handler, Richard, *Nationalism and the Politics of Culture in Quebec.* (Madison: University of Wisconsin Press, 1988), 153쪽.

[23] • 32p
Foster, Robert J, “Making National Cultures In the Global Ecumene”, *Annual Review of Anthropology* 20, 1991, 235-260쪽.

[24] • 32p
윤영도는 한반도와 중국의 냉전시기를 거친 근대적 국민국가 형성과정을 남한과 북한, 타이완과 대륙이라는 분열적인 형태의 정체성으로 설명하였으며,

1960~70년대를 가장 중요한 시기로 보고 있다.: 윤영도, 「냉전기 국민화 프로젝트와 전통문화담론—한국 타이완의 사례를 중심으로」: 성공회대 동아시아연구소편, 『냉전아시아의 문화풍경2: 1960~1970년대』, (현실문화, 2009), 225-249쪽.

[25] • 33p
Yi Wen Wang, Tim Heath, "Constructions of National Identity: A Tale of Twin Capital Building in Early Post-war Taiwan", *Taiwan in Comparative Perspective* 2, 2008.12, 40-41쪽.

[26] • 33p
Yi Wen Wang, Tim Heath, "Constructions of National Identity: A Tale of Twin Capital Building in Early Post-war Taiwan", *Taiwan in Comparative Perspective* 2, 2008.12, 36쪽.

[27] • 33p
Horng-Luen Wang, "National Culture and its Discontents; The politics of Heritage and Language in Taiwan, 1949-2003", *Society for Comparative Study of Society and History,* 2004. 진성수, 「중국과 대만의 경전읽기 운동연구」, 충남대학교 유학연구소, 27호, 2012, 491-513쪽. 하세봉, 「냉전시기 타이완에서 박물관의 전시와 정치」, 『현대 중국학회』 제13권 1호, 2011, 363쪽.

[28] • 33p
Joseph R. Allen, "Five: Display in the City", in *Taipei : city of displacements,* (Seattle ; London : University of Washington Press, 2014), 114-115쪽.

[29] • 33p
Joseph R. Allen, "Prologue: Naming the Iland", in *Taipei : city of displacements,* (Seattle ; London : University of Washington Press, 2014), 11쪽.

[30] • 33p
문화재1과장 정재훈(鄭在鑂)의 글에 문화재 발굴조사연표(1916~1977)를 보면 발굴유적의 조사자와 보고서가 정리되어 있다. 조사에는 박물관, 전문가들뿐 아니라 서울대, 이화여대, 경북대, 영남대, 부산대, 고려대, 원광대 등의 대학생들이 동원되었다는 것을 알 수 있다.: 정재훈, 「호국선현유적과 전통문화유적의 보존계승에 대하여」, 『문화재』 11호, 1977, 7-30쪽.

[31] • 34p
제3조 제2항. 영구보존재산은 다음 각 호의 1에 해당하는 재산으로서 대통령령으로 지정하는 재산을 말한다. 1.중요한 단, 묘, 사, 원, 전, 궁, 릉, 원, 묘와 이에 따르는 건조물과 그 부지 2.중요한 미술품, 역사적 기념품 또는 문적 3.보물, 고

적, 명승, 천연기념물 4.전각 호에 유사한 재산으로서 영구보존의 필요가 있는 것

[32] • 34p
미군정기 경복궁의 관리변화는 아래 논문을 참조하였다. 정종수, 「조선시대 궁궐원유의 변화에 관한연구—경복궁을 중심으로」, 한양대학교 환경조경학 석사학위논문, 2004, 45-53쪽.

[33] • 35p
Handler, Richard, "On Having a Culture: Nationalism and the Preservation of Quebec's Patrimoine." In *Objects and Others: Essays on Museums and Material Cultures,* edited by G. Stocking, (Madison: University of Wisconsin Press, 1985), 192-217쪽, Handler, Richard, *Nationalism and the Politics of Culture in Quebec.* (Madison: University of Wisconsin Press, 1988).

[34] • 35p
Pai, Hyung-Il, "Preface: Critical Perspectives on Archaeology, Heritage, and Tourism", in *Heritage Management In Korea and Japan: The Politics of Antiquity and Identity,* (Seattle, Washington : University of Washington Press, 2013), xx.

[35] • 37p
남보라, 「국가건설과정의 북한 문화유산 관리 연구—1945~1956년을 중심으로」, 북한대학원 석사학위논문, 2015, 68쪽.

[36] • 37p
문화재관리국, 『문화재』 창간호, 1965년 12월, 52쪽.

[37] • 38p
배형민, 우동선은 한국건축사의 공간담론을 탈 식민지적 관점에서 다루었다. 그들은 안영배의 한국건축의 외부공간에 대한 연구(1978)를 아시하라 요시노부의 건축외부디자인(1962)과 비교하였다. 그리고 한국건축의 공간주제의 중요한 특징으로 '장소의 역사적 붕괴(Disruption of the site)'라고 말하고 이것이 정체성의 요소가 되었음을 지적했다.: 일본과 한국의 장소 접근에 대한 비교는 아래 글을 참조하였다. Pai, Hyung-Min, Woo, Don-Son, "In and Out of Space: Identity and Architectural History in korea and japan", *Journal of Architecture,* 2014.

[38] • 38p
Todd A. Henry, "Introduction: Assimilation and Space toward an Ethnography of Japanese Rule", in *Assimilating Seoul: Japanese Rule and the Politics of Public Space in Colonial Korea,* (University of California press, 2014), 4쪽.

[39] • 39p
Todd A. Henry, "Introduction: Assimilation and Space toward an Ethnography of Japanese Rule", in *Assimilating Seoul: Japanese Rule and the Politics of Public Space in Colonial Korea, 1910~1945,* (University of California press, 2014), 9쪽.

[40] • 39p
Todd.A. Henry, "Epilogue: After Empire's Demise-The Postcolonial Remaking of Seoul's Public Spaces",in *Assimilating Seoul: Japanese Rule and the Politics of Public Space in Colonial Korea,* (University of California press, 2014), 204-218쪽.

[41] • 39p
신기욱 마이클 로빈슨, 「서론: 식민지시기 한국을 다시 생각하며」, 『한국의 식민지 근대성: 내재적 발전론과 식민지 근대화론을 넘어서』, 도면회 엮음, (삼인, 2006), 43쪽.

[42] • 39p
염복규, 「프롤로그」, 『서울의 기원 경성의 탄생: 1910~1945 도시계획으로 본 경성의 역사』, (이데아, 2016), 6쪽. 염복규, 「에필로그」, 『서울의 기원 경성의 탄생: 1910~1945 도시계획으로 본 경성의 역사』, (이데아, 2016), 370쪽.

[43] • 39p
신기욱 마이클 로빈슨, 「서론: 식민지시기 한국을 다시 생각하며」, 『한국의 식민지 근대성: 내재적 발전론과 식민지 근대화론을 넘어서』, 도면회 엮음, (삼인, 2006), 48쪽.

[44] • 40p
국립중앙박물관 60년사의 글에 따르면 1953년 8월 환도 직후 정부의 방침에 따라 국립박물관 건물을 구 황실재산사무총국에 이관하고 남산으로 이전하였다고 한다. 그런데 구 황실재산사무총국은 창덕궁화재(1960. 6. 6.)로 덕수궁으로 옮겼다가 사무실을 경복궁 박물관으로 이전한 것은 1960년 6월 24일로, 전후관계에 대한 검토가 필요하다.: 국립중앙박물관, 『국립중앙박물관 60년』, 2006, 93쪽. 「박물관에 이전 구 황실재산사무총국」, 『경향신문』, 1960년 6월 24일.

[45] • 41p
「국악연주회 20일 경복궁서」, 『경향신문』, 1960년 8월 19일.

[46] • 41p
「순 한식 음식 대접」, 『동아일보』, 1960년 6월 21일.

[47] • 41p
구 황실재산사무총국에서 6.25동란이후 일반에게 공개를 중단하여오던 경복

궁을 오는 30일부터 10월말까지 3개월에 걸쳐 공개키로 하였다.: 『경향신문』, 1960년 6월 28일.
김대호는 1960년 7월 30일 경복궁의 공개를 '특권층의 향유물에서 대중의 공원적, 유흥적 시설로' 의미가 변화했음을 강조했다. 즉 미군정 기나 그 이후에도 간간히 공개가 이루어졌지만, 독점적인 특별한 공간으로 사용되었음을 신문기사를 통해 밝혔다.: 김대호, 「일제강점기 이후 경복궁의 훼철과 활용(1910~현재)」, 『서울학연구』 29호, 2007, 117-118쪽.

[48] • 42p
「새로 단장될 구 중앙청」, 『동아일보』, 1961년 9월 28일.

[49] • 43p
「한미간에 검토 중앙청본청건물」, 『동아일보』 1960년 6월 5일. 「중앙청활용가능 수리계획본격화」, 『경향신문』 1960년 6월 30일.

[50] • 43p
총무처의정국의사과, 「구중앙청사복구촉진에 관한건(제19회)」, (국가기록원, 1961, BA0085208).

[51] • 43p
복구기술 위원회명단(1961.7.)는 위원장 전경진(준장, 육본시설처장)/위원 이균상(서울공대학장 건축학회장)/김순하(건축학회 부회장)/이천승(건축학회 이사)/김재철(건축학회 이사)/신무성(교통부 시설국장, 건축학회 부회장)/장기인(건축학회 이사)/김중업(건축학회 이사)/김노수(기계학회장)/김효경(서울공대부교수)/윤일중(전기학회장)/신용철(중앙전기시험소장)/박지한(내각사무처 총무국장)/간사 이종상(내각사무처 영선과 직원), 유덕호(건축학회 이사) 이후 9월 명단에서 신용철이 제외되고 박춘명(국회의사당 남산 설계자)가 추가된다.: 총무처의정국의사과, 「구 중앙청사복구사업 계획안」, (국가기록원, 1961.7.31., BA0084270), 409-417쪽. 총무의정국의사과, 「구 중앙청 일부복구공사의건」, (국가기록원, 1961.6.13., BA0084275), 432-437쪽.

[52] • 43p
설계는 건축가 이규재(李圭宰)에 의해 이루어졌으며 1962년 11월 22일, 중앙청 복구 개청식이 그 자리에서 있었다. 전체공사는 1,2차로 나누어 진행했고, 설계도, 설계시방서, 예산내역서를 작성했다. 외자도입된 부분은 승강기, 발전기, 전화교환기, 공기조절기, 위생기구등 이었다. 구 중앙청 지붕 수리공사는 풍림건설(한필원)이 공사를 포기하면서 10개 건설업자 중 9970만원을 입찰한 동아건설(최준문 대표)이 공사했다. 복구공사와 관련된 기사는 아래를 참고하였다. 「구중앙청청사 복구사용」, 『경향신문』, 1961년 9월 6일. 「지붕공사를 입찰」, 『경향신문』, 1961년 9월 27일. 「새로 단장될 구 중앙청」, 『동아일보』, 1961년

9월 28일. 「중앙청 복구자재 등 2월2일부터 입찰」, 『동아일보』, 1961년 12월 31일. 「구중앙청지붕수리 낙찰자가 공사를 포기」, 『동아일보』, 1961년 10월 3일. 「동아건설에 낙찰 중앙청 복구공사」, 『경향신문』, 1961년 10월 8일. 문화체육부, 『국립중앙박물관』, 1997, 54쪽. 총무처의정국의사과, 「구 중앙청사복구사업계획안」, (국가기록원, 1961.7.31., BA0084270), 409-417쪽.

[53] • 43p
박혜인, 김현섭, 「조선총독부청사 철거문제를 통해 본 한국건축계의 의식변화에 관한 연구」, 고려대학교 건축학과 학위논문, 2010, 15-18쪽.

[54] • 45p
신정훈, 「1970년 오사카 만국박람회 한국관: '공업 입국'의 기대와 현실 사이에서」, 『현대미술사연구』 38호, 2015, 133쪽.

[55] • 45p
Todd A. Henry, "Chapter3: Material Assimilation: Colonial Expositions on the Kyongbok Palace Grounds", in *Assimilating Seoul: Japanese Rule and the Politics of Public Space in Colonial Korea, 1910~1945,* (University of California press, 2014), 98쪽.

[56] • 45p
Todd A. Henry, "Chapter3: Material Assimilation: Colonial Expositions on the Kyongbok Palace Grounds", in *Assimilating Seoul: Japanese Rule and the Politics of Public Space in Colonial Korea, 1910~1945,* (University of California press, 2014), 114쪽.

[57] • 47p
경제평론가 소륜(蘇輪)은 산업박람회 성과를 5가지로 나누어 설명했다. 첫째, 혁명 1주년의 산업발전 소개. 둘째, 산업면의 후진성에서 탈피하고 산업국가로 전환하는 계기를 조성한다. 셋째, 경제 5년 계획 및 제1차년도의 현황을 소개한다. 넷째, 자급자족의 국민의욕을 앙양함으로 생활체계 확립을 기한다. 다섯째, 자립경제의 개척을 기필한다.: 경제평론가 소륜, 「5월 산업박람회가 거둘 성과: 경제 5개년계획 성취에 강력한 추진자극제가 되길 기대한다.」, 『신사조』 제1권 5호, 1962년 6월.

[58] • 47p
1955년에도 창경궁에서 이미 산업박람회가 개최되었지만 이 부분은 고려치 않았고, 해방 후 첫 박람회라는 점을 높게 평가했다.: 김덕승, 「산업박람회의 의의」, 『비지네스』 제2권 5호, 1962 40-41쪽.
오히려 해방 후 처음 시도한 것은 박람회를 통해 일본산업계를 공식적으로 처음 초청하였다.: 「일본에 참가초청 우리산업박람회에」, 『동아일보』1962년 1월 30일. 참여한 일본기업은 32개의 업체로 대판전기, 죽본전기, 천탕금물, 대판금속, 조천전기, 내전양행, 삼양전기주우상사, 구홍판전, 삼릉상사, 삼정물산, 환내무역, 대외철공소, 고북농기, 안전산업, 동양면화, 암기통신, 강남무역, 원주제작소, 전천무역, 팔광주조, 입환산업일본강관, 일산자동차, 영창산업, 대판교역, 삼강무역, 일본유안협회, 부사통신 등으로 혁명정부가 추진한 보세가공무역회사들이었다.: 「오늘개막 군사혁명 한돌 기념 산업박람회」, 『동아일보』 1962년 4월 20일.

[59] • 47p
韓國産業振興會, 『5.16 革命第1週年記念産業博覽會寫眞鑑』, (1962), 9쪽.

[60] • 47p
Bae, Chang-Mii, "The Symbolic Landscape of National Identity: Planning, Politics and Culture in South Korea", (University of Southern California, 2002), 33-34쪽.

[61] • 51p
세종로의 이순신 동상이 선 자리에 이승만 동상이 있었다는 4. 19 당시 기자의 회고(신동아. 2000. 1,'특별취재: 새정치국민회의 총재권한 대행 이만섭 회고록') 는 오보였다. 세종로에 상이 들어선 것은 애국선열상(1965)이 처음이었다.: 조은정, 「이승만 동상 연구」, 『한국근현대미술사학』 14호, 2005. 은정태, 「박정희 시대 성역화사업의 추이와 성격」, 『역사문제연구』 15호, 2005, 251-252쪽.

[62] • 51p
『동아일보』, 1964년 5월 12일.

[63] • 51p
애국선열조상위원회는 서울신문사에 사무국을 설치하였다. 처음 총재는 김종필 공화당 의장이었고, 실질적 업무를 맡은 전문위원은 위원장에 김경승(金庚承), 위원에 김종영, 김세중, 송영수, 김정숙 등 조각가였다. 기획분과는 위원장에 김재원, 위원으로 김상기, 김원룡, 류홍열, 조성욱 등 주로 학자들로 이루어졌고, 재정분과에 위원장은 이상구, 위원으로 이동준, 이한상, 조홍제, 김기택 등 실업인들이었다. 건립분과위원은 위원장에 서양화가 김인승, 위원으로 건축가 김수근, 서울시 제2부시장 차일석, 서울대 교수 임영방이었고, 선전분과 위원장은 이춘성, 위원은 이원우, 조성옥, 김수근, 정성호였다. 이후 박종홍, 엄덕문, 이서구, 이승녕, 석주전 등이 참여하였다.: 조은정, 「애국선열조상위원회의 동상제작」, 『내일을 여는 역사』 40호, 2010.

[64] • 51p
「민족사 부각한 불후의 동상을」, 『동아일보』, 1966년 7월 23일.

[65] • 53p
하상복, 「특집 : 소통과 실천 ; 광장과 정치 광화문광장의 비판적 성찰」, 『기억과 전망』 21호, 2009, 47쪽.

[66] • 53p
대림산업의 시공과 미림설계의 계획으로 지어진 광화문 지하도는 콘크리트 쉘구조 였다. 사방 출입구 24미터, 길이 8미터의 계단을 통해 네 방향의 진입이 594평방미터 넓이의 지하광장과 접속되어있는 거대 토목공사였다.

[67] • 53p
양측 모두 국유지였기 때문에 서측 도로 확폭으로 기존의 공공시설이 철거된다. 서측 확폭 예정지에는 서울전신저금보험관리국, 경찰 기동대 순찰반, 종로보건소등이 해당되었다.: 『동아일보』, 1966년 3월 5일.

[68] • 53p
서울시는 도로확장에 따라 대한문과 덕수궁담을 철거하라는 일방적 통보를 하여 문화재관리국과 문화재위원회의 비판을 받았다. 문화재보호법 이후 문화재위원회(30명)의 의결을 거치도록 규정하고 있었지만, 서울시도시계획은 문화재 보존과 마찰이 지속되었다. 도로확장에 따른 대한문의 이전 관련기사는 아래를 참고했다.
「대한문등 철거반발」, 『동아일보』, 1968년 1월 30일. 「대한문등 옮기게」, 『매일경제』, 1968년 2월 1일., 「문화재 깔고가는 도시계획」, 『동아일보』, 1968년 2월 1일. 「덕수궁 철책대신 돌담, 대한문은 현위치 그대로」, 『동아일보』, 1968년 2월 16일. 「대한문만 옮기기로」, 『경향신문』, 1968년 9월 14일.

[69] • 55p
차일석, 『영원한 꿈, 서울을 위한 증언』, (동서문화사, 2005), 116쪽.

[70] • 55p
「조화무시한 건축 발전으로 볼 수 없다.」, 『동아일보』, 1966년 12월 6일.

[71] • 55p
「도시건설의 문제점」, 『경향신문』, 1967년 2월 15일.

[72] • 56p
설계투시도에 의하면 이일녕은 경회루 서측은 정원과 분수를 경회루 뒤로는 정원과 조각, 동측으로는 어린이 놀이터와 동물원, 야외극장을 계획했다. 「경복궁을 새로 단장」, 『동아일보』, 1962년 8월 27일.

[73] • 56p
「청와대와 경복궁 주둔군 철수」, 『동아일보』, 1964년 4월 15일.: 「수도경비사 장병수용 경복궁에 반영구 막사계획」, 『동아일보』, 1965년 9월 11일.

[74] • 56p
「각종 학술기관 집중시킬 문화민족센터 건립」, 『동아일보』 1965년 10월 15일. 「민족문화센터는 필요한가.」, 『동아일보』 1966년 3월 21일. 「침식당하는 고궁」, 『경향신문』, 1966년 1월 10일.

[75] • 56p
「침식당하는 고궁」, 『경향신문』, 1966년 1월 10일.

[76] • 56p
종합민족문화센터 건립추진위원회는 국무총리 소속 하에 자문기관으로 문화센터 건립방안, 운영방침과 기타 문화센터 건립사항을 심의 및 연구하는 목적을 갖는 집단이었다. 위원장은 국무총리, 부위원장은 경제기획원장관이 맡고 나머지 위원(재무부장관, 문교부장관, 공보부장관, 총무처장관, 국무총리지정무임소 국무위원, 문화재위원회위원장, 사단법인 예술문화단체총연합회회장, 국회문교공보위원회 소속 국회의원 3인, 국무총리 위임민족예술분야 인사)을 구성했다.

[77] • 56p
문교부, 「공보부 종합민족문화센터건립에 대한 의견(종합박물관건립을 중심으로)」, (국가기록원, 1965. 12. 23, BA0084455), 868-878쪽.

2부
국가 유산을 보존하고 전통을 계승하기

경복궁의 모던 프로젝트

경복궁의 안과 밖에서는 두 가지 발전국가 프로젝트가 동시에 진행되었다. 광화문 앞길에는 중앙청을 복구한 이후 수도의 상징 공간이자 관아 집중지구로 광화문을 중건하고, 경복궁 내부는 고고미술(국립종합박물관), 전시(현대미술관, 구 조선총독부 미술관), 민속(한국 민속관, 수정전)의 세 가지 박물관 체제가 자리 잡았다.
광화문과 국립종합박물관을 거대한 발전국가 전통 만들기 프로젝트의 핵심으로 정의하기에는 부족함이 있다. '역사는 민족의 것'이라 지정하는 '역사적 전유'과정은 획일적이고 반동적이며 반일상적인 것으로만 묘사되지만 이 연구는 어떻게 이것이 민족, 역사영역의 지속적인 확장을 꾀하는 국민국가의 범주로 건축이나 미술 분야의 학자들의 근대성의 논의와 담론을 생산해 왔는지를 다룬다.

'조선 중기 이후 쇠락한 공예품과 같은 것을 전통이라 부를 수 없다.'
'근대는 전통을 안티테제(항거)로 반영하는 것이다.'
'죽은 고전과 산 전통. 전통은 끊임없이 창조하는 과정이다.'

(「전통을 계승하는 길은」, 『공간』, 1967년 1월.)

1968년 시점 광화문을 본뜬 콘크리트 모뉴먼트'

(『경향신문』, 1967년 3월 20일.)

테크노크라트 건축 조직과 문화적 정체성 • 77
문화재 실측설계사와 건축가의 경계에서, 국보건설단 강봉진 • 80
문화재 실측도 분석을 통해 건축 양식론을 펼친 건축사가, 정인국 • 82

국립종합박물관의 '전통을 계승하기' • 85
국가 유물 이동과 통합 정의하기 • 85
문화재 관리국의 종합박물관 설계 지침 • 88
국보건설단의 국립종합박물관 현상설계 당선안 • 90
추진위원회의 자문검토 과정과 수정안 • 95
전통을 계승하기 1차 논쟁 : 탈 전통과 전통 계승, 장소성과 지역성 • 100

광화문의 '전통을 계승하기' • 103
문화재 관리국의 광화문 설계 지침 • 107
국보건설단의 광화문의 설계안 • 109
전통을 계승하기 2차 논쟁 : 조선왕조와 발전 국가를 잇는 새로운 도시 축 • 112

테크노크라트 건축 조직과 문화적 정체성

발전국가 정부는 '더 나은 미래'[1]를 약속하는 것이 중요하였다. 가난, 불평등, 후진성은 일제시기 식민 정부 뿐 아니라 발전국가 정부에게도 국가 정체성을 제조하는 주요한 모티브가 되었다. 발전국가의 국가 형성에 있어서 중요한 부분은 '민족적이고 국제적인 자본주의 개발'을 위한 '문화 정치학'이었다. 학자들의 국가 정체성 논의에서 문화 정치학에 집중된 연구가 진행되었지만 방대한 민족적이고 국제적인 경제 개발은 공백으로 남겨져 있다.[2] 또한 그들은 국가 정체성을 주조하는 창조자이자 소비자로서의 주체를 국가에 두었다.[3] 본 연구는 가장 근본적인 요소로 국가와 문화 정치학을 이야기하기 보다는 국가 정체성 생산자로서 건축가들이 전통을 어떻게 선택하고 정의하였으며 폐기하였는지를 다룬다. 이를 통하여 발전국가의 문화 정치학에 대한 일정한 동조와 갈등, 저항의 폭넓은 스펙트럼을 정리하고자 한다.

전통을 주제로 정체성을 논의한 것은 정부만은 아니었다. 건축가들은 크게 두 진영으로 나뉘어 있었다. 국가가 제도적으로 추진하는 국가 정체성에 대한 그들의 입장 중 하나는 전통 또는 역사는 과거의 어느 형식에 가치를 설정하는 것이며 다른 하나는 현재의 필요에 따라 다시 해석하는 것이었다. 그들은 모두 한국사회의 근대화, 도시화, 산업화를 위해 기존의 물려받은 국가 유산과 전통에 대한 비판으로부터 시작하였다. 그러한 점에서 전자가 감상적인 민족혼이나 문화를 이야기하기 보다는 식민사학으로 서술된 조선시대 역사를 다시 쓰는 것에 몰두한 '전통 계승론자'라면, 후자는 물려받은 문화가 근대화의 장애물이며 문화적, 정신적 재건을 위해 치유되어야 하는 심각한 결함을 가졌다고 믿었다는 점에서 '탈 전통론자'이다.
한국 건축가들의 근대성 주제는 '기술, 형태, 이데올로기의 갑작스러운 변화에도 역사적 지속성을 형성하는 방법'에 대한 논의이다. 이는 중국·대만·북한 건축가들의 근대성이 '제국의 힘, 진보를 상징하는 지표'이면서도 '그 세계 안에서 갈등하는 대상'이었다는 점을 공유한다.[4][5] 그러나 1950년대 중국/북한 건축가들과 학자들의 형태 논의가 계급논의로 변화하면서 미학적인 측면은 이차적인 것이 되었던 것과는 다르다. 1920년대 중국의 고전 부흥주의 건축이나 1930년대 원형적인 중국양식은 자금성과 같은 제국적 기념물로부터 영감을 받아 '커다란 지붕'을 형태적으로 다루었다.[6] 그리고 이러한 민족형태가 '형태주의','부흥주의','미학주의'로 큰 비판을 받게 되었다. 1950년대 중국·북한 건축가의 논쟁에서 '전통'이나 '전통 중국건축'은 의도적으로 사용되지 않았다. 전통은 과거에 속하는 중립적인 것이었다면 이와 달리 한국 건축가들은 '전통'을 적극적으로 사용했다. 그들은 전통을 어떻게 현재적인 상황에서 다루면서 계승할 것인가의 기준에 대한 논의를 시작하였다. 이처럼 한국 건축가는 발전국가 정체성에 대한 논의를 시작하였지만, 건축가의 개념과 역할이 불안정한 상태에서 그들은 국가 정체성을 국가를 위한 사명적인 정체성의 문제로 다루었다.

한국 사회에서 건축가들의 작업은 예술가처럼 내부적 추상 개념의 사유로 평가되지 않았다. 또한 근대적 기술과 교육을 받은 관료기술자였던 1세대 건축가[7]들은 해방 후 미군정에서도 연속된 궤도 선상에 그들의 역할을 수행했다.[8] 그러나 졸업 시기가 전시상황이었던 건축가들은 식민 초기에 교육을 받은 건축가들보다 상황이 열악하였다. 미군정에 소속되거나 미군 공사 관련 토건업에 종사하는 것도 힘들었다. 그들이 선택할 수 있는 직업의 폭이 더욱 적었다. 군수산업공장에 소속되었던 그들은 해방 이후 민간회사나 교육계에 종사하게 되었다. 그들은 제국이라는 거울을 통해 건축과 세계 그리고 자신을 인식하였고, 해방 이후에도 국가의 일꾼으로서 건축–기술자의 역할을 내재화하였다. 예를 들어 이천승은 건축가 자신을 '국가발전의 기초'가 되는 '국가 건설체의 일원'으로 '국가발전을 표현하는 사명'을 달성할 것을 결심했다.[9]

1960년대도 다르지 않았다. 대한건축학회지 『건축』에서 발표한 건축가들의 혁명공약에서 그들의 사명감을 읽을 수 있다. 현재와는 다른 정체성을 가진 건축가들은 이론과 실무영역에서 자기 세대 손으로 국가 민족의 건축을 구축하겠다는 강박감을 갖고 있었다.

1. 반공을 국시의 제일의로 삼고 지금까지 형식적이고 구호에만 그친 반공태세를 재정비 강화한다. 2. 유엔 헌장을 준수하고 국제협약을 충실히 이행할 것이며 미국을 위시한 자유 우방과의 유대를 더욱 공고히 한다. 3. 이 나라 사회의 모든 부패와 구악을 일소하고 퇴폐한 국민도의와 민족정기를 다시 바로잡기 위하여 청신한 기풍을 진작시킨다. 4. 절망과 기아선상에서 허덕이는 민생고를 시급히 해결하고 국가 자주 경제 재건에 총력을 경주한다. 5. 민족적 숙원인 국토통일을 위하여 공산주의와 대결할 수 있는 실력 배양에 전력을 집중한다. 6. 이와 같은 우리의 과업을 조속히 성취하고 새로운 민주공화국의 굳건한 토대를 이룩하기 위해 우리는 몸과 마음을 바쳐 최선의 노력을 경주한다. (「혁명공약」, 『건축』, 1962년 5월, 17쪽.)

당시의 학회는 정치에 기인하여 수표동에 사무실을 마련하고 회의 명칭도 아주 능동적인 건축 기술단이라 이름 지어 본격적인 학회활동을 시작하였다. 국호가 아직 정하여지지 않았고 또 적극 국가에 봉사하겠다는 뜻에서 선배들께서는 강한 이미지가 풍기는 명칭을 택하였으리라. (송민구, 「잊을 수 없는 분들」, 『건축』 제19권 65호, 1975, 33쪽.)[10]

국가주도 공공프로젝트의 의사결정과정에서 중요한 주제는 도시계획과 개발의 측면에서 국가적 정체성을 다루는 것이었다. 예를 들어 자유문화연구센터의 문화재조사(1963년)나 국회의사당의 한국건축양식연구(1967년)에서 보듯이 국가시설을 새로 짓는 경우 사전 조사 성격의 작업으로 국가적 전통을 상징하는 전통건축의 실측조사가 기본설계연구로서 이루어졌다.

국회의사당 건립사업(1967년)의 한국건축양식연구는 '한국에 현존하는 고건축물에 대한 조사연구를 통하여 보다 민주적인 건축문화의 전통을 살릴 수 있는 한국고유의 건축미를 발굴하고, 이를 분석하여 국회의사당 건립계획 및 설계에 긴요한 참고자료를 얻고자'하는 것이었다.[11] 건축물은 목록화하고 기법을 재해석하여 '한국 고유의 기본양식이 어떠한 것이며 어떻게 전개 활용되어야 할 것인가'를 고민하는 대상이 되었다. 한국고건축물의 배치계획, 공간구성, 세부의장수법 중 특히 '세부의장수법은 현대건축물에 많은 참고가 될 것'이라 가정하고 구체적으로 다루어졌다.[12][13]

경복궁의 두 프로젝트인 광화문과 국립종합박물관은 그 대표적인 예로서 두 인물을 추적해볼 수 있다. 문화재 관리국의 전담 설계자인 강봉진(姜奉辰)과 건축 양식론의 이론가 정인국이 그들이다. 그들이 고심한 것은 국가 정체성이었으며, 설계와 이론 분야에서 문화재 실측조사는 건축의사결정의 주요한 기반이 되는 질료였다.

문화재 실측설계사와 건축가의 경계에서, 국보건설단 강봉진

강봉진의 국보건설단이라는 이름은 많은 의미를 담고 있다. 국토를 건설하기 위해 국가가 사람들의 노동을 동원하여 조직하였던 국토건설단과 같이 문화재를 건설하는 공단을 뜻하는 듯 보이지만 그건 아니다. 그보다 개인 강봉진이 사명감을 가지고 붙인 설계사무소 이름이다. 국보건설단은 문화재보호법 제정 이후 초기 문화재 실측설계를 전담했던 회사였다. 대표건축가 강봉진(姜奉辰, 1917. 9. 26.~2003.)은 1962년 문화재 실측설계자격을 딴 이후 본격적으로 문화재의 실측설계를 업으로 하게 되었다.

국보건설단의 강봉진은 현대건축을 설계하는 건축사로서 우연히 문화재 실측설계에 발을 들여놓았다. 대부분의 건축인들은 한국건축물을 전통건축과 현대건축으로 구분하여 교육받은 세대가 아니었다.[14] 강봉진은 일제 후기인 1941년에 소화공과학교(昭和工科學校) 건축과를 졸업했으며 소화공과학교와 건국기술학교 중등부를 병합하여 만든 한양공과대학 2년제 전문부 건축공학과(1948. 7. 1. 1기 30명)와 4년제 건축공학과의 1회 졸업생(1952. 3. 31. 1기 26명)이기도 했다. 국보건설단을 조직한(1960. 3.) 강봉진도 초기에는 다양한 현대건축물(유류공장, 학교교사, 호텔, 체육관 등)을 설계하였다. 그러한 점으로 미루어 볼 때 강봉진에게 문화재 실측작업은 곧 학습의 시간이 되었을 것이다.

이 시기에는 1963년 문화재를 이양하고 보물을 재지정하는 등 많은 문화재영역이 다시 문화재관리국의 관리 하에 있게 되면서 국보건설단은 지속적으로 실측, 보수, 복원작업을 진행할 수 있었다.

특히 문화재관리국은 구 황실재산사무총국을 통합하여 사무총국이 관리하던 5대 궁과 능원을 다른 모든 문화재와 함께 관리하게 되었다. 이때부터 조선왕조 시대의 건물로서 궁궐은 어떤 문화재 보수보다 중요하게 다루어졌다. 국보건설단의 이력은 강봉진이 문화재관리국이 주도한 주요 시설(경복궁(국립종합박물관과 광화문), 창경궁(동물사와 식물원 대온실증축))의 전담설계자였다는 점에서 잘 드러난다.

목구조설계에 익숙한 강봉진이 문화재를 설계하는 독보적 담당자가 될 수 있었던 것은 건축사이자 문화재 실측 자격을 동시에 갖고 있었기 때문이다.[15] 건축대서사였던 그는 해방 후인 1945년 12월 조선건축사협회를 결성할 때 이사로 활동하면서 교육 활동과 실무 작업을 병행하였다. 문화재보호법 제정에 따라 문화재 실측 조사자에 대한 규정과 문화재보수공사의 공사비에 연구조사비를 포함하여 실측도를 만드는 규정이 만들어졌다.[16]

당시는 예술(건축가와 건축)과 기술(기술자) 사이의 인식에 따라 건축사 제도에 대한 찬반론이 주장되는 시기였다. 해방 이후 새로운 법 제정 이전까지 건축사(당시 건축대서사)[17]는 건축의 전문가로 인정받는 시점이 아니었다. 해방 이후에도 일제강점기의 시가지 계획령이 유지되고, 형식적인 시험과 면담으로 다수가 선발되었던 점 때문에 건축가들은 건축대서사 제도의 존속과 그 문제점을 별다르게 느끼지 않았고 심지어 그 건축대서사들을 경쟁 관계로 여기지도 않았다. 그런데 강봉진은 자격증 덕을 보았다.

그 이전의 실측조사는 문화재 관련 보수업체나 전통기술 장인들의 영역이었다. 수리 현장에서 작업하는 기능자나 학교 재학 중 현장실습을 하던 학생들을 도편수가 도제식으로 연수하는 방식으로 실측이 이루어졌다.[18] 법 제정 이전 실측도면의 대표적인 작성자는 박물관 고고과 임천(林泉)이었지만, 법제정 이후로는 단청, 목수, 석수 장인들이 아닌 실측설계기술자자격증을 보유한 자가 실측하게 된 것이다.

국립종합박물관 현상설계 당선 이후 강봉진은 평생 문화유산을 실측하고 이를 이용한 양식적 접근으로 기념 건축을 설계하였으며, 1960년대 중반에 시작된 문화재관리국의 기념관, 사당, 박물관, 문화유산 중건을 전담하게 되었다. 또한 국보건설단 소속 건축인들은 '전통 계승'이라는 생산적 담론을 기반으로 문화재 개발시대를 전국적으로 꽃피게 하는 독립 건축가들로 탄생하였다. 문화재 담당 공무원이 문화재 공사감리 업무량에 대해 문화재관리국에 민원을 제기할 정도로 어마어마한 생산력이 한 순간에 만들어졌다.

문화재 실측도 분석을 통해 건축 양식론을 펼친 건축사가, 정인국

정인국(鄭寅國, 1916년~1975년)은 와세다 대학 제일고등학원 이과를 졸업하고 와세다 대학 이공학부 건축과를 졸업했다. 광복 후 그는 황해도 재령공업전문학교 부교장(1946), 평양공업대학 건축학부 교수 겸 건축학부장을 역임했다. 1·4후퇴와 함께 월남하면서 정인창(鄭寅暢)이란 이름을 정인국으로 개명하였다. 그는 엄덕문(嚴德紋)과 함께 홍익대학교 건축미술학과 창립 교수진으로 신건축문화연구소 창립 소장으로서 역사, 문화재, 설계, 평론 등 여러 분야 활동을 했다. 특히 뵐프린의 '이중적 예술양식'에 기반하여 한국 근현대건축 평론의 기저를 이루었으며 이는 건축 양식론까지 작용되었다. 와세다대 석사학위 졸업논문 「이조시대의 궁전건축 연구」(1942년)에서부터 시작되었던 연구는 박사학위논문 「한국건축 양식론」(1974년)을 출간하는 것까지 이어진다.[19] 1960년대~1970년대 한국건축사에 대한 정리는 통사적 접근, 양식으로의 건축정리, 의장과 구법(디자인과 짓는 체계)에 대한 정리 등 세 가지로 이루어졌다. 식민시기에 정리된 관학자의 건축사를 다시 기술하기 위해 조선시기 목구조 건축을 대상으로 양식, 의장, 구법의 연구가 진행되었다. 관학자의 조선건축사를 번역하고,[20] 해방 후 실측도면을 이용하여 분류하고 건축사를 정리하였다. 손으로 작도하여 야장에 기록하였다가 사무실 제도판 위에서 한 장 한 장씩 그린 도면은 한국건축사 정리에도 바탕이 되었다.[21] 정인국은 실측조사를 바탕으로 정리한 대표적인 연구자였다.

식민지의 왜곡된 역사를 다시 기록할 수 있는 정치적 안정기에 한국건축의 전통가치를 다시 정리해야 한다.
첫째, 한국건축사를 연속적 사실로 서술하려한다. 역사는 연속된 사물의 패턴으로 시대와 사회의 사실을 이르는 개개 건축물로 이루어진다. 첫 작업으로 국보나 보물의 목조구조 실측도면을 분석대상의 정리가 필요하다.
둘째, 건축양식발전의 법칙성을 추구한다. 양식의 보편사를 의도하는 것으로 한국건축사에 있어서 여러 다른 양식기를 찾는 것은 불필요하다. 정치적으로 시대는 구분되어있지만, 예술양식을 결정짓는 사회나 시대의 예술 의지는 단일한 민족문화와 지역문화를 통해 양식의 변화를 살핀다.
셋째, 다양한 건축의 영향요소에서 미의 통일과 질서를 구한다.
넷째, 건축의 가치론적인 측면에서 새로운 입장을 추구한다. 건축의 가치는 독창성, 완성된 시기, 정신적 표현, 비례와 수에 의한 시학적인 측면에서 입장이 나뉜다. 특히 한국은 양식 내부의 완성된 시기를 가장 가치 있는 것으로 국한된 연구를 행해왔으나 이보다는 연속성의 역사에서 정신성을 표현한 연구가 필요하다.

다섯째, 한국건축의 공간적 전통요소를 추구한다. 재료, 목적, 기술 등에 의한 형식추구에 있어서 조형의지에 있어서 한국적 사유, 전통을 찾는다.

여섯째, 조형예술에 있어서 한국적 사유를 연구한다. 목적이나 기술은 변화되더라도 이를 섭취, 소화, 적응, 반영하는 과정에서 일관된 사유를 정리할 수 있다. 이러한 사유는 조형표현에서부터 세부기술에까지 영향을 줄 수 있다.

(정인국, 『현대 건축론』, 야정문화사, 1970.)

정인국은 식민지 관학자의 '양식 내부의 완성된 시기만 가치 있는 연구'로 진행해온 것이 건축 역사가 왜곡된 이유라고 지적하였다. 그러한 이유로 그는 탈식민적 관점에서 식민지시기 정리된 관학자의 건축사를 다시 정리하고자 하였다.

조선 후기 건축을 섬약함으로 표현한 일제 관학자[22]들과 달리 정인국의 초기 연구는 단일한 민족문화로서 단일한 양식으로 발전했다는 민족발전사의 관점에서 역사를 다루고자 했다. 그리고 역사적인 사물로서 건축물의 보편적인 법칙을 찾아야 하며 건축너머의 보이지 않는 '정신성'을 찾아야 한다고 말했다.

여섯째 항목인 '목적이나 기술이 변화되더라도 일관된 한국적 사유를 정리할 수 있으며, 이 사유는 조형표현에서부터 세부기술에까지 영향을 줄 수 있다.'는 대목에서 보듯, 정인국은 기술을 변화할 수 있는 인자로 여겼다. 그는 조형예술을 섭취하고 소화, 적응하는 과정이 건축 역사라고 규정하였다. 한편으로는 고정된 전통의 개념을 추구하면서 다른 한편으로는 다양한 조형과 기술이 가능하다고 생각한 것이다.

국립종합박물관의 설계검토위원이자 광화문의 복원설계검토위원회 위원장으로서 정인국은 다양한 조형 사물 이면에는 숨어있는 공통된 정신을 전통으로 계승하는 것에 대한 주장을 발전시켰다.

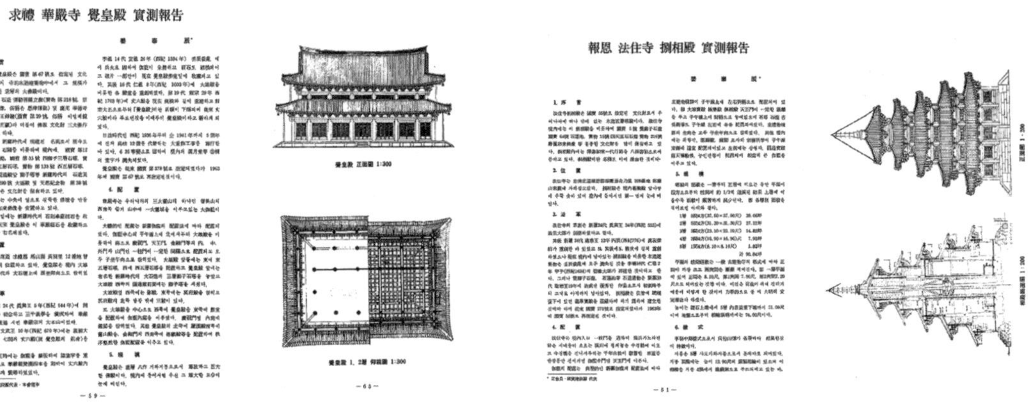

2-1

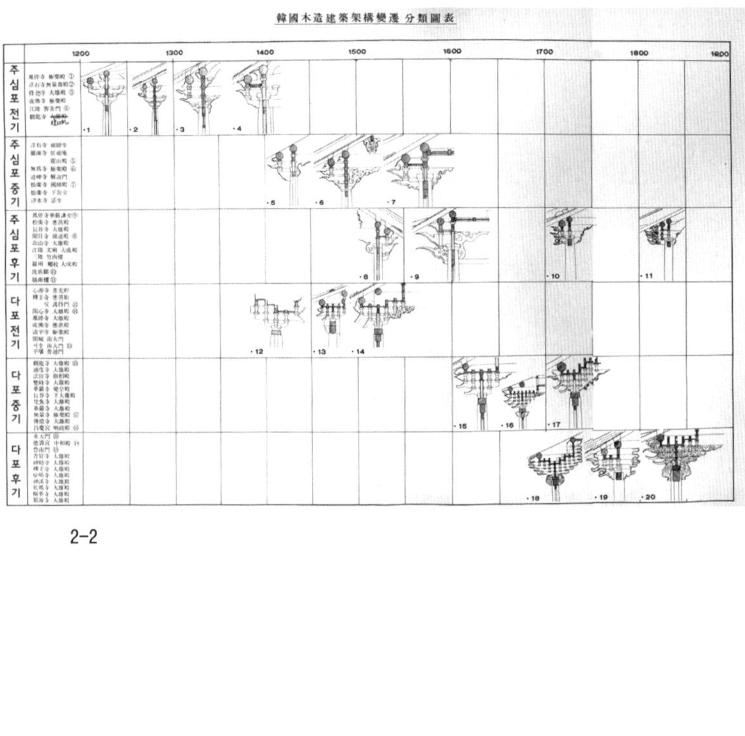

2-2

그림 2-1.
화엄사 각황전, 법주사 팔상전 실측 보고 ©『건축』 12권 1호-2호, 1968.

그림 2-2.
한국목조건축가구변화분류도표 ©『한국건축양식론』, (일지사, 1974).

국립종합박물관의 '전통을 계승하기'

종합민족문화센터 계획은 제2차 경제개발 5개년 계획이 시작되는 1966년부터 '민족문화예술의 중흥'정책 아래 만들어진 프로젝트였다. 종합민족문화센터 계획에서 가장 첫 번째로 진행된 것은 국립종합박물관이었다. 종합민족문화센터 건립추진위원회(1966년)가 만들어지고 1966년 1월 8일 첫 현상설계발표에 따르면 기존의 국립박물관 유물에 새로이 덕수궁 미술관의 소장유물을 통합하고자 했다.[23]

전후 산업국가에서 경복궁 국립종합박물관 프로젝트는 두 가지 국가적 상상을 하도록 했다. 하나는 전쟁으로 인한 박물관 유물 이동에 따른 이야기로 남한의 국가 정체성을 한국의 대표로 건설하며 남한 정부의 주권을 정당화한다. 다른 하나는 발전국가가 어떻게 탈 식민지 국가 만들기를 위하여 일제시기 왕조박물관과 국립박물관 유물을 통합하고 새로운 국가적 전통을 추가 전시함으로써 국가 역사를 제조하고 전통을 선택하였는가를 보여준다.

국가 유물 이동과 통합 정의하기

광복 후 국립박물관이 다섯 번의 이동을 한 것처럼[24] 한국 전쟁이 끝나기까지 박물관 소개된 유물은 부산, 부여, 공주, 경주, 서울의 전 국토를 돌아다녔으며, 일부 유물은 해외로 반출된 상태였다.[25] 전 국립박물관장 김재원의 회고문(『박물관 신문』, 1985. 5. 31. ~ 1989. 6. 1.)에 따르면 전체 유물은 나무궤짝에 넣어 스리쿼터 트럭, 군 트럭, 기차, 화차를 타고 이동하면서 손상되거나 잃지 않았다. 송악산 5·4전투 시기(1949. 5. 4.) 개성박물관의 유물 31개를 나무궤짝에 넣어 경찰 세 명의 호위를 받으며 개성역을 피해 8킬로미터 떨어진 조동역에서 기차를 타고 서울로 돌아왔다.[26] 6·25전쟁으로 북한 정부내각 소속 물질문화연구보존연구회는 박물관 지휘권을 넘겨받았다. 이때 서울의 두 박물관(국립박물관과 덕수궁 미술관) 소장품을 포장하여 북송준비를 하였다. 하지만 '숨 막히는 지연 작전'으로 박물관 물건 북송계획은 좌절되었다.[27] 신성한 기운이 '우리나라 국보'를 보호해주는 것과 같은 이 이야기에는 남북한의 유물 쟁탈전의 과정이 담겨 있다.

환도 후 잠시 남산분관으로 이관하였던 박물관이 남산의 유물을 통합하고 덕수궁으로 들어오면서 새로이 국립박물관 중심으로 통합해야 한다는 논의가 진행되었다. 구 조선총독부 박물관의 유물을 덕수궁의 중요 미술품과 함께 부산으로 소개시켰기 때문에 제대로 된 박물관으로 기능하기 어려웠다.[28] 1950년부터 건의되었던 통합론이 다시 거론된 것이다. 당시 덕수궁 석조전(미술관)은 진열공간과 수장시설이 비교적 잘 완비된 편이라 박물관의 통합장소로 논의되기도 했다. 본부를 덕수궁으로 두고 미술관(덕수궁), 고고관(경복궁), 민속관(남산분관)으로 구분하여 유물을 분류 집성할 계획이었다.[29]

[표 2-1] 덕수궁의 국립박물관과 경복궁의 국립종합박물관 프로그램 비교

	박물관 기능 변화			
국립종합박물관의 프로그램(1965)	국보실/보물실/유물실	고대미술실	천연기념물표본실/ 민속실/무형문화재보존실/위인선열실	문화재위원연구실/장서실
덕수궁1기(1955~1969)	○			
덕수궁2기(1969~1972)	○	○		
문화재 관련 조사사업(1969~1973)	한국역사시대연구 (발굴실측조사)	한국회화사료조사연구 한국도자기문화조사연구	한국민속종합연구	

국립'종합'박물관으로 현상설계명칭을 정한 것은 이러한 통합론의 연장선으로만 볼 수 없다. 공보부의 종합민족문화센터 건립에 대한 건의안[30]을 통해 덕수궁에 있었던 국립박물관 기능이 통합(1969년)된 전후의 프로그램과 종합박물관의 것을 고려해보면 문교부가 상정했던 종합박물관의 기능(1965년)은 확연히 달랐다. '국립박물관에 진열된 문화재수는 2,000여 점이지만 신축 후에는 10배인 2만 점을 진열하는 것'을 목표로 하였다.[31] 그 목표는 박물관의 소장품을 양적으로 확대하고 기존에 없었던 기능도 통합하는 것을 의미했다.

신축 국립박물관은 발굴조사로 수습한 고고학 유물과 매장문화재가 중심을 이루고 있었던 기존 국립박물관과도 그 성격이 달랐다. 언급된 주요 실은 '국보실, 보물실, 유물실, 천연기념물표본실, 장서실, 고대미술실, 민속실, 무형문화재보존실, 위인선열실, 문화재위원연구실'이었다. 이는 유형문화재뿐 아니라 무형문화재, 유물에서부터 민속자료에 이르기까지 다양한 인문적 자료를 망라한 범주였다.

실제로 문화재관리국(문화공보부)은 덕수궁의 국립박물관 기능을 점진적으로 확대해갔다. 이미 환도 이후 남산 분관에 있던 야나기 무네요시[32]의 민속자료가 합류된 상황이었지만 미술사 유물은 아니었다. 통합 이전 덕수궁의 국립박물관(1955년~1969년)은 석조전의 중앙 홀에는 고려시대 불상을 놓고 1층에 고려시대·조선시대 도자기를 전시하고 계단으로 이동하여 2층의 회화와 삼국시대 및 신라시대 유물, 석기시대와 낙랑의 유물을 관람하는 방식이었다.
박물관의 '종합'기능을 이행한 것은 1969년이었다. 덕수궁 석조전 옆의 이왕가 미술관에 소장된 이왕직의 풍부한 재력으로 구입한 질 높은 미술품이 확보되면서 고고학 유물과 미술사 유물이 통합되었다. 그리고 주관처가 문화공보부 소속으로 바뀌면서 박물관은 통합된 유물 연구와 전시뿐 아니라 유산을 대외적으로 홍보하고 교육하는 공간으로 강화되었다.
덕수궁 박물관의 영역이 세 부분으로 구분된 것은 통합된 이후였다. 박물관은 석조전의 동관과 서관 모두 전시공간으로 사용했다. 그리고 공간은 고고영역, 미술영역, 외국영역의 세 영역으로 구분되었다.
고고영역은 고고와 역사를 결합한 형태의 전시로 선사-삼국-고신라-통일신라-낙랑 등의 한국고대문화를 시대 순으로 정리하고, 미술영역은 주로 주제별로 불교조각, 불교공예, 고려자기, 조선백자, 분청사기, 조선회화를 전시하였다. 이렇게 동관은 고고영역과 외국유물 영역으로, 서관은 미술영역을 계단으로 오르내리며 관람하는 전시방식이었다.
이처럼 국립종합박물관 연구에 있어서 국가의 미래적인 문화관리계획이 건축 공간계획으로 변화하는 과정을 겪는 1965년~1966년과 덕수궁 국립박물관과 미술관(구 이왕직미술관)을 통합하였던 1969년~1972년은 중요한 시기이다. 국가에서는 종합박물관 계획을 통해 지속적으로 고고미술 중심의 기능에서 민속·역사적인 기능으로 확장하려 했다. 그러나 국가의 '공식 역사'를 위한 프로젝트로 기존의 박물관 기능을 확대하고 통합하고자 하는 움직임은 굴절되었다. 후자에 대해서는 1950년대 후반 미술계가 주축이 된 전위적 작가군이 고미술을 유물로부터 분리하고자 하는 국가에 대해 비판운동을 전개하였다. 결국 소장 유물도 없이 국전 전시기관으로서 국립미술관을 설립하게 되었다는 점에서 현대미술의 위상에 중요한 영향을 끼쳤다.

전자의 시기는 건축계에서 보다 비판적이었다. 국보건설단 강봉진은 현상공모를 계기로 국가적인 건축가로 인정받았다. 그러나 그의 독특한 설계 때문에 이론과 역사, 설계를 하는 건축인들은 그를 비건축가로 낙인찍었다.

국가 주도로 기업을 동원한 산업화 과정으로 정의되는 발전국가의 관료, 산업, 제도의 측면에서 특히 건축가가 충돌하였던 것은 제도였다. 강봉진은 이 지점에서 국가와 긴밀한 관계를 갖는 건축가였다. 특히 경복궁의 국립종합박물관은 그가 양식적 접근을 시도한 첫 설계였으며 이를 계기로 콘크리트 구조의 문화유산과 기념관의 전담설계자가 되었다.[33]

문화재 관리국의 종합박물관 설계 지침

종합박물관계획은 발전국가의 계획적 성격을 닮았다. 먼저 국가가 달성해야 할 목표를 제시하고 그 기준을 설정한 것이다. 즉, 장기적인 문화유산관리계획을 설정하고 물리적인 공간 규모로 투영한 건축 계획이었다. 종합박물관계획은 20,000여 점의 유물을 보유할 수 있는 공간을 만들고 후차적으로 그 공간을 채울 유물을 모으고 발굴하는 연구 작업이 진행되었다.

이제까지 박물관은 주어진 유물을 수집하여 분류하였지만 보다 적극적으로 새로운 유물을 발굴하고 개발해야 했다. 문화재개발 5개년계획(1969년~1973년)은 문화재관리국의 조사연구기능과 국립박물관의 기능이 합쳐진 문화재관련조사사업을 포함했다. 새로운 종합박물관 건설과정과 문화재를 조사하고 발굴하는 계획이 5년 동안 동시에 진행되었다.

문교부의 설계 지침은 종합박물관으로서 기능적인 특수성 이외에도 '콘크리트 재료로 전통을 표현한다'는 구체적인 조건이 있었다. 다른 종합민족문화센터의 문화 시설도 공통적으로 해당되는 사항이었다. 그러나 종합박물관의 경우는 문교부와 공보부의 장소 경합으로 더 구체적인 양식적 접근을 유도하는 설계 지침이 정해졌다.

종합박물관 현상설계(1966. 1. 8.)는 '전통적 유형과 무형문화의 발전상을 시대적 유물로 보존하고, 새로운 고유양식을 전달할 수 있는 문화의 전당을 건립하고자'한다는 취지의 문구를 담았다. 콘크리트 재료로 전통을 표현하는 방식 중 전통을 유형으로 정리하는 것에서부터 새로운 양식 설계를 유도한 것이었다. 특히 설계조건에 해당하는 5항이 당시 건축, 예술계에 논란이 된다. 지침은 다음과 같은 내용을 담고 있다.

유구한 역사를 이룬 전통적 유형 내지 무형 문화의 발전상을 시대적 유물로서 보존함과 동시에 나아가 새로운 우리나라 고유 양식의 창의를 발휘하여 이를 후세에까지 전할 수 있는 문화의 전당을 건립함에 있어 그 최선의 안을 택하고자 다음 요령에 의한 설계안을 공모한다.

건축주의 의도 설계조건 5항

'건물의 외형은 한식으로…(중략)…어떤 문화재건축을 모방하여도 좋음…단 내부시설은 한식을 가미한 초현대식 시설로 한다.'

물론 전기의 글 가운데는 상당히 논의의 여지가 있는 구절이 많다. 예를 들어 모방, 조화된 문화재 건축, 한식을 가미한 초현대식 건축 등은 그 뜻하는 의미가 비교적 평이한 것 같으면서도 매우 힘든 내용의 글들이다. 그러나 여기서는 소박한 의미로 해석하여 모든 문제를 처리하는 준칙으로 삼았다. (「특집 한국현대건축을 위한 심포지엄 시리즈1: 국립종합박물관의 경우」, 『공간』, 1967년 2월, 12쪽.)

전통건축의 유형과 양식이라는 언급을 덧붙일 수 있었던 것은 이미 언급하였듯이 현상설계모집 이전부터 미리 한식 탑파형의 가안이 작성되었기 때문이다. 현상모집 공고 후 신문기사에서 '팔상전 같은 것'이라는 입안자의 의견이 보도되고 다음 달 대통령 비서실 보고에서 팔상전 모습을 한 조감도 스케치가 '종합박물관 계획도'에 첨부되었다.[34]

국보건설단은 국립종합박물관 현상공모를 야심차게 준비하였던 것으로 보인다. 심사위원은 종합박물관 현상설계 지침(1966. 1. 8.)을 가장 충실히 접근한 건축가로 평가했다. '전통적 유형과 무형 문화의 발전상을 시대적 유물로 보존하고, 새로운 고유양식을 전달할 수 있는 문화의 전당을 건립하고자'한다는 취지와 '콘크리트 재료로 전통을 표현하는' 구체적인 지침에 대해 강봉진은 전통을 유형적으로 정리하고 새로운 양식설계를 제시하였다.

국보건설단의 국립종합박물관 현상설계 당선안

당선작이었던 강봉진의 안은 『공간』지[35]를 통해 소개되어 그 설계과정을 살펴볼 수 있다. 그 과정은 '모아서 유형화하고 다시 분산하여 재배열하는 방식'을 사용했다. 먼저 각 지방의 지정문화재건축을 현지답사하고 정밀 조사하여 인용할 대표적인 양식과 수법을 갖는 국보 또는 보물 건축의 리스트를 정리하였다. 설계에 인용된 문화재는 법주사 팔상전(국보 제56호), 금산사 미륵전(국보 제62호), 화엄사 각황전(국보 제67호), 밀양 영남루(보물 제147호), 삼척 죽서루(보물 제231호), 남원 광한루(보물 제281호), 정읍 피향정(보물 제289호), 여수 진남관(보물 제56호), 무량사 극락전(보물 제356호), 명정전 회랑(보물 제385호)이었다.

다음으로는 개별 건축물만 차용하여 수집한 뒤 유형화하는 작업이 이루어졌다. 예를 들면 목구조 건축물 중 중층으로 이루어졌거나 큰 규모의 건축물을 분류하여 주 건축물 동으로 사용하고, 단층의 전각은 각 동을 연결하는 공용 공간으로 분류하였다. 마지막으로 박물관의 적정 규모를 만들기 위해 각 문화재의 스케일을 조절하였다.

결국 실측도면에서 이용된 것은 칸수와 높이(층수)였다. 평면의 외형칸수는 그대로 사용하고 주 긴과 높이를 비례로 확대하여 각 동의 건축공간의 크기를 정하는 것이었다. 그런데 그 비례 확대는 전용공간과 공용공간에 사용되는 전각에 공통적으로 적용되지는 않았다. 공용공간은 그대로 차용하는 방식을 이용한 것에 반하여 주 건축물 6동에 대하여는 외형칸수를 유지하고 주간 치수와 높이를 비례로 확대하였다.

강봉진은 이러한 확대를 새로운 공간과 재료의 문제로 가능하다고 보았다. 목구조 건축물 공간으로는 일반 건축물보다 높은 주간과 주고 공간을 만들 수 없으며 '박물관이 일반 건축물보다 높고 넓은 공간을 필요로 하기 때문에 콘크리트 구조로 변경하면서 2미터에서 3.5미터의 목구조 건축물의 좁은 주간과 주고를 같은 비례로 약 2배 확대하여' 설계했다.

[표 2-2] 종합박물관의 당선안에 인용된 문화재리스트와 각 건물의 용도

종합박물관설계에 인용된 문화재리스트	용도(칸수, 층수)
법주사 팔상전(捌相殿)(국보 제56호)·조선인조 2년 1624	본관(5x5, 5)
금산사 미륵전(彌勒殿)(국보 제62호) 조선인조 13년 1635	관리관(5x4, 2)
화엄사 각황전(覺皇殿)(국보 제67호) 조선숙종 23년 1703	2 전시관(7x5, 2)
밀양 영남루(嶺南樓)(보물 제147호) 조선헌종 10년 1844	4 전시관(5x4, 2)
삼척 죽서루(竹西樓)(보물 제231호) 조선중기	회랑
남원 광한루(廣寒樓)(보물 제281호) 조선중기	현관
정읍 피향정(披香亭)(보물 제289호) 조선중기	회랑
여수 진남관(鎮南館)(보물 제356호) 조선중기	강당(15x5, 1)
무량사 극락전(極樂殿)(보물 제356호) 조선중기	3 전시관(5x4, 2)
명정전 회랑(明政殿 迴廊)(보물 제385호) 고려말조선초	회랑

5. 1. 기본구조

원건물은 목조이기 때문에 어느 건물이나 기둥 간격이 겨우 2m 내지 3.5m에 불과하여 면적도 적을 뿐 아니라 철근 콘크리트 라멘구조로 하려면 그에 적당한 FC pitch를 취하지 않으면 구조상 불경제이므로 본 설계에 있어서는 원건물의 기둥 간격의 약 배정도인 4m범위 내로 기둥 간격을 정하고 이에 비례하여 높이도 높게 하였는바 다행히 박물관 건물은 천정고가 일선 건물보다 높아야 하므로 이 정도로 확대하였음이 합리하다는 것을 확신하였다. 다만 기둥 간격이 건물 정면은 크고 양 협칸이 점점 적게 된 것은 원 건물에 있어 고건축물의 안정감을 주기 위한 일선 수법이므로 본안에서도 그 수법을 그대로 사용할 것이다.

(「특집 한국현대건축을 위한 심포지엄 시리즈1: 국립종합박물관의 경우」, 『공간』, 1967년 2월, 6-32쪽.)

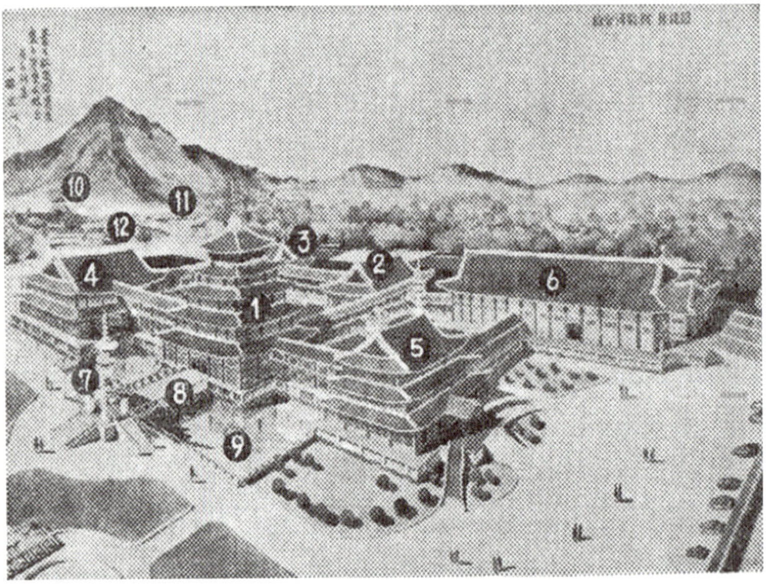

2-3

그림 2-3.
국립종합박물관 현상설계 당선안 (1966년 3월 10일) 1.본관(팔상전), 2.2전시관(각황전) 3.3전시관(극락전) 4.4전시관(영남루) 5.관리관(미륵전) 6.강당(진남관) 7.정문(다보탑) 8.청운교 9.연못 10.신무문 11.미술관 12.향원정

그림 2-4.
국보건설단 강봉진의 종합박물관 설계과정 ⓒ강난형

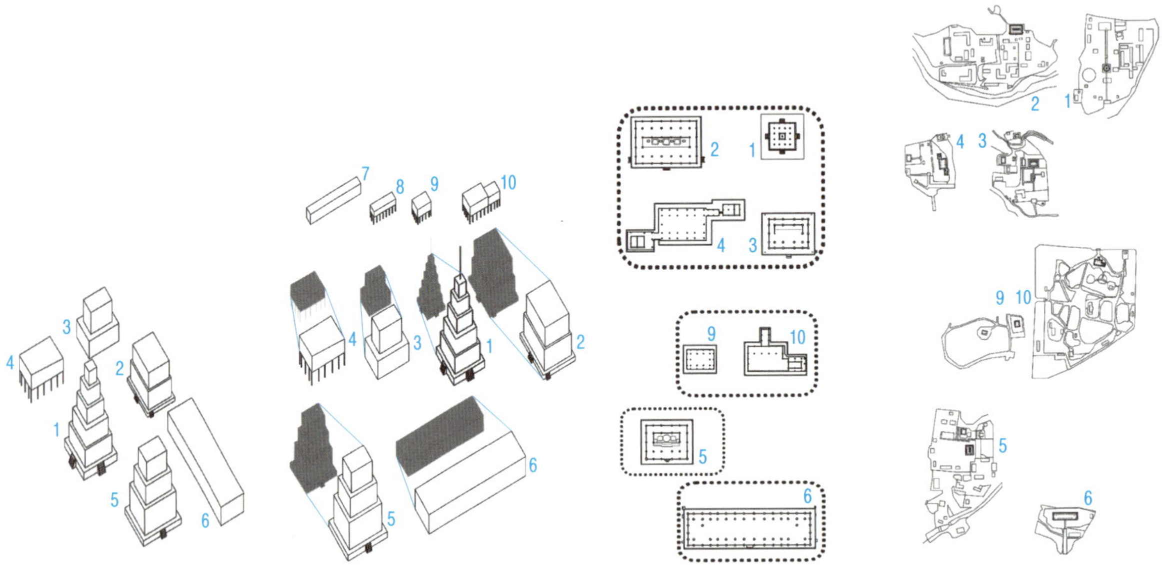

2-4

1.팔상전:본관 2.각황전:전시관 3.극락전:전시관 4.영남루:전시관 5.미륵전:관리관
6.진남관:강당 7.명정전 회랑:복도 8.축서루:복도 9.피향정:복도 10.광한루:복도

또한 목구조 건축을 변용하는 작업은 재료의 변화를 통한 공간의 비례적 확대뿐 아니라 요소적 차용과 같은 재현과 생산의 문제를 다루었다. 차용한 건축물이 '루'형식일 경우는 벽이 없이 열린 공간이고 필로티로 이루어지기 때문에 다른 고건축양식을 참조하여 새로이 설계가 이루어졌다. 주 구조체는 철근 콘크리트 라멘구조로 상부 지붕은 철골조 트러스 위에 프리캐스트 슬라브(철근콘크리트 가판 슬라브)를 얹는 방식을 생각했다. 그리고 내부 재료는 모두 국산품을 사용하도록 계획하였다. 주 구조체(철골, 철근, 시멘트), 지붕(재래식여와, 부와, 여막사, 용두), 창호 즉 문틀 및 창(알루미늄 도어와 알루미늄 샷시), 바닥 마감재료(본관 홀은 대리석, 사무실 및 복도는 테라조, 전시실은 아스타일)에 이르기까지 국내에서 생산된 재료와 기술을 이용하여 제작할 계획을 정리하였다. 특히 부연, 공포, 화반에 이르기까지의 지붕 단위요소도 콘크리트 구조로 계획하여 거푸집을 제작할 계획을 세웠다. 즉, 강봉진에게 그의 설계를 설득하는 작업은 동원된 전통건축의 형태, 구조, 세부의 설명을 정리하는 작업이었다.
'무엇을 설계할 것인가'와 동일한 비중으로 '어떻게 지어질 것인가'에 초점을 두었다. 그에게 구성하는 건축 요소, 기둥 연목, 부연, 공포, 화반에 이르기까지 철근 콘크리트로 계획하고 형판(거푸집)에 맞춰 의장가공(비슷한 조각의 형태로 제작)하는 시공 과정도 중요했다.

그의 글을 통해 칸수와 건물의 비례를 그대로 사용하면 목구조에서 철근 콘크리트구조로 변화하더라도 목구조 건축의 구성(콤포지숀)이나 질감의 특성을 유지할 수 있다는 생각을 읽을 수 있다. 결과적으로 강봉진의 설계방식은 건축 양식[36]에 대해 규범적으로 접근하여 형태와 장식수법에 대해 차용한 문화재를 그대로 사용하되 새로운 공간의 크기에 따라 비례를 조절하는 것이었다.

(화요일) 서울신문

文化財管理局側 주장

贊

民族意識·重厚한 맛 强調

木造야만 한다는 樣式은 速斷

國立綜合博物館

新築工事의 是非

反

李玖·金壽根씨의 主張

枝葉崇上되고 全體 忘却

時間과 空間的격차 無視한 行爲

버림받는 科學館

豫算 6百萬원

현상유지도 어려운 형편

職員 겨우 11명

陳列品 모두 2千種

貴한 史料도 낮잠자거나 古鐵취급

그림 2-5. 국립종합박물관 신축공사의 시비 ©『서울신문』, 1966년 4월 26일.

추진위원회의 자문검토 과정과 수정안

한국건축가협회의 공개적 논의는 국립종합박물관의 설계안을 수정하는 계기가 되었다. 현상설계 당선작이 발표된 시점(1966. 3. 10.)부터 건축 잡지,[37] 신문기사[38]에서 건축인의 논평과 주관 문화재관리국의 반박문이 이어졌다. 전통건축양식의 모방이라는 건축가의 거세된 자율성의 문제 이외에도 경복궁이라는 유산과 장소의 선택, 양식과 기술(재료) 등 다양한 입장이 논의되었다.

강봉진의 당선안에 대한 논란이 일면서 설계검토자문위원이 구성되고 검토가 시작되었다.[39] 건축가들은 양식적 접근을 구체적으로 명기한 것이 건축가의 표현 자유를 제약하고 모방한 것이라는 비판을 했다. 문화재관리국과 설계심사위원들은 건축가협회의 적극적인 비판에도 '소장되는 민족의 역사적 예술품과 유물 등을 담는 공간으로서 박물관은 민족의식을 강조하고 우리나라 고유양식을 갖춘 중후한 고전건축의 형태가 어울린다.'는 일관된 의견을 주장했다.[40]

국립종합박물관으로서 기능, 스케일과 배치의 문제가 새로이 논의되었다. 배치에 있어서 당선안이 경복궁에 대한 고려가 있었는지에 대한 근본적인 비판의 목소리도 있었다. 건축가 송민구나 문협복리사장이었던 김동리(金東里)는 박물관을 짓지 않고 기존 전각과 인왕산, 북악산과의 조화를 이유로 광장 또는 녹지로 남겨두기를 주장하기도 했다.

종합박물관이나 민족문화센타와 같은 계획 중의 문화 부문 건물들은 지금의 종묘 안에 짓는 것이 가장 적당합니다. 종묘 자체는 지금과 같이 충분히 보존토록 하되 여타의 공지 10여 만 평을 그런 성질로 활용함이 국가적으로 볼 때 가장 효과적이라고 봅니다. (김동리, 「중앙청과의 조화가 큰 의문, 반향(아케이드)」, 『공간』, 1967년 2월, 19쪽.)

만일에 관찰할 수만 있다면 인왕산의 밋밋한 산봉우리와 경회루의 용마루의 수평선, 근정전의 용마루 수평선은 북악의 뾰죽한 산봉우리에 대응하고 있는 것을 곧 알 수 있을 것이며 또 동쪽에서 관찰하면 반대로 북악의 뾰죽한 산봉우리와 경회루 근정전의 뾰죽한 용마루 꼭대기는 밋밋하게 가로 놓인 인왕산 산 흐름에 대응하고 있는 것을 알 수 있을 것이다. 이렇듯 건축과 자연의 음악과 같은 조화를 무슨 이유로서 우리 손으로 한층 더 파괴하여야만 될 것인가. 아무리 현대과학을 동원하여 고건축을 모사하고 그 아름다움을 나열하여 현재 있는 고궁과 대립하여 장엄하게 건축을 한들 지금의 조화를 깨뜨렸으면 깨뜨렸지 더욱 좋아질 수 가 있겠는가. (송민구, 「고궁의 조화가 파양된다」)

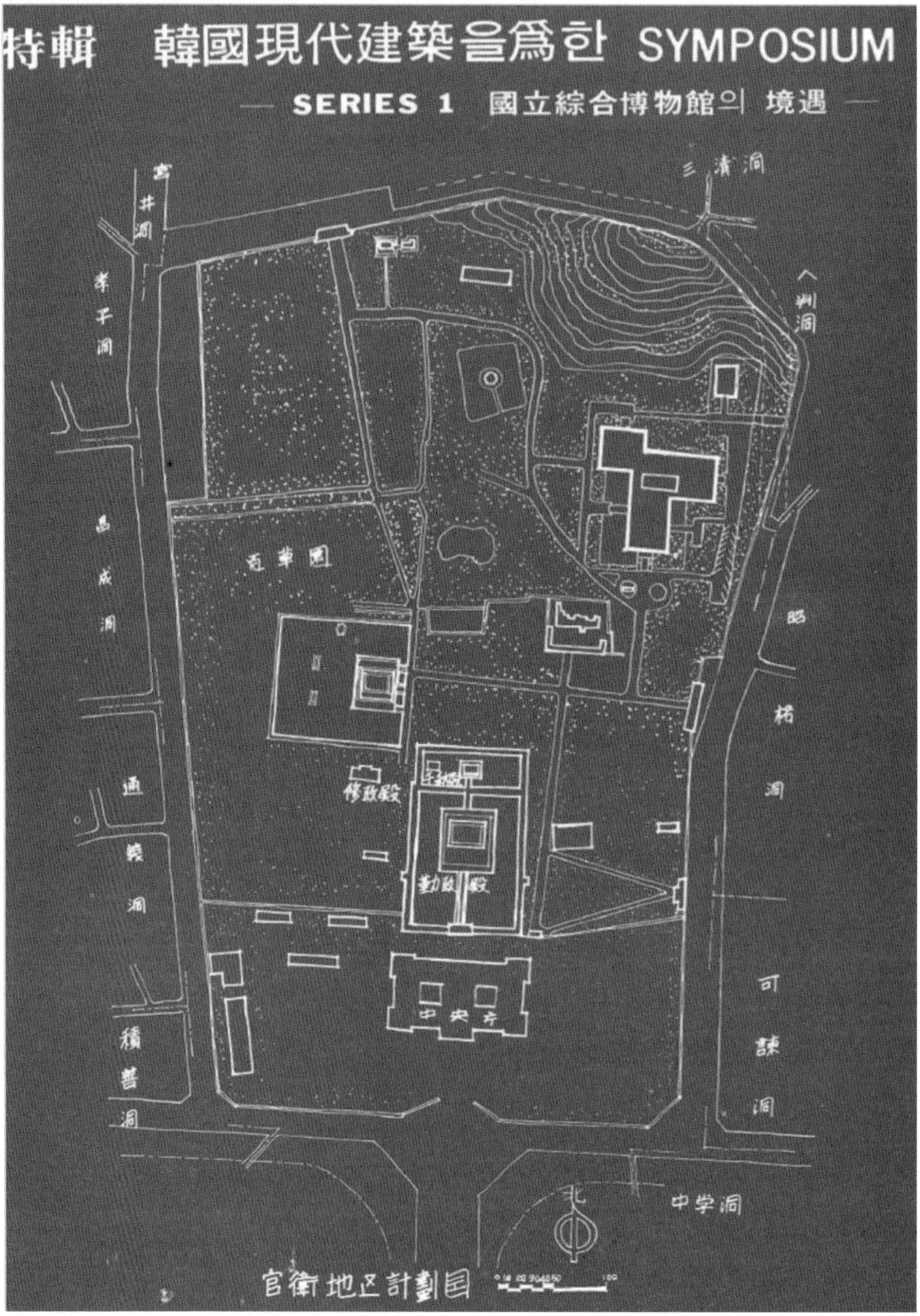

그림 2-6. 「특집 한국현대건축을 위한 심포지엄 시리즈1: 국립종합박물관의 경우」 ©『공간』, 1967년 2월.

국립종합박물관의 '전통을 계승하기'

그러나 경복궁 주변의 북동측 담을 허물고 도로를 넓히겠다는 서울시의 도시 계획 발표도 있었기 때문에 경복궁은 박물관의 입지로 기정사실화되었다. 그러한 점에서 대부분의 의견은 경복궁 내에 박물관을 어떻게 배치할 것인지를 다루었다. 반대의견을 수용하여 계획된 실시안은 ①기단의 요소 적용, ②건물군의 양식 기준의 축소와 척도의 조절, ③배치안 수정이 적용되었다.

종합박물관의 건립추진위원회는 무엇보다 현상설계 당선작(1966. 3.)을 설계변경안(1966. 11.)으로 변경하는 이유로 국가 유산 발굴계획에 따른 거대규모 공간으로의 확장성을 들었다. 전시공간이 기존의 회랑을 돌며 관람한다면, 전용공간을 한정지어 연결하게 되므로 그 방식은 불합리했다. 그들은 '기존의 유물을 전시하면서 다시 앞으로 확대될 불특정적인 다양한 유물을 담는 공간'을 검토했다. 그러한 점에서 '자연채광이 절대조건이 아닌' 박물관 기능에 부합하고 '기둥이 배열되지 않는 대규모 (근대적인) 홀과 같은 공간'을 통해 다양한 기능을 수용할 수 있는 방식이 논의되었다.

공간의 확장성을 위하여 국립종합박물관의 양식건축물은 14세기부터 19세기까지 10개의 건축물 중 사찰 건축 3동만을 남겨두었다. 팔상전, 각황전과 미륵전의 3동은 조선중기의 다포식 사찰건축물이라는 시대와 기법(공포방식)을 공유하는 건축물이었다.
3동의 건축물 하부에는 다양한 프로그램을 수용하는 한 층에 펼쳐진 공간을 만들었다. 기단부는 전통건축의 기단을 건축화하면서 만들었는데 바람개비와 같이 동·서·남의 세 방향으로 뻗어나가 있다.
기단부의 진입 공간도 세 부분으로 분리되었다. 진입의 분리는 기단부 내 기능을 분류하기 위한 것으로 보인다. 연못을 중심으로 나누어진 3개의 영역에서 팔상전 하부의 남측 영역은 위인선열실, 무형문화재보존실, 민속실, 서화실 등의 상설전시실로 사용되고 서측에서 진입하는 1~5전시실과 동측에서 진입하는 6~11전시실로 전시영역이 나뉘어 있었다.[41]

2-7

그림 2-7.
국립종합박물관 설계 변경안(1966년 11월 16일.) ©국가기록원

그림 2-8.
팔상전 3층 기단에서 바라본 도시 전경 ©『국립중앙박물관 준공보고서』, (문화재관리국, 1972.)

2-8

기단 내에 담긴 주요 박물관의 기능은 층별로도 분류되었다. 고고, 미술, 역사 민속의 3개의 전시 공간 중 가장 전면에 있는 중심 전시공간은 팔상전이 있는 하부의 역사 민속 영역이었다. 박물관 관람자들과 관광객을 고려하여 지상 1층 기단 상부는 팔상전(전망대), 각황전(강당), 미륵전(식당)의 전통양식으로 설계를 하였다.

수정안은 모형작업으로 완성되었다. 경복궁 천추전에서 문화재관리국의 담당자들이 설계검토자문위원의 지도아래 모형과 도면작업을 진행하였다.[42] 그들은 회의에서 나오는 내용으로 도면을 수정하고[43] 30분의 1 모형을 비례와 외형을 보기 위해 석고로 만들었다. 석고모형은 내부공간보다는 외부의 조형을 검토하는 방식이었다.

그 과정으로 외부공간에 대한 설계가 이루어졌다. 기단 위에 놓인 전통양식 건축물은 외부계단이 따로 계획되었던 점, 도시를 조망하는 기능을 가진 팔상전을 계획하였다는 점에서 유추할 수 있다. 팔상전은 다른 두 동의 건축물보다도 가장 높은 타워로서 별도의 외부계단을 통해 도시를 조망하는 8층의 전망대로 설계되었다.[44] 경복궁 내에 진입하여 올라 다시 궁 안의 한옥군과 중앙청, 세종로를 내려다보는 공간이었다.

관람객은 세 부분의 전시영역을 관람하고 별도의 외부계단을 통해 2층 기단부의 공용공간을 함께 사용하도록 설계되었다. 종합박물관 내 팔상전 하부 엘리베이터가 기단부까지만 연결되어 동선이 분리된 점도 상층 전각과의 기능이 나누어짐을 뜻한다. 그러나 외부공간설계에 대한 흔적은 전망대인 팔상전만 남아있다. 설계안에 대한 안영배의 논의에서처럼 외부 계단을 따라 상부로 올라갔을 때, 중요한 공간의 도착점은 그 공간 내부에는 없었다. 그보다는 경복궁의 근정전, 경회루 등의 전각과 중앙청 그리고 산으로 둘러싸인 도시풍경을 보는 외부로 시선을 돌려 조망하는 공간을 만들고자 했다.

'전통을 계승하기' 1차 논쟁 : 탈 전통과 전통 계승, 장소성과 지역성

서울신문을 통해 처음으로 안이 공개되자 문화재관리국은 설계와 관련하여 경복궁의 특정한 위치를 규정하여 건축가가 투시도와 평면도를 제출하는 아이디어 공모였으며 현상 규정에 맞게 3명 중에 선택하였다고 소개하였다. 강봉진의 안은 국가 주도로 실측 조사하였던 전통건축의 스케일을 두 배로 확대하고 확대된 여러 동을 복도로 연결하여 전시공간을 구성하는 양식을 기반으로 하였다.

이에 덕수궁 박물관은 '종합'박물관이 미술관조차 운영하지 못하면서 고고미술 이외에 역사와 민속을 총망라한 범주 자체가 시대착오라고 비판했다. 건축가 김수근도 종합박물관의 건립을 반대하며 '고건축은 그 시대에 세워졌다는 점에서 현재 실용적인 용도로 다시 만드는 것은 넌센스이며 외형과 내부 공간 사이의 모순이 있음'을 지적하였다.[45]

2주 뒤 이 논의는 문화재관리국과 건축가들의 격한 찬반론의 양상으로 서울신문 지면[46]을 통해 더욱 본격적으로 진행되었다. '전통은 민족의 문제이며 계승하여야 한다'는 관리국과 '전통은 토속도 지역성도 아니며 과거의 것, 시간성, 주체의 문제이다'라는 건축가의 의견 충돌이 핵심이었다.

이후 건축가협회는 더 적극적으로 협회 대표 4인(송민구, 김희춘, 한창진, 최창규)이 문화재관리국장과 직접적인 간담회(1966. 5. 4.)를 열었으며 전통건축의 형태를 따르는 기본 지침은 양보하되 설계검토자문위원을 구성하여 당선안을 수정하는 타협안을 만들었다.[47]

건축가들은 국립종합박물관 이후 다른 문화시설에도 문화재관리국의 지침이 끼칠 파장을 우려하였다. 그들은 건축전문지인 『공간』을 통해 문화재관리국이 주장한 '전통을 계승하는 방법'[48]에 대한 본격 토론을 시작했다. 건축가 김중업은 '전통은 손에서 손으로 넘겨주거나 쉽게 이어받는 작업이 아니며, 조선 중기 이후 쇠락한 공예품과 같은 것을 전통이라 부를 수 없다. 근대는 전통을 안티테제(항거)로 반영하는 것이다'라고 주장하였다. 건축가 김수근은 '죽은 고전과 산 전통이 있다. 전통은 끊임없이 창조하는 과정'이라고 하면서 '전통은 계승의 대상이 아니'라고 덧붙였다. 건축가 이구도 '건물이 파괴된 경복궁은 건축가의 공간 이용에 대한 연구가 필요하며 국립종합박물관이 근대건축으로서 새로운 세대를 상징한다면 그 요소는 무엇인가' 라고 비판하였다.

1967년 2월, 『공간』지의 특집호[49]는 수정한 국립종합박물관 설계안을 중심으로 건축가, 심사위원, 박물관장, 예술가, 언론인, 평론가 35명의 의견을 담고 있어 그 갈등적 양상을 짚어볼 수 있다. 그 논란이란 박물관의 제도적인 변동과 프로그램에 대한 것이었다.

심사위원이자 설계검토위원이었던 건축가 정인국은 다양하게 분화된 박물관의 프로그램을 여러 동의 고건축에 적용하는 것은 불합리한 부분이 있지만 부차적인 문제라고 말한다. 그는 '건축은 관련된 지역적 위치에 그 양식과 수법으로 지어져야 한다'는 생각을 동의하지 않았다. 김수근과 이구가 박물관 설계에 있어 중요한 기준으로 기능의 합리성이나 장소성을 제시한 것과 달리 그에게 박물관 설계는 공간의 기능이 불합리하더라도 기념비 건축으로 의미가 중요하였다. 정인국은 경복궁에 거대한 규모의 종합박물관을 어떻게 배치할 것인가가 더 중요한 문제였다. '중세기적인 환경'과 '거대한 면적과 용량의 건축군'의 충돌로 그 배치를 은유하면서 건축배치에 있어 관계를 설정해야 하는 건물은 경복궁의 기존 전각(근정전, 경회루) 뿐 아니라 중앙청도 해당되었다.

잡다한 양식상 혼란의 해결이 한 덩어리의 건축 안에는 영남루(嶺南樓), 죽서루(竹西樓), 광한루(廣寒樓), 피향정(披香亭), 팔상전(捌相殿), 미륵전(彌勒殿), 각황전(覺皇殿) 등 각각 시대를 달리하며, 용여를 달리하며, 또 지역적 여건에 따라 거기에 알맞은 서로 다른 층수와 크기와 외관을 가진 건물들인데, 이것들을 아무 건축적 변형 없이 군집시킨 점은 한편으로는 건축박물관의 역할까지 겸한 것이라고 하지만 어떤 종류의 절제와 생략과 통일을 꾀하지 않은 건축창조이전의 행위라는 회의 그렇기 때문에 이것이 건축이 되려면 이런 경우에 제일 중요한 양식상 혼란을 없애며, 모든 건축적 요소가 질서정연하게 자기 할 바를 다하여야 된다는 강한 주장. 건축의 본질인 구조재료와 기능에 대한 세심한 연구의 필요 즉 목조를 기본구조법으로 하는 고건축을 근대재료인 콘크리트로 표현하려고 할 때 생기는 모순과 비경제성, 그러나 현대의 재료와 시공법의 발달은 서로 다른 재질의 재료로도 구조로서는 등질적인 성질로 전환할 수 있음을 가르쳐주고 있으니 이 문제는 넉넉히 해결의 가능성을 보여주고 있다. 또 다음 별로 크게 분화된 기능을 대상으로 하지 않은 고건축을 복잡하게 분화된 현대건축에서 도입하였을 때 생기는 기능상 불합리성 그러나 우리들은 흔히 모뉴멘탈한 건물에서는 기능이 이미 부차적인 요소로 격하됨을 알 수 있으니 이 점 역시 연구 결과에 따라 크게 문제될 것은 없다. (「특집 한국현대건축을 위한 심포지엄 시리즈1: 국립종합박물관의 경우」, 『공간』, 1967년 2월.)

경복궁이라는 중세기적인 환경 가운데 이것과는 언발란스한 거대한 면적과 용량의 건축군을 전 지역적인 배치 고려 없이-즉 중앙청, 근정전, 경회루 등과의 상호관계를 단절한 채 독립적으로 종합박물관만의 성질로 모든 건축적 요소를 결정한 데 대한 의문, 그러나 이것은 다분히 감상적인 회고주의라고 치더라도 고건축을 주테마로 하는 이 건축이 전통적 경복궁의 환경을 파괴할지도 모른다는 아이러니컬한 결과에 대한 반성과 회의. (「특집 한국현대건축을 위한 심포지엄 시리즈1: 국립종합박물관의 경우」, 『공간』, 1967년 2월.)

정인국은 전통 계승이 민족과 지역성의 문제로 주장했던 논리에서 더 나아가 박물관 건축은 '아시아적 근대의 문제로' 목구조 건축이 콘크리트 구조로 새로이 지어지는 지역적 특성을 공유한 것을 의미한다고 강조하였다. '소장되는 민족의 역사적 예술품과 유물 등을 담는 공간으로써 박물관은 민족의식을 강조하고 우리나라 고유양식을 갖춘 중후한 고전건축의 형태가 어울린다'는 문화재관리국의 의견은 심사위원 정인국의 '아시아적 근대성'에 대한 언급으로 콘크리트 재료 사용에 대한 논리가 강화된 것이었다. 국내외의 선례로 '장충동 영빈관,[50] 일본 나가오카의 선행사, 오사카 사천왕사[51] 및 종로 비각, 창경원의 연무각'[52]을 들어 설명하였다. 그리고 그는 동남아시아의 목구조건축이 콘크리트 구조(현대의 재료와 시공법의 발달)로 새로이 지어지는 지역적인 특성을 공유하는 것에 의미를 두었다. 그는 동남아시아 박물관과의 비교를 통해 전통을 재현한 기념비적 공간을 기능보다 우선시했다.

국립종합박물관은 전통을 계승한다는 국가적 주제에 대한 건축 내의 구체적인 논의를 만들었다. 위 기사내용을 종합해 보면 종합박물관의 프로그램은 여전히 불명확하였다. '동양 최대의 박물관'이라는 타이틀 아래 양식적 재현의 외관은 정해져 있었다. 그러나 박물관 관련 전문가들도 덕수궁 박물관을 어떻게 흡수하고 어떤 기구로 운영할 것인지 또는 덕수궁 박물관과 어떻게 다른 현대식 박물관을 짓고 소장품을 채울 것인가 의문을 제기했다. 종합박물관이 '고고, 역사, 미술, 민속, 현대박물관 또는 미술관'이라는 종합적인 기능에 대한 각 관계전문가의 검토가 이루어지지 않았다. 그들은 역사와 민속 기능을 포함하는 것에 대한 의문을 제기했고 경복궁의 폐허가 이미 그 자체로 역사박물관이며 유적지이기 때문에 박물관 설계가 필요 없다고도 말했다. 덕수궁 박물관과 미술관도 진열면적이 남아도는 상황인데 덕수궁의 유물을 통합하더라도 전시면적이 과도하며, 집을 짓기 이전에 국가기구로서 기존 박물관을 어떻게 흡수하고 운영할 것인지 논의가 필요하다고 지적한다.[53]

건축가들에게 국립종합박물관에 대한 논쟁은 결과적으로 전통은 무엇이며, 어떠한 의미를 갖는가, 전통의 범주는 어떻게 정해졌는지 발언하는 창이 되었다. 국가적 전통이 선택되고 정의되며 폐기되는 과정은 국보건설단 강봉진의 설계방식과 긴밀하게 연결되어 있다고 여겨졌다.

탈 전통론을 내세운 건축가들은 강봉진의 개개의 지방 건축을 모으고 변용하는 설계 행위는 기능적으로 불합리할 뿐 아니라 양식과 수법만으로 건축의 가치를 시간성의 문제로 보고 있다는 것을 비판했다. 그러나 전통계승론의 건축가 뿐 아니라 탈 전통론의 건축가에게도 전통은 중요한 주제였다. 그들은 근대성을 전통의 계승적 태도로 다루는 문제에 반대하면서 새로이 전통건축을 재해석하고자 하였다. 전통 계승론 건축가가 전통 건축을 국가의 지역성으로 환원하여 아시아 지역성과 겨루고자 하였다면, 그들은 전통 건축은 양식과 수법이 특정한 장소마다 다르게 고수되어야 하는 과거의 것으로 다소 보수적인 의미로서 장소성과 그 구축의 문제로 보았다.[54]

광화문의 '전통을 계승하기'

광화문이 경복궁 전면에 다시 위치를 변경하여 재건되면서 국립종합박물관에서 시작된 '전통계승' 논쟁은 다시 수면 위로 올라왔다. 국립종합박물관이 단일민족발전사의 문제에서 동아시아 지역의 근대 논의로 전환되는 전통 계승과 탈 전통 논쟁의 결과였다면, 광화문은 궁궐 경계에 위치하면서 도시 개발과 문화유산보존이라는 문제를 더 복잡하게 다루었다.

광화문과 광화문 앞길의 과거 사진이 등장한 것은 1966년부터 광화문 복원 계획이 발표되면서부터였다. 백악산을 배경에 두고 있는 경복궁과 그 정문, 광화문 그리고 광화문 앞길의 사진(조선고적도보)은 서울시 계획에 대한 보도 기사와 함께 실렸다.[55]

수난을 겪었던 광화문을 드디어 '뒤로 백악이 솟아 보이고 문 앞 양쪽엔 6건물'이 있던 '그 옛날 경복궁 정문이던 때의 광화문'으로 복원하게 된다는 계획이었다. 이와 함께 광화문 앞길의 청사진도 바뀌었다.[56] 서울시가 광화문을 중앙청 정문에 복원하겠다고 발표했기 때문이다.

그런데 육축만 남아있던 광화문을 둘러싼 의견은 다양하게 발표되었다. 서울시는 민족 문화재로서, 시민과 관광객들이 누구나 볼 수 있는 곳으로 옮기는 '복원'사업[57]을, 문화재관리국은 경복궁 담장과 동구릉, 건원릉 보수 공사와 함께 진행되는 '보수'공사[58]를 주장했다. 다음해에는 복원계획으로 뜻이 모아지기는 했으나 복원될 위치와 방식에 있어서 두 가지 다른 의견이 발표되었다.

예산 1억 2천만 원을 들여 중앙청 앞에 콘크리트 구조로 광화문을 복원시키겠다는 서울시와 달리 문화재관리국은 7천만 원의 예산으로 종합박물관의 정문으로 목구조의 광화문을 복원할 계획이었다.[59]

서울시의 광화문지하도 청사진(1966. 4. 19.)에서 보듯 광화문 앞길은 여전히 광화문을 위한 장소가 아니었다. 광화문에서 백악산을 바라보는 시선으로 그려진 투시도에서 중앙청은 소실점으로 광화문 앞길의 주인공이다.

광화문은 종합박물관의 출입문으로 사용하기 위하여 건춘문 위쪽에 복원설계가 시작되었다. 문교부는 광화문 복구계획의 목적을 네 가지로 정의했다. 석축만 남은 광화문을 다시 복구하는 것은 기능의 문제였다. 국립종합박물관을 새롭게 경복궁에 신축하면서 진입을 위한 문으로 사용하고자 했다.

첫째, 광화문을 원위치에 복원하여 민족문화센터 건립사업의 일환으로 추진되는 종합박물관의 정문으로 사용한다. 둘째, 6·25동란의 전화를 복구한다. 셋째, 폐허 상태로 두면 도시 미관상 불미스럽다. 넷째, 문화유산인 광화문을 복구함으로서 문화재 애호사상을 고취시킨다. (「광화문 복원설계도 작성지도위원 위촉」, 국가기록원, 1967.4., BA135950, 824-825쪽.)

최희순(崔熙淳)[60]과 신영훈(申榮勳, 문화재전문위원), 김의중(金義中, 국립박물관), 김동현(金東賢, 서울대박물관)의 설계지침과 자문(3차:1967.4. 19.~9. 1.)으로 국보건설단에서 설계도를 작성하였다. 광화문 1차 복원설계지도위원 최희순의 과업지시서에서 보듯, 실제 남은 유구와 사라진 유구를 구분하여 복원기준을 설정했다. 그는 전체 석축의 높이, 물매, 고주, 창방 등의 치수를 복원 수정하여 설계도를 제작하기 위하여 기술과 학술 면에서 전문가가 필요함을 건의했다. 그리고 사라진 유구는 동시대의 궁궐건축인 근정전과 근정문의 공포와 같은 세부 부분을 참조하고, 일제 관학자의 실측도면과 사진을 이용하고자 했다.

첫째, 현 위치에 소실 전 원상태로 목조 복원을 전제로 할 것. 둘째, 본 설계를 위한 실측과 설계에는 영조척(營造尺)을 기준으로 할 것. 셋째, 현존 유구는 실측 후 해체 복원할 것. 넷째, 목부공사의 부재는 가능한 한 춘양목으로 사용할 것. 다섯째, 와장공사의 부재는 광화문에 사용된 원자재와 동일품일 것. 여섯째, 여장 및 담벽 공사는 원형의 격조를 떨어뜨리지 않아야 하며 원형과 동일하게 할 것. 일곱째, 석부공사의 부재는 현존유구에 사용된 동질의 것으로 할 것. 여덟째, 불가능한 것 외 현존유구의 석축부재 및 여장의 부재교체를 최대한 줄일 것. 아홉째, 공사설계에 있어 다음 자료를 참고할 것. (1)조선과 건축에 발표된 일본인 무전내보이(武田內保二)의 광화문실측도 (2)조선과 건축지 및 건축 잡지에 발표된 등도해치랑(藤島亥治郎)의 광화문 관계 기록 (3)목공사 세부 특히 공포부분은 동시대 건물인 근정전과 근정문 등 현존건물의 구조 (4)조선고적도보에 수록된 광화문 관계사진 및 국립박물관 소장 광화문관계 사진. 열 번째, 제출할 설계서의 종류 및 수량 (1)설계도 4부 (2)공사시방서 5부 (3)공사비내역서 5부(「광화문 복원설계 계약: 첨부서류 광화문복원공사 과업지시서」, 국가기록원, 196.6.15, BA135950, 816-817쪽.)

광화문이 또 다른 안으로 변경된 것은 정인국이 복원설계검토위원회의 위원장으로 선출되면서였다.[61] 광화문은 석축 위 목조 문루로 '건춘문 북측(현위치)'에 복원설계(1967. 3. 10.)에서 '경복궁 정문(원 위치)'에 배치하는 두 번째 설계(1967. 11. 16.)로 변경되었다.[62]

청와대 보고 과정을 살펴보면 광화문의 구조(목조, 철근 콘크리트, P.S.C.의 3가지 안)와 위치(중앙청 정문 또는 원위치의 2가지 안)가 다시 논의되었다. 위치보다 구조에 대한 문제는 더 늦게 결정되어(1968. 1. 9.) 사실상 설계도면 납품을 진행한 상황에서 최종적으로 콘크리트구조 광화문(1968. 2.)을 그리기 시작했다.[63]

2-9

……6·25때 타버린

작년부터 서울市교육위원회에서 추진해온 光化門復原계획은 얼마전문화재위원회의 승인을얻었고 복원설계가진행중이다. ↓

光化

그옛날 景福宮正門이었때의 光化門-뒤가 人旺이 솟아보이고 門앞양쪽엔 六. 건물들이 놓였었다.

2-10

그림 2-9.
광화문 석축 ©국가기록원(촬영: 문화재관리국 임호균)

그림 2-10.
광화문 앞길 ©『경향신문』, 1967년 5월 15일.

문화재 관리국의 광화문 설계 지침

문화재관리국의 2차 복원계획 설계 지침[64]은 1차 지침과 확연히 달랐다. 그들은 광화문을 다시 '우리나라에서 하나밖에 없는 삼문 위에 중층 구조로 된 수려한 이조말기의 대표적인 예술적 건조물'로 평가하였다. 그리고 전쟁 후 파괴로 남겨진 석축을 중앙청 정문으로 옮겨 복원하고자 하였다. 지침은 구조형식, 공사비, 복원위치, 복원방식, 시공기간을 구체적으로 명기하고 추진위원회의 조직과 문화재관리국과 추진위원회의 역할을 규정했다. 설계 지침에서 복원방식과 추진위원회 조직과 문화재관리국 담당 역할을 눈여겨 볼 필요가 있다.

2차 계획안에 따라 복원설계위원회는 '복원공사추진위원회'로 다시 구성되었으며, 공사를 추진하는 기관도 서울시 교육위원회에서 문화재관리국으로 교체되었다. 또한 추진위원회는 문화유산공사에 관련된 부서 담당자들(서울시 도시계획국장, 문화재관리국장, 총무처 총무국장)과 건축전문가(문화재위원회, 전문위원, 교수)로 구성된 민관 협동 조직이었다. 건축가의 선택과 추진위원회 구성은 행정적인 절차를 줄이고 속도전으로 계획을 실행하기 위한 목적이 있었다.

광화문 추진계획에 의하면 복원 위치는 중앙청 정문으로 동일하지만, 복원방법은 처음부터 철근 콘크리트 구조로 지을 계획은 아니었다. '영구한 민족문화재를 계승'하는 방법으로 석축은 기존 부재를 최대한 이용하여 복원하고 문루는 철근 콘크리트조에 일부 목재를 사용하여 건립할 계획이었다.[65] 전문위원에 조원재를 포함하여 장기인과 강봉진을 염두에 두었다.

이후 국립종합박물관 설계자인 강봉진을 지정하여 광화문의 설계를 의뢰하였다. 강봉진이 선택된 것에는 몇 가지 이유가 있었다. 임천의 사망으로 지정문화재설계자격자로는 그가 유일했다.[66] 콘크리트 구조로 설계할 건축가로서 다른 후보자들[67](임영주(임천 고건축연구소), 장기인(삼성건축사무소))은 문화재보수설계자격을 얻은 지 얼마 되지 않은 시기였다. 국립종합박물관 현상설계 당선자로서 강봉진은 현충사 설계공사를 맡게 되고 이를 인정받았으며 광화문복원 1차 설계를 진행했다는 이유로 지명된 것이다.

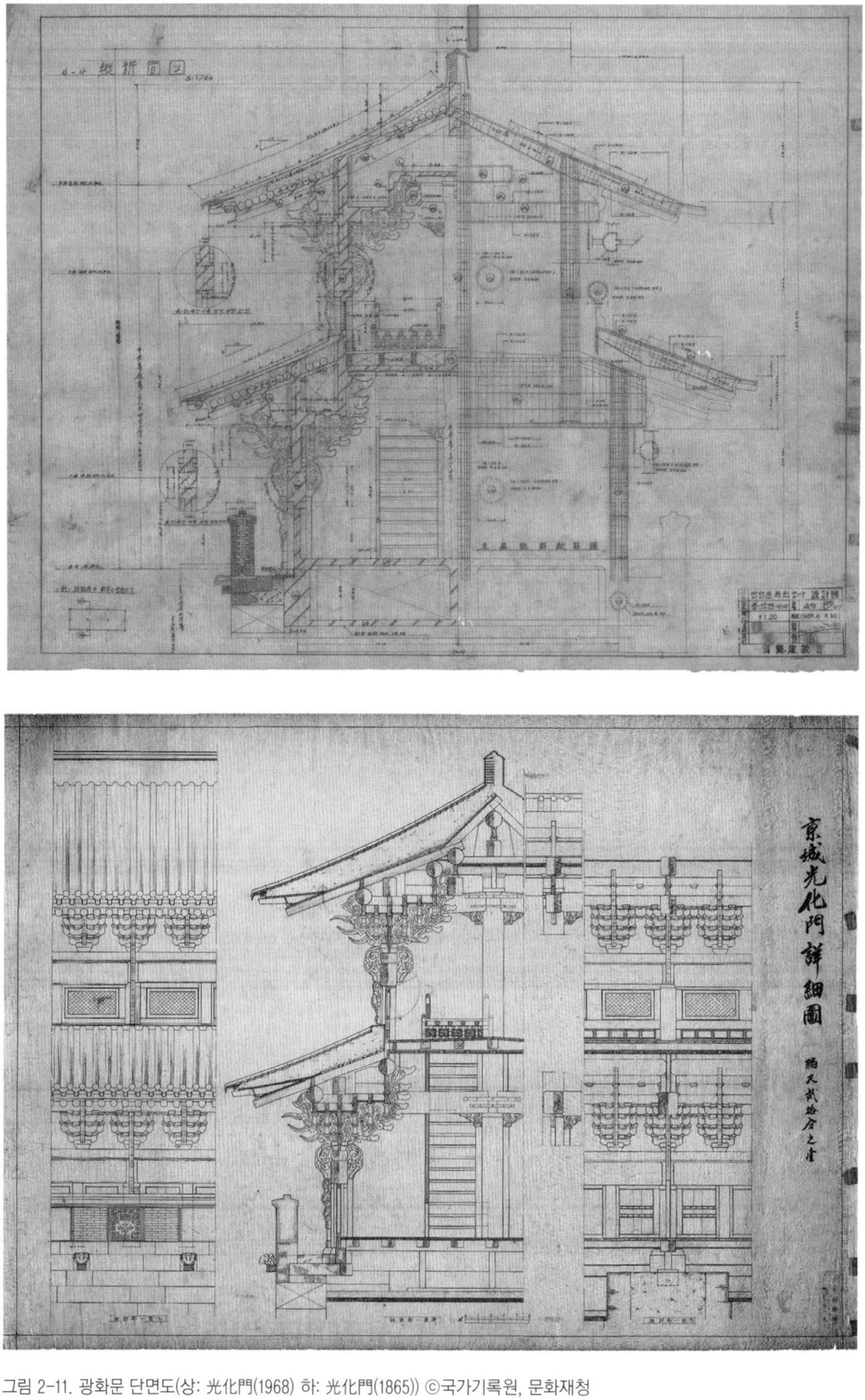

그림 2-11. 광화문 단면도(상: 光化門(1968) 하: 光化門(1865)) ©국가기록원, 문화재청

국보건설단의 광화문 설계안

추진위원회 기록에 따르면 광화문 설계는 석축 부분과 문루 부분에 있어 다른 방식으로 접근되었다. 남겨진 석축 부분은 사진[68]을 찍고 실측도면을 작성했고, 이를 반영했다. 문루 부분은 소실되어 일제시기 광화문 이축과정에 작성한 다케우치(武內保二)의 도면(1926년)을 중요하게 참조하였다. 석축 부분에 비해 목구조체 부분의 변용에 더 많은 고민이 있었다. 건축가에게는 어느 부분이 주요 구조체가 될 것인지, 부재의 크기와 단위를 어떻게 정할 것인지 등 기준이 필요했다.

도면을 살펴보면, 모두 척(尺)을 기본 단위로 가로 안에 미터를 간간히 적었다. 설계 과정에서 척은 복원의 기준이 되는 단위였다. 우선, 다케우치 도면[69]과 실측 치수를 비교하여 곡척(曲尺)을 영조척(營造尺)으로 환산하여 치수를 조정했으며, 육축(궐문)의 경우는 1척(營造尺)은 0.962척(曲尺)과 같고, 문루의 경우는 1척(營造尺)은 0.97척(曲尺)[70]과 같음을 밝혔다.

그런데 다케우치 도면을 재해석한 광화문 준공도면(1968년)의 크기는 일치하지 않는다. 비교해 보면 콘크리트 구조로 변용하면서 주 구조 요소와 치수, 물매가 변경되었음을 알 수 있다. 목구조에서 부재들이 밀집되는 주심도리, 처마도리, 중도리, 서까래 등에서 보이지 않는 부분은 삭제되고 변형이 이루어졌다.

또한 강봉진의 논문에 따르면 재료의 특성상 자중이 무거워지면서 주요 구조체의 여부에 따라 부재의 크기를 변경하였다. 기본적으로 기둥, 보 방식의 구조로 해석되었기 때문에 내외부를 구분하는 얇은 판이었던 포벽이 지붕에서 기둥까지 상하부 하중을 전달하는 중요한 내력벽이 되어 21.4cm(목구조:10.745cm)의 폭으로 설계된다. 이러한 세부 치수의 변경 외에도 건축요소 중 반자 상부의 상부도리, 서까래 등은 삭제되었다.

자중으로 부재의 크기와 지하 부분의 구조가 변경되었다. 기둥에서 보까지 기둥, 평방, 창방, 포벽 등이 커지고 평방이 커짐에 따라 주두의 크기도 커졌다. 지하에 더 많은 구조 공간을 사용하여 문루의 하중을 받는 독립기초가 매립되었다. 구 광화문의 속채움 방식은 큰 석재와 마사토를 섞은 강회몰탈을 채우고 덮

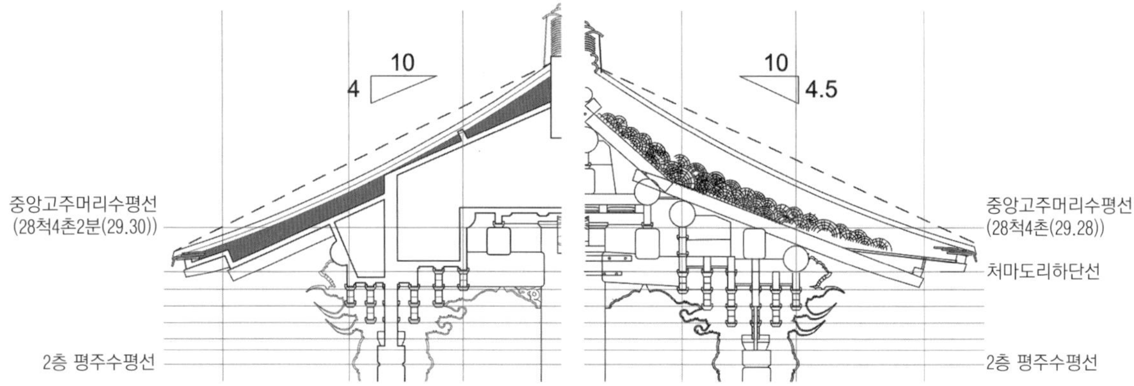

2-12

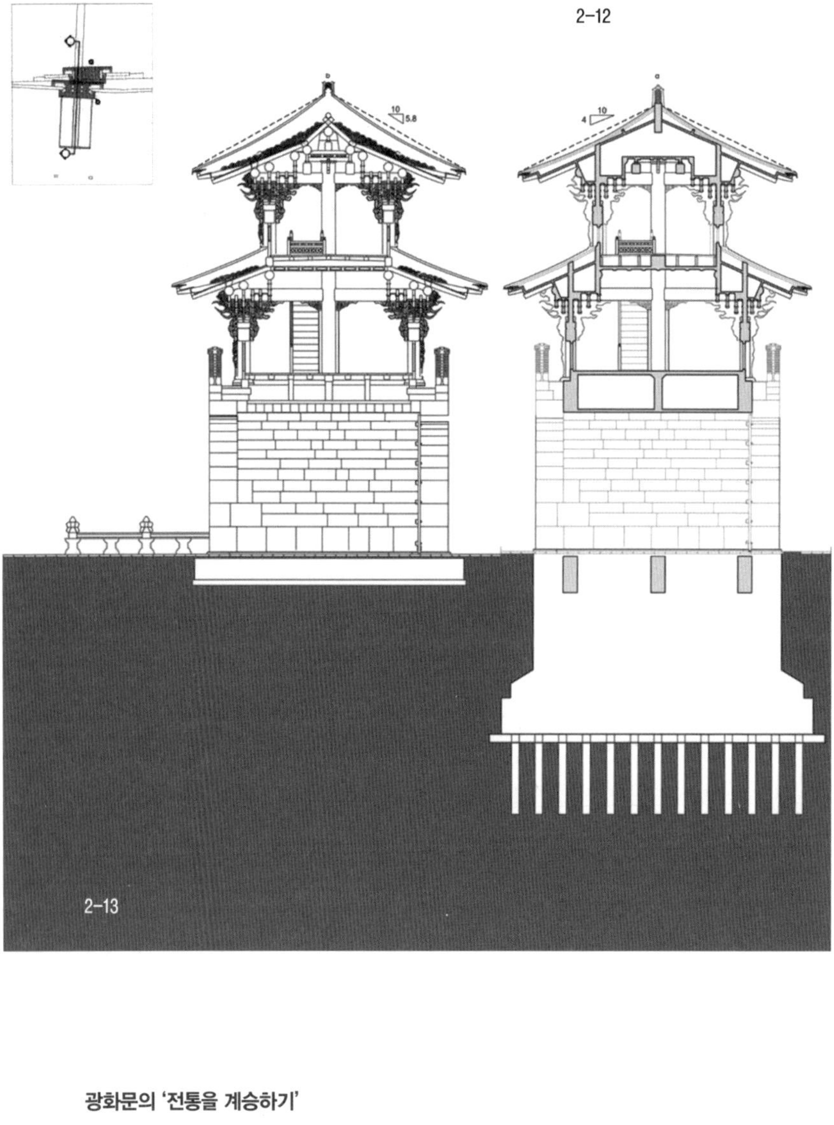

2-13

그림 2-12.
지붕의 물매(좌: 光化門(1968) 우: 光化門(1865))
ⓒ강난형

그림 2-13.
광화문 단면도(좌: 光化門(1865) 우: 光化門(1968)) ⓒ강난형

어 300~400mm의 켜를 반복적으로 다지는 방식이었다. 지붕과 문루가 콘크리트조로 설계되면서 총 하중이 7,800톤으로 문루의 기초를 육축에 매입하여 연암층까지 도달시켜야 했기 때문에 7.65미터 깊이의 육중한 기초가 하부에 계획되었다. (강봉진, 「광화문의 복원에 대하여2」, 『건축사』 제4권 11호, 1969.)

건축가가 설계 치수의 기준으로 정했던 것은 무엇이었을까. 그가 정리했던 표를 보면 부재의 폭이 다르게 변경되어도 각 부재의 높이가 그대로 유지되었음을 알 수 있다.[71]

건축도면(1968년)에 표기된 중심선과 치수를 통해 복원의 수직적인 기준선이 주고(기둥의 높이)로 지켜졌다는 것을 알 수 있다.[72] 이는 다케우치 도면과 비교해 보더라도 물매는 다르지만 상하층 평주와 중앙 고주의 높이가 비슷하여 기준이 되었음을 알 수 있다.

그러나 지붕 상부의 용마루선과 처마도리 등이 다른 위치에 있다. 즉 1926년 도면에 비해 약 0.3척(9.09cm) 높게 계획되어[73] 물매가 1:0.4로 목구조물매(1:0.45)보다 완만한 경사를 이루어 처마가 좀 더 들리는 형상이 되었다. 주고(柱高)와 척(尺)을 변용설계의 기준으로 삼는 것은 목구조 건축연구의 양식론[74]에서 기인된 것으로 보인다. 정인국의 양식론은 부재요소를 중심으로 수치 간의 비례관계를 정리한 것이다.

강봉진은 목구조 건축을 해석하기 위해 사용했던 주고와 척을 계획의 도구로 사용했다. 그는 광화문을 설계하면서 양식과 주고, 척이라는 식민지 관변 학자의 방식을 채택하여 목구조 건축의 기하조형원리를 받아들이고자 했다. 식민지 관변 학자들은 서양과 대등한 아시아의 중심적 위치를 차지하기 위해 일본건축에 서양의 건축이론들을 적용하였고 한국건축에도 비슷한 논리를 적용하여 실측 연구했다. 예를 들어, 후지시마와 스기야마, 요네다는 비례와 그리드, 축의 기하형태조형원리를 발견하기 위해 시기와 지역마다 사용된 건축 단위(척)를 연구했다. 그러나 강봉진은 전쟁 후 남아있는 유산을 전수조사하고 실측하면서, 역사적 기록을 조사하고 과학적 증거를 수집하고 새롭게 조사된 도면, 단면도 및 보고서를 통해 유산의 내력을 확인받는 방법을 적용했다.

[표 2-3] 광화문(1968)의 치수비교 ©국가기록원, 문화재청+강난형 재작성

부재명		도면치수(1926)		변경치수(1968)		변경치수(2010)
		폭(mm/척)	높이	폭(mm/척)	높이	폭(mm)
1층	평주	430(1,40)	(6.79)	552.6(1,80)	(6.79)	491
	우주	522(1,70)		614(2,00)		583
	중앙고주	522(1,70)	(28.40)	614(2,00)	(28.42)	583
	간주	245.6(,80)		307(1,00)		*
2층	평주	430(1,40)	(9.90)	460.5(1.50)	(9.70)	491
	우주	522(1,70)		552.6(1,80)		583
	중앙고주	522(1,70)	(28.40)	614(2,00)	(28.42)	583
1층	평방	399(1,30)	245.6(,80)	552.6(1,80)	245.6(,80)	430x245
	창방	399(1,30)	537.3(1,75)	522(1,70)	537.3(1,75)	430x553
	포벽	107.45(,35)		214.9(,70)		*
2층	평방	399(1,30)	245.6(,80)	552.6(1,80)	245.6(,80)	430x245
	창방	399(1,30)	537.3(1,75)	460.5(1.50)	537.3(1,75)	430x553
	포벽	107.45(,35)		214.9(,70)		*
1층	주두	399x399(1,30x1,30)	214.9(,70)	552.6x552.6(1,80x1,80)	214.9(,70)	*
1층	퇴량	460.5(1,50)	537.3(1,75)			*
2층	주두	399x399(1,30x1,30)	214.9(,70)	552.6x552.6(1,80x1,80)	214.9(,70)	*

'전통을 계승하기' 2차 논쟁 : 조선왕조와 발전 국가를 잇는 새로운 도시 축

광화문 앞길 계획은 한편으로는 발전국가의 국가유산으로 조선왕조를 재조명하여 광화문을 복원하고, 다른 한편으로는 새로운 행정수도 서울의 상징거리를 조성하는 것이었다. 중앙청–광화문–광화문 앞길–이순신 동상의 관계는 주어진 것이 아니라 만들어가는 과정이었다.

관료와 건축가들은 장소의 역사성에서 진정한 전통을 찾아 계승하는 것으로 유산을 보존하면서 '역사적이면서 현대적인' 도시를 개발하고자 했다. 한편에서는 일제시기 통치시설을 지우면서 광화문을 복원하고, 다른 한편에

서는 국가의 행정기구(복구된 중앙청과 2개의 고층빌딩)를 다시 집중하고 광화문 앞길(세종로)을 100미터로 확장하기 위해 조선시대 육조거리 도시조직을 지운다. 전자는 역사적인 수도로 복원하기 위해서 이고 후자는 오래된 도시 서울에 대한 진정한 기억을 지워 발전국가의 이미지를 만들어내기 위해서였다.

기존의 학자들은 광화문을 구 조선총독부 시설을 가리고 다시 경복궁 앞으로 위치시키면서 민족 주체성을 드러내는 국가계획으로 평가해 왔다. 서울시가 발표한 몇 장의 청사진, 건축가의 계획도와 글을 주목해 보면 보이지 않는 경관에 대한 다른 이야기가 담겨있다. 광화문 앞길 건설은 '국가 역사, 근대성, 정체성의 문제가 얽혀져 있는 과정'이었다.

새로운 수도 상징거리의 축은 무엇을 기준으로 정하였는가. 광화문의 원위치가 도시계획의 중심은 아니었다. 새로운 수도의 축을 중심으로 도로가 2차에 걸쳐 확장되었고 광화문의 방위와 위치가 후에 결정되었다. 그리고 이순신 동상은 광화문이 같은 축 선상에 배치되면서 동상의 크기도 다시 조율되었다.[75] 오히려 4차 회의를 통하여 그 위치가 '중앙청 돔의 중심선상'(1968. 3. 29.)으로 정해지면서[76] 오히려 구 조선총독부 건물이 새로운 축[77]의 기준으로 굳혀졌다. '보이지 않는 축'은 도시계획을 위한 도구로 강한 방향성을 갖는다.

그러나 광화문의 위치변경은 또 다른 앞길 변화가 이루어졌음을 의미했다. 콘크리트 광화문은 국가중앙행정부의 계획과 함께 100미터의 앞길 확장에 있어 기폭제가 되었다. 경복궁의 축이 아닌 중앙청 돔의 축에 맞추어 광화문 앞길이 순차적으로 확장되었다. 1966년에는 서측도로를, 1970년에는 동측도로를 확장하였다. 그리고 기존 서측, 동측 가로를 따라 국유지 필지의 건축물을 정리하면서 미관지구가 계획되었다.[78]

아시아 재단의 지원에 따른 서울시의 '대도시 서울 도시계획' 전시(1966. 8. 15.~9.15.)는 서울시가 '민주주의 독립국가의 수도'로서 행정부, 입법부, 사법부의 자리로서 광화문 앞길을 고려하였다는 것을 알 수 있다.

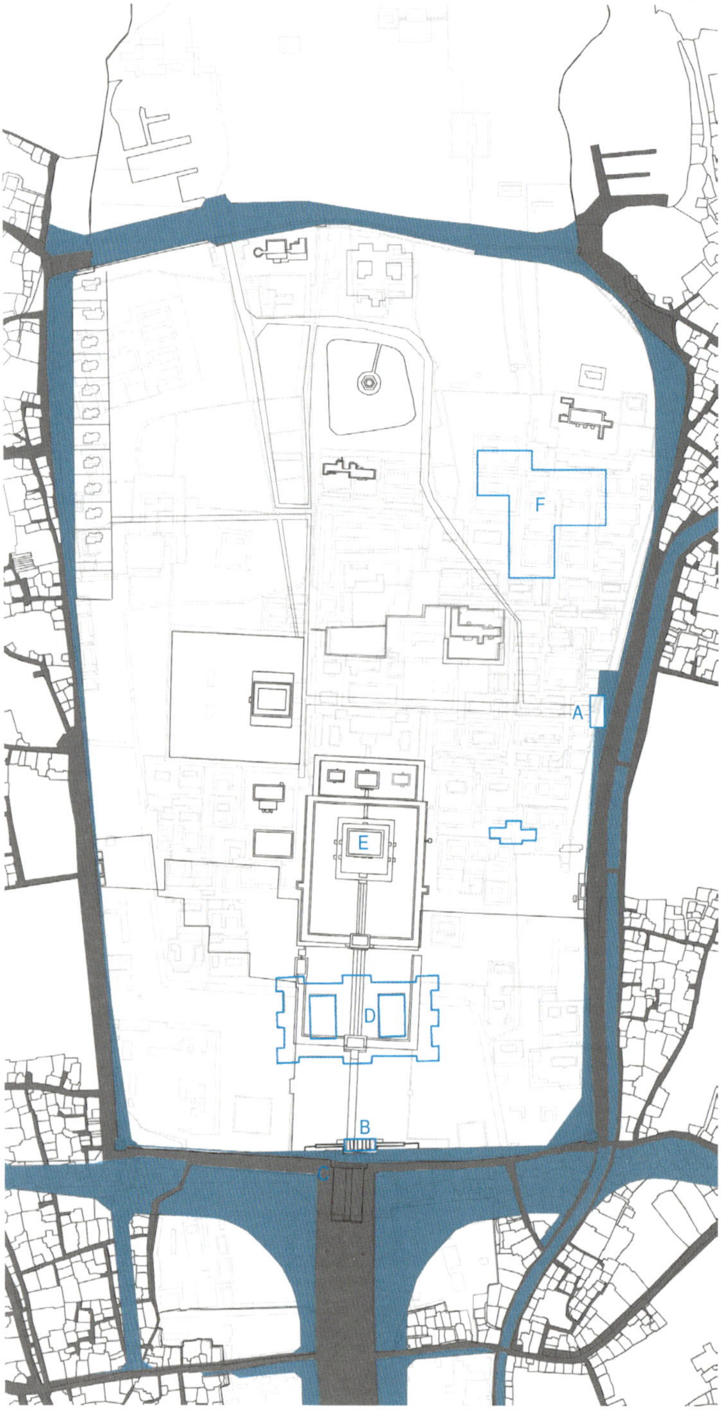

A:광화문(1927~1968)

B:광화문(1968~2006)

C:광화문(1395~1592/
1865~1927/2010~)

D:구 조선총독부건물(1927~1996)

E:근정전

F:국립종합박물관

경복궁의 1912년 지적원도와 조선고적도보 위에 1970년 폐쇄지적도를 겹쳐놓은 지도이다.

회색은 기존 도시조직을 시안 색은 변화된 도시조직을 구분하여 표기하였다.

그림 2-14. 경복궁 궁궐 안과 밖의 변화 ©지적원도(1912), 폐쇄지적도(1970)

광화문의 '전통을 계승하기'

국가도로로서 장방형의 광화문 앞길(세종로 광장) 주변은 특별구획정리를 통해 경복궁과 후원을 중심으로 한 대통령부 이외에도 서울에 흩어진 행정부서를 모으는 정부종합청사의 계획이 시작되었다. 중앙청 맞은편의 동측과 서측에 계획된 새로운 정부종합청사는 중앙청과 지하를 연결하여 함께 사용할 의도였다. 1, 2차 계획 중 수도분산정책으로 2차 계획은 무산되었지만 광화문과 1차 정부종합청사는 동시에 진행되었다.

경복궁의 원위치가 아니라면, 도시계획에 따라 광화문을 이동하였던 고민의 주제는 무엇인가. 서울시의 청사진은 광화문을 새로이 계획되는 도시와 건축계획에 등장시킨다. 물론 백악 앞의 경복궁 정문이라기보다는 월대가 없이 3개의 홍예문으로 차량을 위한 중앙청의 진출입구로 계획된 광화문이다. 광화문은 뒤로는 중앙청과 미술관을 두고 전면에는 두 개의 고층빌딩 사이의 80미터 도로를 마주보고 있다.

"광화문 복원을 둘러싸고 야기된 문제는 중앙청사를 중심으로 한 그 지역의 입지적인 조건이 광화문의 설립을 가능케 하는지 방해하는지 하는 문제와 오늘의 재료로 형성된 역사적인 유산과 광화문을 지금에 재생시키는 이유 등 모두가 문제였었다." (애국선열조상위원이자 미술평론가 임영방의 글, 『경향신문』, 1969년 12월 17일.)

서울시 관료들은 광화문을 복원하는 계획을 식민통치시설(구 조선총독부)이 아닌 광복 후 대한민국 정부시설(중앙청)로 전용된 행정 시설을 중심축에 둔다는 입장을 주장하였다. 새로운 질서를 만드는 도시계획에서 광화문은 길의 새로운 중심축으로 중요한 위치에 있었다.

광화문의 방위와 위치에 있어 당시 복원추진위원회가 경복궁보다 중앙청과의 관계를 중요시했던 것은 강봉진의 글에서도 알 수 있다. 광화문을 만일 조선시대의 위치대로 배치할 경우 중앙청 건물과의 내정이 어그러지고, 전면도로에도 어긋나게 되어 도시미관이 좋지 않다는 이유였다.

광화문을 만일 원래 위치대로 앉히자면 광화문과 중앙청 건물과의 내정이 비뚤어지고 전면도로에도 어긋나게 되는 결과가 되어 도시미관상 좋지 않을 것이므로 중앙청 건물에 평행으로 앉히면 원래의 방위와는 다소 차이가 있다 하드라도 주위환경과는 평형을 이룰 수 있다는 점을 고려해서 결국 광화문은 원 방위와

그림 2-15. 서울시에서 발표한 광화문 복원 투시도(1967년 9월 25일) ©『돌격건설 김현옥 시장의 서울』, (서울역사박물관, 2012).

광화문의 '전통을 계승하기'

약간 다르다 할지라도 중앙청 건물에 평행하게 앉히기로 한 것이다. (강봉진, 「광화문의 복원에 대하여」, 『건축사』 제3권 10호, 1968.)

신문기사[79]에 실린 광화문 계획에 대한 예술인들의 논평에 따르면 무엇보다도 문제가 되었던 것은 다른 논의였다. 현재 복원하는 행위를 왜 그리고 어떻게 실천하는가에 대한 문제였다.

복원을 통한 전통 계승이 유효한지를 비판하는 측과 옹호하는 측의 입장이 있었다. 광화문 복원이 당위성을 갖는 것은 주로 주체성의 문제로 설명되었다. 주체성을 지키기 위하여 민족 문화재, 광화문을 지어야 한다는 논리이다[80]. 또는 양식은 그 시대의 기술을 사용하여 가장 흔한 재료를 사용해야 하므로 시멘트를 사용하여 광화문을 짓는 것은 자연스럽다고도 했다.[81] 국립종합박물관의 탈 전통론과 전통 계승론 논의와 같이 광화문의 복원을 반대하는 측은 이미 없어진 고적은 만들어도 죽은 고적이기 때문에 전통으로서 의미가 없다고 했다.[82]

광화문 복원추진위원회의 위원장이던 건축가 정인국의 글(『경향신문』, 1967년 3월 20일.)은 광화문 복원이 국립종합박물관 이후 또 다른 차원의 전통계승논쟁의 불씨가 되었음을 시사한다. 이는 초기의 광화문 복원추진위원회[83]가 콘크리트 구조로 문화재를 재현하는 것은 '영구성'과 '목재 난'때문이라고 해명했다가 받은 비판을 의식한 행동이기도 했다. 정인국은 광화문을 보존을 위한 문화재의 성격보다는 '1968년 시점의 광화문을 본뜬 콘크리트 모뉴멘트'로 설명하고 있다. 이미 국립종합박물관의 현상설계 심사위원이자 설계검토 자문위원이었던 그는 경복궁과 전통양식 건축에 대하여 동아시아의 민족건축양식과 같은 기념비로서 전 세계적 상황이라고 밝혔다. 그는 광화문에서도 국립종합박물관 설계의 지역성과 장소성 문제를 연장하여 생각했다. 문화유산의 위치가 도시 계획에 따라 원 위치로 고정되지 않을 수 있다는 논리가 전개되었다.

『동아일보』 1967년 5월 15일자에서 고고인류학과 김원룡 교수도 광화문을 '서울의 상징'물로 공항에서 시청 앞 중앙청 사이의 적절한 위치에 이러

그림 2-16. 광화문 준공식과 정부종합청사(1968) ©국가기록원

한 고유의 전통유적을 배치할 것을 제안했다. 즉 콘크리트 구조의 유산은 서울의 어느 위치에 지을 것인가라는 선택적인 고민을 나눌 수 있다는 것이었다. 애국선열조상위원회의 초기 기획분과위원이기도 했던 그의 제안은 '외국인에 대한 한국 고유미'를 위해 중앙청과 세종로 사거리 사이의 위치에 복원하자는 것이다.

광화문은 군부정권이 처음부터 주목한 대상은 아니었다. 그러나 경복궁은 실리적인 태도로서 도시 공간으로 충분히 접근하기 쉽고 평탄한 지형의 장소이자 식민지 유산의 전유방식을 통해 근대기술로 지어진 건축과 기존 전통 전각을 활용할 수 있다는 점에서 중요하였다. 광화문은 오히려 광화문 앞길의 전통을 발명하는 작업에서 도시적 동인을 받았다.

애국선열동상(1964년~1966년)은 중앙청(구 조선총독부) 복구와 함께 국가 상징도로 계획으로 중앙청에서 남대문까지의 한 자리에 모아졌다. 그 동상은 일회적인 것이 아니었으며 시대적인 영웅상으로서 사전 모형의 성격으로 한 장소에 모아놓고 유형화하는 작업이었다. 이후 민족문화센터와 함께 향후 사적지에 다시 배치하기 위한 계획은 문화유산의 가치보다 활용에서 찾고 도시계획과 개발에 연결하고자 하였던 태도로 모아진다.

경복궁을 공화당의 새로운 문화정책의 중심 장소로 삼는 종합민족문화센터가 계획되면서 광화문을 복구하거나 복원하자는 논의가 시작되었다. 역사적 장소에 전통건축양식설계로 지어지는 종합박물관의 정문계획이 '광화문 복원설계'의 첫 번째 계획이 되었다. 경복궁의 종합박물관 전통 논쟁은 조선시대를 재조명하는 문제를 가져왔으며 목구조에서 다시 콘크리트 구조의 광화문으로 그 설계의 위치와 재료를 변화하는 계기가 되었다. 경복궁은 이미 신성한 장소가 아니었으며 일제강점기와 전쟁을 경험한 국가의 역사성을 드러내는 공간이었다.

조선시대 건축양식을 콘크리트 구조와 목구조로 혼용하여 중앙청 정문으로 중건하는 2차 계획은 국가 정체성을 위한 중요한 과제가 된다. 문화재관리국은 1차 계획이 서울시 교육위원회가 담당한 것에 반하여 관리국이 직접 그 계획을 주도하였고 민관협동조직으로 광화문복원추진위원회가 만들어졌다.

한일회담 이후 반일감정이 격해진 상황에서 광화문 앞길에 놓인 이순신 동상을 배치한 것은 (탈)식민국가의 민족주의 이데올로기적 상황을 담고 있다. 동상의 제막식, 박정희의 연설문에서 보듯 이를 통해 조국과 겨레를 위해 모든 것을 희생한 정신을 강조하고 이를 1960년대 정신으로 규정하였다. 그런데 완공예정일(1967. 10.)이 다가오자 동상의 설계변경이 이루어졌다. 높이를 4미터에서 6.4미터로 더 크게 제작하라는 것이었다. 이 기간은 서울시의 새로운 계획발표와도 겹쳐진다. 계획 중 하나는 광화문을 종합박물관 정문에서 중앙청 정문으로 위치를 변경하겠다는 것이고, 다른 하나는 도로의 2차 확장으로 그 앞길이 100미터가 될 것이라는 계획이었다.

조선말기 양식의 예술성으로 광화문의 가치를 강조한 복원추진위원회는 앞길, 동상과 광화문 설계의 도구로서 축을 끌어들였다. 우리가 알듯이 경복궁의 기존 축과는 다른 중앙청 축 선상에 놓여졌다. 이는 새로운 도시계획에 따른 축이었고, 일제강점기에 광화문을 경회루의 축선 상에 배치하였던 것처럼 광화문은 중앙청 돔 축선 상에 놓여졌다. 두 시기 모두 광화문이 이동된 중요한 인자는 경복궁이라기보다는 중앙청(구 조선총독부 청사)과의 조화라는 문제가 있었다.

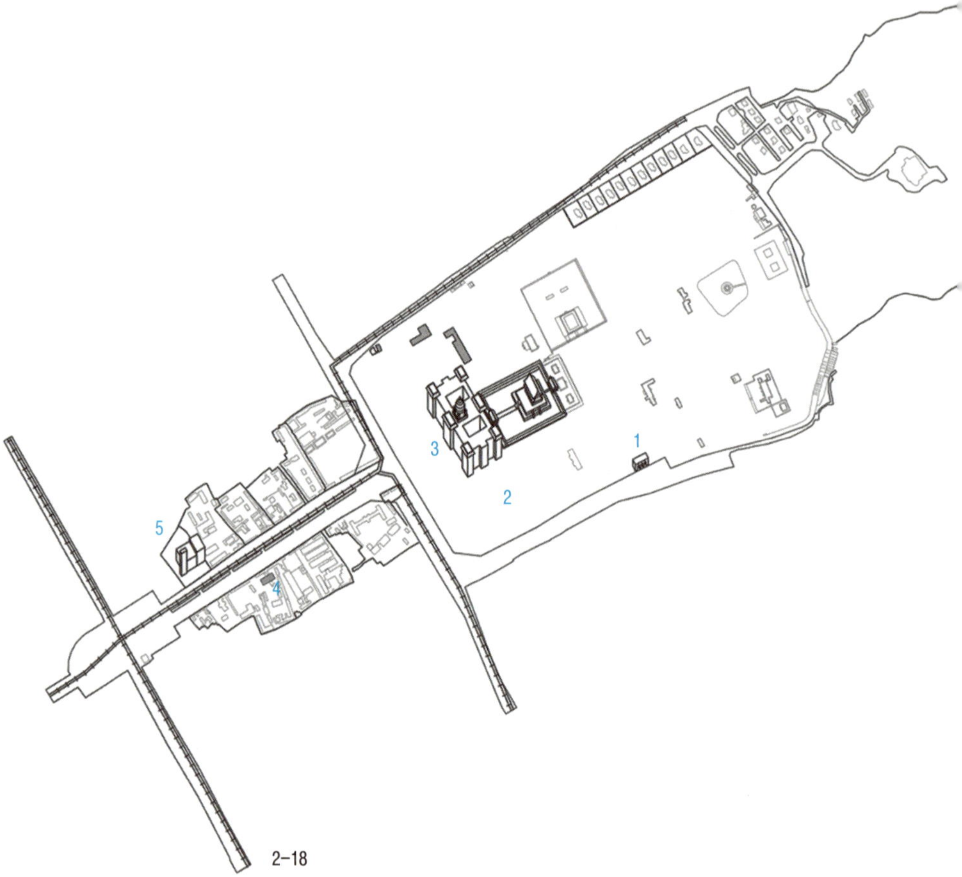

2-18

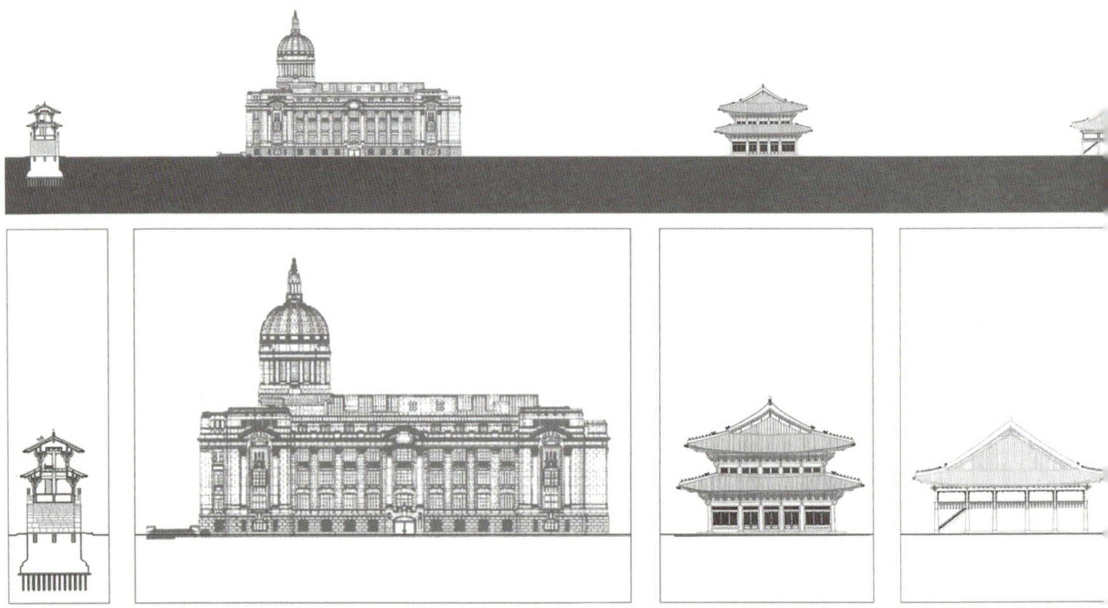
2-17

2-19

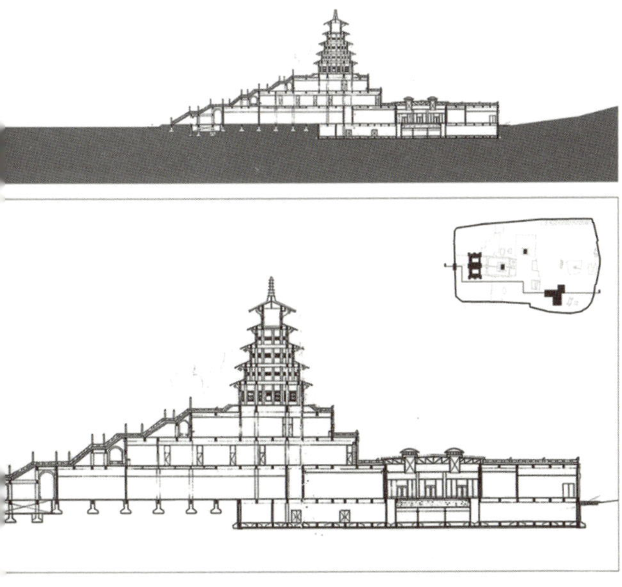

그림 2-17. 경복궁의 전체 단면도

그림 2-18. 경복궁과 그 앞길의 엑소노메트릭 1945~1961

1. 광화문 문루 소실(1950.9.29.)
2. 경복궁 내 미군 간이숙소 건립(1946)
3. 조선총독부 청사를 미군청사로 전용(1945.9.)
   대한민국 중앙청으로 사용(1948.5.~1950.6.)
   한국전쟁이후 대한민국 중앙청 탈환(1950.9.)
4. 반공회관으로 전용 및 철거(1958~1961)
5. 시민회관 준공 및 화재로 소실(1961~1972)

그림 2-19. 경복궁과 그 앞길의 엑소노메트릭 1961~1987

1. 군사혁명1주년 산업박람회 개최(1962.4.20.~6.5.)
2. 중앙청 청사 복구 및 정부종합청사로 이전(1962.11.~1983.5.)
   국립중앙박물관 개관(1986.8.)
3. 콘크리트 광화문 준공(1968.12.11.)
4. 국립종합박물관 착공 및 개관(1966~1972)
5. 경복궁 내 수도경비사령부 막사건립(1965)
6. 청와대영빈관 건립(1966)
7. 후생관 준공(1979)
8. 청와대 분수광장 설치(1985)
9. 최고위 청사 준공(1961)
   문화공보부 이전(1986.3.)
10. 광화문 우체국 준공(1967.6.)
11. 충무공 동상 설치(1968.4.27.)
12. 정부종합청사 준공(1970.12.23.)
13. 세종문화회관 개관(1978.4.14.)
14. 세종로 지하도 개통 및 철거(1966~1971)
    세종로 초대형 아치 설치 및 철거(1971~1982)
15. 주한미경제협조처(USOM)청사 준공(1961)
    주한미군대사관 이전(1968)
16. 대한교육보험 사옥 준공(현 교보빌딩)(1983)
17. 국제통신센터(현 KT광화문지사)준공(1984)

[1] • 77p
Radhika Desai, “Introduction: nationalisms and their understanding in historical perspective”, in *Developmental and Cultural Nationalisms,* (Routledge, 2009), 4쪽.

[2] • 77p
Radhika Desai, “Conclusion: from developmental to cultural nationalisms”, in *Developmental and Cultural Nationalisms,* (Routledge, 2009), 246쪽.

[3] • 77p
하루미는 문화적인 내셔널리즘을 주제로 민족주권을 성취한 국가의 문화정체성을 연구하였다. 특히 이를 물리적 상징물과 상징 주제에 대한 논쟁적 해석을 통하여 국가의 경계를 너머 정치, 경제적 권위와 힘을 지탱하는 국가 간의 헤게모니로 보고자 하였다. 예를 들어 일본의 니혼진론에 반대한 한국의 민중론과 중국의 연방주의로 보는 방식이다.: Harumi Befu ed, *Cultural Nationalism in East Asia, Representation and Identity,* (In statute of East Asian Studies University of California Berkely, 1993).

[4] • 77p
Shuishan Yu, “Introduction” in *Chang'an Avenue and the Modernization of Chinese architecture,* (Seattle, Wash. : University of Washington Press, 2013), 5쪽.

[5] • 78p
Joseph Esherick, *Remaking the Chinese City : modernity and national identity, 1900~1950,*(Honolulu : University of Hawai‘i Press, 2002), 1쪽: Shuishan Yu, Ibid.

[6] • 78p
건축가 양사성에게 인민이 사랑하는 아름다운 형태는 역사적 보존과 대치되는 것이 아니었으며, 민족형태는 오랜 중국 건축의 원리를 뜻했다. 그러한 점에서 수년간 사랑받은 형태는 네이션 표현으로 사용하고 발전시킬 수 있었다.

[7] • 78p
1세대 건축가는 해방이전 근대건축교육을 받았던 건축가로 사용했다. 1916년 경성공업학교 건축과 설립으로 한국인으로는 박길룡, 이기연이 첫 졸업을 했다. 설계실무를 할 수 있는 곳은 총독부 토목과 건축과(1922)(내무국건축과(1925) 개칭, 총독부 관방회계과(1930) 개칭)와 철도국이 주관하였다. 그렇기에 1세대 건축가는 주로 총독부나 관청 출신으로 활동하게 된다.: 김소연, 「탈식민주의 담론으로 본 해방 전후 한국건축가의 정체성」, 부산대학교 건축공학과 박사학위논문, 2007, 101쪽, 161-162쪽.

[8] • 78p
미군정기 조선총독부 영선과를 미군정청 사무처 건축서로 개편하면서 건축서장에 이용재가 등재된 이후 김재철, 장연채 그리고 김정수가 맡았다. 하부조직으로 계약과장 김형정, 공사과장 윤승선, 설계과장 김정수로 구성되었다. 그 후 김재철은 미군정청 주택행정청 기사장을 맡았고, 박인준은 중앙주택적산관리처 처장으로 적산을 처리했다. 1948년 이후 다시 내각사무처 영선과로 개편되었다.: 이안, 「한국건축 설계도면의 변천과정에 관한 연구―해방이후 부터 1980년대까지 설계도면을 중심으로」, 인하대학교 건축공학과 박사학위논문, 1999, 20쪽.

[9] • 78p
이천승, 「현 단계의 건축가의 진로」, 『조선건축』 제1권 1호, 1947년 3월, 9쪽.

[10] • 79p
김소연, 「탈식민주의 담론으로 본 해방 전후 한국건축가의 정체성」, 부산대학교 건축공학과 박사학위논문, 2007, 117쪽.

[11] • 79p
연구는 29개의 건축물을 대상으로 하였다. 건축양식보고서는 주로 전통건축의 배치와 평면, 입면에서 비례와 장식체계의 분석에 집중된 연구라는 점에서 식민시기 일본 관학파의 연구에 영향을 받았다고 이야기된다.: 국회사무처, 『한국건축양식연구보고서』, (1967.12.), 3쪽 : 김지홍, 「1960~70년대 국가건축사업과 전통의 재구축」, 서울대학교 대학원 건축학과 박사학위논문, 2014, 167쪽 : 이상헌, 「한국근대건축사 서술의 문제와 과제」, 『건축역사연구』 제24권 2호, 2015, 37쪽.

[12] • 79p
국회사무처, 『한국건축양식연구보고서』,(1967.12.), 1쪽

[13] • 79p
다른 예로서 1968년 박람회 참가준비위원회(오사카 만국박람회, 1970)에서 한국관의 모델로 '경회루', '금관형', '팔각석등형'을 고려하면서 전통문화유산을 참조하여 유형화하고 설계지침을 마련했다.: 신정훈, 「1970년 오사카 만국박람회 한국관: '공업 입국'의 기대와 현실 사이에서」, 『현대미술사연구』 38호, 2015, 119쪽.

[14] • 80p
제일 난감한 것이 건축인들은 일제강점기에 전부 일본 고건축을 배웠어요. 이건 누구나 다 배우는 것이었어요. 일본 고건축은 알면서도 한국 고건축은 어떻게 된 것인지 모르니까.: 김욱성, '장기인 대담(1990)', 「1945년부터 1955년까지 한국건축계형성기 성격에 관한연구―1919~45년 동안 건축교육을 받은 세대의 교육실

태 및 그 영향을 중심으로」, 명지대학교 건축공학과 석사학위논문, 1990, 133쪽.

[15] • 81p
1960년 국보건설단을 창립하고, 1962년 건설기술자 건축 갑류 면허자격시험에 합격하였고, 1963년 문화재 실측 설계기술자 자격시험에 합격하였다. 1965년 건축사 시험, 문화재보수기술자 자격시험에 합격하였다.: 일파 강봉진 선생 고희 기념논문집 발행위원회, 『一坡 姜奉辰 先生 古稀記念論文集』, (1987), 27-29쪽. 강봉진과 달리 김동현, 장경호, 김주태는 실측 설계기술자 자격시험에 합격한 후 건축사 면허가 없다는 이유로 무효 처리되었다.: 건축도시공간연구소 국가한옥센터, 『와본 김동현 구술집』, (건축도시공간연구소 국가한옥센터, 2015), 83쪽.

[16] • 81p
문화재위원은 공사의 감독관이자 조사자, 연구자로서 실측도, 보고서를 작성하는 총 책임자였다. 문화재위원회는 1961년 남대문수리시기 만들어졌다. 이전 유사조직은 문교부의 국보고적명승천연기념물 보존회(1955)와 문교부 소속 보존위원회(1961)가 있다. 문화재보호법 제정이후 보존위원회가 없어지고 문화재위원회가 만들어졌다. 1965년 유형문화재를 담당하는 1분과 문화재위원은 김두종(金斗鍾, 성균관대), 김상기(金庠基, 서울문리대), 김원룡(金元龍, 서울문리대), 김재원(金載元, 국립박물관장), 김중업(金重業, 건축가), 이상백(李相佰, 서울대 부속박물관), 이홍식(李弘植, 고려대), 황수영(黃壽永, 동국대), 김윤기(金允基)였다.: 문화재관리국, 『문화재』 창간호, 1965년 12월, 61쪽.

[17] • 81p
송율(1995)은 해방 이후로도 1962년까지 건축대서사제도가 유지되어있었지만, 건축대서사는 건축의 전문가로서 인정받는 시험은 아니었다고 말한다. 1963년 건축사법이 제정되기 이전까지 해방 이후 건축대서사제도가 존속되었다. 또한 그는 장기인 구술을 통해 해방이전인 1943년의 창씨개명한 건축대서사 명단을 정리하였다.: 송율, 「건축실무의 역사(6)—50년대 건축실무」, 『건축사』, 1995년 2월, 79쪽.

[18] • 81p
건축사법 이전에는 고건축 전문으로 하는 몇 분이 있었지. 임천(박물관 학예관, 단청전문), 문화재 전문설계에는 양철수라는 원로분도 있지. 양철수는 일제 때 소화공과를 나와서 하셨던 분이고, 문화재 업체 가보기업을 하셨지. 지금은 등록해야하지만, 당시에는 재무부에 이 분야에 관심 있고, 할 수 있는 분은 회계법상 재무부령으로 문화재관리국에 입찰해서 일을 딸 수 있었어.: 강난형, 2016. 4. 15., 윤홍로 구술채록.

[19] • 82p
이력은 아래 두 연구를 참조하시오. 박길룡, 『한국현대건축의 유전자』, (공간사, 2006), 84-86쪽. 우동선, 「정인국의 졸업논문 「이조시대의 궁전건축 연구」(1942)에 관하여」, 춘계학술발표대회, 2016.

[20] • 82p
총독부 기수로 문화재수리업무를 담당했던 스기야마 노부조(杉山信三; 1906-1997)의 책이 번역되면서 (스기야마 노부조, 『고려말조선초 목조건축에 관한 연구』, 신영훈 옮김, (고고미술동인회, 1963).) 소조(疎組)와 힐조(詰組) 대신 주심포, 다포가 사용되었다. 첫 한국건축사 강의를 했던 윤무병(尹武炳)은 1950년대 말 홍대 강의에서 이 책을 교재로 사용했다.: 건축도시공간연구소 국가한옥센터, 『와본 김동현 구술집』, (건축도시공간연구소 국가한옥센터, 2015), 195쪽.

[21] • 82p
윤홍로는 1960년대 수리 시 설계도서로 갖추게 된 실측도면이 한국건축사(윤장섭 저), 한국건축양식론(정인국 저)등을 저술하는데 제공되었다고 했다. 실측도면은 주로 허 진, 최승일이 많이 그렸다고 한다. 최승일은 임천과의 한국건축 작업 때문에 정인국이 드로잉을 부탁하였다고 한다. 그런데 김동현은 박물관에 보관된 이한철(李漢哲)의 실측도면이 정인국의 한국건축양식론에 사용된 것이고, 김주태, 이정표, 안상열, 최승일 등이 도면을 트레싱하는 작업을 맡았다고 기술했다.: 건축도시공간연구소 국가한옥센터, 『와본 김동현 구술집』, (건축도시공간연구소 국가한옥센터, 2015), 40쪽.

[22] • 83p
일본 제국주의에 협조한 학자들을 말한다. 건축사를 전공했던 일제관학자는 스기야마 노부죠(杉山信三), 요네다 미요지(米田美代治), 후지시마 가이지로(藤島 亥治郎), 무라다 지로(村田次郎), 오가와 게이이치(小川敬吉)가 있다.: 우동선, 「세키노 다다시와 관학자」: 한국건축개념사전 기획위원회편, 『한국건축개념사전』, (동녘, 2013), 569쪽.

[23] • 85p
국립중앙박물관, 『국립중앙박물관 60년』, (국립중앙박물관, 2006), 67-68쪽.

[24] • 85p
해방 이후 국립박물관의 위치는 경복궁의 구 조선총독부박물관(1945~1950/1953), 부산 광복동 관재청 창고(1950~1953), 남산 구 국립민족박물관(1953~1955), 덕수궁 석조전(1955~1972)으로 변경되다가 현 국립민속박물관을 1972년부터 1986년까지 사용하였다. 그리고 1995년 조선총독부 청사의 철거 전까지는 구 청사를 박물관으로 사용했다. 여러 박물관과 미술관을 통합적으

로 관리한다는 것은 1960년대 말부터 전통문화관련 시설이 국가적으로 확충되면서 가능한 문제였다.

[25] • 85p
김재원, 『경복궁 야화』, (탐구당, 2013), 7-93쪽, 김재원, 『초대 박물관장 자서전: 박물관과 한평생』, (탐구당, 1992), 83-100쪽, 115-134쪽.

[26] • 85p
김재원, 『초대 박물관장 자서전: 박물관과 한평생』, (탐구당, 1992), 99쪽.

[27] • 86p
김재원, 『초대 박물관장 자서전: 박물관과 한평생』, (탐구당, 1992), 119-121쪽.

[28] • 86p
소개 이전에도 총독부 박물관은 국립박물관으로써 진열장소가 부족하고 대부분 창고 속에 일정시설 없이 보관하거나 경복궁 전각을 이용하여 유물을 진열하고 수장하는 상황이었다. 『동아일보』, 1950년 1월 24일.

[29] • 86p
국립박물관, 덕수궁미술관 관리에 대한 건의의 건(1950. 5. 8.) 제1안. 제2안은 한국관(경복궁), 해외관(덕수궁), 민속관(국립민족박물관)으로 분류집성을 제안했다.: 국립중앙박물관, 『국립중앙박물관 60년』, (국립중앙박물관, 2006), 32-33쪽.

[30] • 86p
문교부, 「공보부 종합민족문화센터 건립추진위원회 규정안에 대한 문교부의 반대의견」, (국가기록원, 1965.)

[31] • 86p
김재원은 국립종합박물관 계획은 문화재관리국장 하갑청((河甲淸)이 국립박물관이나 문교부장관과 상관없이 단독적으로 진행한 프로젝트라고 설명했다. 또한 여기서 이야기되는 진열 수집품의 수가 덕수궁미술관만을 포함하고 국립 박물관을 계산에 넣지 않은 수라고 말했다.
김재원, 「제9장 우리문화의 소개와 그 어려움; 종합박물관」, 『초대박물관장 자서전: 박물관과 한평생』, (탐구당, 1992), 218-221쪽.

[32] • 87p
야나기 무네요시(柳宗悅, 1889~1961):일본에서 비평 활동을 했던 야나기 무네요시는 1920년부터 스물 한 차례 조선을 답사하고 조선백자와 민화를 수집했으며, 조선 예술품을 극찬하는 글을 쓰기 시작했다. 주요 저서로는 『조선과 그 예술』, 『종교와 그 진리』, 『신에 대하여』, 『차(茶)와 미(美)』 등이 있다. 1924년 조선

미술관을 설립했고, 조선도자기 전람회와 조선미술 전람회를 열기도 했다. 그의 미론은 고유섭(高裕燮)을 비롯해 이후 최순우, 김원용, 이동주 등에게 영향을 끼쳤다. 그는 한국미를 '비애의 미'로 규정하였고, 후대에 끊임없는 찬반논란을 불러일으킨다.: 권영필 외, 『한국의 미를 다시 읽는다』, (돌베개, 2005), 78쪽.

[33] • 88p
현충사연혁지에 의하면 1966년 4월 28일 제421회 충무공 탄신기념식전에서 본전건축신축이 논의되었고, 7월 11일 설계서 완료 후 8월4일부터 1967년 5월 24일까지 시공되었다. 강봉진의 이력에 표기된 설계일과는 차이가 있다. 연혁지를 기준으로 한다면 강봉진은 국립종합박물관 현상공모의 당선 이후 현충사 설계를 맡게 된 것이다.

[34] • 89p
「침식당하는 고궁」, 『경향신문』, 1966년 1월 10일. 대통령 비서실, 「보고번호 제66-58: 민족문화센타 건립과 종합박물관」, (국가기록원, 1966. 2. 1.), 14599-14607쪽 : 김지홍, 「1960~70년대 국가건축사업과 전통의 재구축」, 서울대학교 대학원 건축학과 박사학위논문, 2014, 196쪽.

[35] • 90p
「특집 한국현대건축을 위한 심포지엄 시리즈1: 국립종합박물관의 경우」, 『공간』, 1967년 2월, 12쪽.

[36] • 93p
건축양식과 양식건축으로 나누어 용어를 정리하였다. 양식건축은 건축양식의 규범에 의하여 이루어진 건축물로써 건축가의 창작적 부가를 허용하지 않는다고 말한다. 강봉진, 「건축양식과 양식건축」, 『건축사』, 1974년 7·8월호.

[37] • 95p
공간지는 심사위원과 각 대학 교수진, 박물관장, 언론인, 평론가, 예술가 등 각계 저명인사 35명에게 의견을 모았다. 「특집 한국현대건축을 위한 심포지엄 시리즈1: 국립종합박물관의 경우」, 『공간』, 1967년 2월, 6-32쪽. 「건축좌담회 전통을 계승하는 길은」, 『공간』, 1967년 1월, 6-17쪽.

[38] • 95p
「국립종합박물관 신축공사의 시비」, 『서울신문』, 1966년 4월 26일., 5면. 「국보 등 고유의 선미 본떠 고전에 현대 가미」, 『동아일보』, 1966년 5월 7일. 「문교부 단독추진 고전양식에 4억 들여 종합박물관 경복궁에」, 『한국일보』, 1966년 5월 8일.

[39] • 95p
종합박물관 기공식(1966. 11. 16.)의 투시도와 현상설계 당선안(1966. 3. 10.)이 다른 데, 변경시점은 건축가협회에서 문화재관리국에게 건의를 하였던 간담회(1966.5.) 이후로 보인다. 당시 문화재관리국 기술주임 장경호의 보조로 윤홍로는 이 변경안의 모형과 도면작업을 수정하는 일을 6월부터 시작했다.
윤: 검토과정 담당으로 건축에서는 정인국 교수님이 당시 문화재 위원이셨어. 미술 쪽에서는 숙명여대 계셨던 화가인데.. 현대건축가야 다른 분들은 김윤기(건설부 장관), 김형걸(서울대 공대 교수), 홍붕의(서울대 교수).. 당시 문화재관리국장 하갑청이 이런 분들을 설계검토 자문위원을 구성해가지고, 검토과정에 나는 4학년 1학기 때였지. 강건희(姜健熙) 조교의 추천으로 정인국 선생님 통해 문화재관리국 설계를 수정했지. 1966년 6월쯤이었지.: 강난형, 2016. 4. 15., 윤홍로 구술채록.

[40] • 95p
「특집 한국현대건축을 위한 심포지엄 시리즈1: 국립종합박물관의 경우」, 『공간』, 1967년 2월, 6-32쪽. 「국립종합박물관 공사 설계자체에도 말썽 짧은 공모기간 내용도 공표 않고 현상금 적어도 엄청난 본 설계비」, 『서울신문』, 1966년 4월 12일.

[41] • 97p
기능상 내부평면은 공간지에 실린 도면을 기준으로 서술했다. 준공보고서 도면에 따르면 그 이후 다시 수정되었다. 전면의 3영역의 입구를 한 곳으로 통합하면서 연못은 내부 중앙홀로 사용되고 남측 영역은 시대별 유물실, 서측은 불교관련 유물실, 동측은 회화와 자기 등 미술사 유물로 정리된다. 위인 선열실은 고고학이 아닌 역사학의 성격을 띈다는 이유로 회의과정에서 기능에서 제외되었다. 상부 대중이용시설로 구성된 안은 변경되어 지금은 수장고, 창고, 도서실 등으로 사용되고 있다.

[42] • 99p
(설계도면은) 천추전에서 했지. 만춘전은 6.25로 파괴되어서. 장경호 선생님은 정문 옆 지금의 창고를 개조해서 사용했지. 시공회사에서도 박물관 터 창고에서 작업했고.<> 마지막은 경복궁에서 작업했지. 내가 모형을 만들고 도면을 수정하고 마지막 실시도면은 국보건설단에서 정리했어. 10분의 1. 30분의 1... 비례와 외형을 보기 위한 모형을 만들었지. 석고로 외형만 만들었지. (대학생 때는 이 석고모형을 많이 만들었어.) 그 당시는 전시준비가 수업보다 많았지. 국전으로 대통령 상 타서 세계 일주와 프랑스 해외 유학을 시켰지.: 강난형, 2016. 4. 15., 윤홍로 구술채록.

[43] • 99p
윤홍로의 구술채록을 통해 국립종합박물관의 도면 작업은 허진(許眞)이 담당하였음을 알게 되었다. 허진은 그 이후로도 대표적인 문화재 실측 설계사무소 중의 하나(한성 건축설계사무소)로 활동하게 된다.

[44] • 99p
팔상전을 엘리베이터로 전망대를 하려했는데, 청와대가 내려다보인다고. 전시도 안 되고 관리동으로 쓰게 되었지. 서울시청사, 화신백화점, 상공회의소 등 당시 낮은 건물 사이에 전망대를 만들려고 한 거였어. 경호문제로 활용을 못했지. 북한 때문에... 너무 가깝지.: 강난형, 2016. 4. 15., 윤홍로 구술채록.

[45] • 100p
「사면초가 속 국립종합박물관 공사」, 『서울신문』, 1966년 4월 12일.

[46] • 100p
「국립종합박물관 신축공사의 시비」, 『서울신문』, 1966년 4월 26일.

[47] • 100p
한국건축가협회는 3차 이사회(1966. 4. 27.), 4차 긴급처리이사회(1966. 5. 4.), 5차 이사회(1966. 5. 11.), 6차 이사회(1966. 6. 27.), 7차 이사회(1966. 7. 27.)를 통해 가장 적극적인 대응하고자 했다. 『공간』, 1967년 1월.

[48] • 100p
김중업, 김수근, 이구, 「건축 좌담회: 전통을 계승하는 길은」, 『공간』, 1967년 1월.

[49] • 101p
정인국, 「국립종합박물관설계에 관계해서: 특집 한국 현대건축을 위한 심포지엄 시리즈1: 국립종합박물관의 경우」, 『공간』, 1967년 2월.

[50] • 102p
영빈관(迎賓館, 서울 중구 장충동산4-5)은 외국인 숙소로 총무처 시설과 황상일이 설계 감리하고 신성공업주식회사에서 시공했다. 14미터 스팬의 공간을 철근콘크리트 구조와 철골트러스 지붕구조를 혼용하여 지었다. 대한관광회사가 관리했다.: 『동아일보』, 1967년 3월 1일.

[51] • 102p
사천왕사(大阪四天王寺, 오사카,1963)는 전후 파괴된 절을 철근철골 콘크리트 구조로 후지시마가 설계하여 지었다.: 「불국사원형에의 숙원」, 『동아일보』, 1970년 3월 17일.

[52] • 102p
연무각(演舞閣, 창경궁, 1967)은 북악관광회사 윤영춘의 자본으로 김중업이 설계한 고려말 청기와 건물구조 건축물이다. 외국인을 대상으로 대중식당과 다실(1층), 예식장(2층), 궁중요리(3층)시설로 계획되었다.: 『동아일보』, 1967년 7월 14일.

[53] • 103p
「국립종합박물관 공사 설계자체에도 말썽 짧은 공모기간 내용도 공표 않고 현상금 적어도 엄청난 본설계비」, 『서울신문』, 1966년 4월 12일.

[54] • 103p
건축가 김수근(金壽根), 건축가 이구(李玖), 미술평론가 김용권(金容權, 당시 서강대 강사), 미술평론가 방근택(方根澤)

[55] • 104p
『동아일보』, 1966년 2월 17일, 『경향신문』, 1967년 5월 15일, 『경향신문』, 1968년 12월 11일.

[56] • 104p
청사진을 누가 그렸는지는 분명하지 않다. 국보건설단의 강봉진도 투시도 2매를 제작하였지만, 1968년 3월1일 복원 설계도서를 납품하면서였다. 서울시에서 제시하였다는 청사진은 1967년 11월로 그 이전이다. 김현옥 서울시장이 취임(1966년 4월)하고 4개월 만에 시청에 쌓여있던 마스터 플랜들을 시청 광장에서 전시하였고, 이때 광화문의 청사진은 국보건설단 김정남이 그렸다.: 김서령, 「이 사람의 삶_'서울의 얼개' 디자인한 최초 도시설계사 차일석 박사」, 『신동아』 559호, 2006년 4월, 강난형, 2016. 5 24., 박종석 구술.

[57] • 104p
『동아일보』, 1966년 2월 17일.

[58] • 104p
보수공사에 해당되는 궁장은 동측 궁장으로 이미 1월부터, 도시계획상 궁장을 훼철하고자 하는 서울시와 문화재 위원회의 갈등이 신문지면을 오갔다.: 『매일경제』, 1966년 4월 21일.

[59] • 104p
『동아일보』, 1967년 11월 6일.

[60] • 105p
최희순(崔熙淳, 1916~1984). 필명은 순우(淳雨), 아호는 혜곡(兮谷)이다. 1945년 개성시립박물관에서 근무하고 1948년 서울국립박물관에서 보급과장, 미술과장, 수석학예연구관, 학예연구실장을 거쳐 1974년 국립중앙박물관장에 취임했다.

[61] • 105p
광화문 복원설계의 검토는 최희순, 정인국이 복원설계 검토위원을 구성하는 것을 일임하기로 의결하였고,(1967. 9. 22.) 그 검토위원회는 7인(정인국, 진홍섭, 최희순, 윤장섭, 김주태, 신영훈, 김동현)으로 구성된다.(1967. 10. 6.) 정인국은 1차 검토위원회를 통해 위원장으로 선출되었다.(1967. 10. 12.): 강임산, 「1968년 광화문 '복원'의 성격」, 명지대학교 기록정보과학전문대학원 문화자원기록전공 석사학위논문, 2015, 28쪽.

[62] • 105p
일차에 석축 실측하고 종이로 축적자를 만들어서 도면을 그렸어. 1차 설계 담당자는 허진, 안상열, 이응묵 그리고 나였고. 2차 설계는 최승일, 이응묵, 안상열이었지. 우리는 이러다 광화문이 두 개 지어지겠네 했어.: 강난형, 박종석 구술, 2016. 5. 24.

[63] • 105p
「광화문 복원설계, 보수(일반철)」, (국가기록원, BA0774178), 800-801쪽.

[64] • 107p
문화재관리국, 「광화문 복원추진계획서」, (국가기록원, 1967. 11. 21, BA0774178), 867-875쪽.

[65] • 107p
목구조와 콘크리트 구조의 혼용구조계획으로 초기에는 강봉진, 장기인 이외에도 조원재를 전문위원으로 상정했었다. 문화재위원 제1분과위원회 제6차 회의록에 따르면, 대한문의 이건으로 '평방과 창방까지 콘크리트 구조로 하고 그 이상 상부는 목조'로 논의된 점을 미루어보아 광화문의 혼용구조방식은 이와 비슷하였을 것이다.

[66] • 107p
「광화문 복원설계계약」, (국가기록원, 1967. 12. 21., BA135950), 814-815쪽.

[67] • 107p
「광화문 복원설계, 보수(일반철)」, (국가기록원, BA0774178), 890쪽.

[68] • 109p
문화재관리국 관리과 건축기사보 임호균이 1968년 3월 4일에 석축해체 이전 촬영한 사진은 국가기록원에 남겨져 있다. 4차 추진위원회 회의록에 따르면 1968년 3월 15일에서 1969년 6월 30일 사이의 복원공사 시공과정의 기록과 공사집행의 사진촬영, 설계도, 시방서, 공사내역 및 일지작성, 위치선정에 따르는 도시계획 및 기존 처리에 대한 기록원고를 복원보고서로 편찬할 계획이었다. 기타자료는 아직 발견하지 못하였다.: 「광화문 추진위원회 회의록 제4차 광화문 복원설계 보수(일반서류철)」, (국가기록원, 1968.3.29., BA0774178), 818-819쪽.

[69] • 109p
식민지시기 요코하마에서 한국건축을 했던 김택진(金澤辰)은 일본인 세키야사다(關屋貞)교수에게서 광화문 실측도면을 받아 보관 중이었다. 해체가 이미 진행된 상황이었기 때문에 실측도를 제공하고 공사 지도에 참여하는 위원회에 합류하였다. 김택진, 「나와 건축」, 『건축』, 1999년 8월, 16-19쪽. 원문 그대로 내용은 위와 같지만, 세키노 타다시(関野貞)로 추정된다.

[70] • 109p
최성림의 연구는 1968년 복원 시, 강봉진이 단지 기둥높이(6.79/7.00=0.97)를 통해 용척을 291.6mm로 추정하였고, 용척추출 기준이 잘못돼있음을 밝혔다. 기둥은 초석 간의 높이와 상부하중에 의한 변수가 많아 용척을 추출할 부재로 부적합하다는 의견이다. 또한 1865년 광화문의 용척도를 1926년 일본건축기사의 도면치수를 환산하여 305mm로 추정하고 척과 공장조직의 관계(동일한 척을 사용한 광화문(1865)과 근정전(1867) 그리고 김원식(광화문 중건 부편수이자 근정전 상층편수)을 밝히는 등의 연구를 진행했다. 최성림, 「19세기 중엽에서 20세기 초 궁궐조영에 사용된 용척에 관한 연구」, 경기대학교 건축공학과 석사학위논문, 2008, 45-47쪽.

[71] • 111p
「광화문 추진위원회 회의록 제5차 광화문 복원설계 보수(일반서류철)」, (국가기록원, 1968.5.27., BA0774178), 763-764쪽.

[72] • 111p
광화문(1968년)은 원위치에 지어지지 않았기 때문에 잔존유구를 고려할 필요가 없었으며, 지하부분은 원형성의 문제가 적용되지 않았다. 단지 자연하천부지였던 지내력을 감안하여 구조의 설계대로 파일 기초를 사용하여 지하 9미터까지 6미터 높이의 파일528본이 시공되었다. 육축의 바닥레벨은 EL47.40(0mm)로 고종시대의 레벨보다 450mm 높았다.

[73] • 111p
1926년 실측한 광화문 통고는 38.25척이고 1968년 복원 설계한 통고는 38.55척이었다.

[74] • 111p
우동선에 따르면 정인국의 박사졸업논문을 기반으로 출판된 한국건축양식론의 제4장(평면 및 입체구성론)은 평면에서는 정면과 측면의 비례를 찾고 입면에서는 기단과 주고, 기단과 지붕, 주고와 정면장, 주고와 기준척도에서 비례를 찾아서 양식적 특징을 찾는 것이었다. 국보건설단 설계팀장 허진은 정인국의 제자였다. 그 역시 석사학위논문을 통해 입면의 비례('주고'와 '정면장') 분석을 했다.: 허진, 「한국목조건축에 관한 연구」, 홍익대학교 건축과 석사학위논문, 1967.

[75] • 113p
동상의 완공예정일(1967.10.)이 다가오자 상의 설계변경이 이루어져 높이는 4미터에서 6.4미터로 더 크게 제작되기를 요구하였다. 조은정, 「애국선열조상위원회의 동상제작」, 『내일을 여는 역사』 제40호, 2010.

[76] • 113p
「광화문 추진위원회 회의록 제4차 광화문 복원설계 보수(일반서류철)」, (국가기록원, 1968.3.29., BA0774178), 818-819쪽.

[77] • 113p
조선말기 건축양식에 대한 인식과 함께 '축'의 결정에는 정인국의 영향이 있었을 것으로 추측된다. 한국건축연구사에서 축을 도입한 것은 정인국으로 배치유형을 분류하기 위해 축선을 제시했다. 그는 후지시마 가이지로(藤島 亥治郎)의 탑수와 입지조건으로 배치유형을 분류하는 것에 한계가 있다고 지적하였다. 정인국은 축을 진입을 위한 정축선과 공간을 연결하는 부축선으로 분류했다.: 채우리, 「한국건축의 해석에 적용된 축 개념의 가능성과 한계」, 서울대학교 건축학과 석사학위논문, 2015, 59-60쪽.

[78] • 113p
미관지구는 중심시가지의 간선도로변 50미터 폭의 도시조형, 건물 색채, 층수, 간판크기를 계획에 따라 통제한다는 논의가 있어오다가 건축조례 전문 8조 부칙이 1970년 11월 11일에 공포된다. 이에 따라 미관조정위원회를 만들어 심사를 하게 하였다. 광화문 앞길은 1종 미관지구(노선미관지구 중앙청 앞-시청 앞-서울역 앞 2000미터)로 5층 이상, 도로에 면한 길이는 18미터 너비는 9미터로 제한되고, 원색을 쓸 수 없다는 규정을 만들었다. 「도심지 6백여만㎡를 개량, 미관지구로 책정」, 『동아일보』, 1967년 1월 23일., 「미관지구 4종으로 구분 건축조례공포」, 『경향신문』, 1970년 11월 11일.

[79] • 117p
광화문복원과 관련된 논평은 총10건(『동아일보』 1966년 2월 26일., 『동아일보』 1967년 4월 11일., 『경향신문』 1967년 5월 15일., 『경향신문』 1968년 3월 20일., 『동아일보』 1968년 5월 2일., 『동아일보』 1968년 9월 5일., 『동아일보』 1968년 12월 19일., 『동아일보』 1969년 1월 14일., 『경향신문』 1969년 12월 17일., 『경향신문』 1970년 4월 23일.)으로 복원계획이 발표되면서 1964년부터 1970년까지 꾸준히 발표되었다.

[80] • 117p
예술원장 박종화(『동아일보』 1969년 1월 14일.)

[81] • 117p
신범식 문공부장관(『경향신문』 1970년 4월 23일.)

[82] • 117p
서소문동 이하병(『동아일보』 1966년 2월 26일.), 서정주, 수도륜(『경향신문』1968년 3월 20일.), 도편수 이광규(『동아일보』 1968년 5월 2일.), 유주현작가(『동아일보』 1968년 9월 5일.), 미술평론가 임영방(『경향신문』 1969년 12월 17일.)

[83] • 117p
복원추진위원회: 김택진(金澤辰), 윤장섭(尹張燮), 정인국(鄭寅國), 장기인(張起仁), 강봉진(姜奉辰)

3부
국가와 국가너머 세계: 수공예 콘크리트 모던 생산하기

발전국가 탈 전통과 전통 계승을 주장하는 건축가들은 모두 탈 식민주의 남한의 문화적 유산을 만들기 위해 고군분투하였다. 건축가들의 다양한 건축적 텍토닉 시도로 '조선', '장인기술'과 같은 개념이 긍정적으로 평가되었다. 현대적인 재료로서 콘크리트를 통해 국가적 전통을 표현하는 산업국가의 미학적 가이드라인 아래 종합민족문화센터 추진위원회에 속한 건축가들의 여행은 후기 식민국가가 직면한 일반적인 정체성 만들기라는 차원에서 아시아의 문화적 모델을 통해 엮고자 하였다. 건축적 텍토닉은 주로 모더니즘에 대한 반동적인 운동으로 설명되지만 이 연구는 어떻게 이것이 아시아 발전국가에서 모던을 생산하는 문화적 자본이 되었는가를 보여준다.

'비록 외래 것을 전면적으로 수용한다고 하더라도 싸움이 있는 경우는 반드시 어딘가 고유한 것이 남게 마련입니다.'

(「전통논의는 내셔널리즘인가?」, 『공간』, 1975년 7월.)

'싸우면서 건설하자!'

(발전국가의 대표적인 슬로건, 1969년 대통령 신년사에서 처음으로 이야기 되었고, 정부 문서, 건설 현장에서 널리 사용되었다.)

건축 텍토닉과 발전국가• 141
네이션 빌딩과 콘크리트•142
원조와 다른 건축•145

지역과 계승• 151

국가와 국가너머 수공예 콘크리트 모던• 172

건축 텍토닉과 발전국가

아시아 신생국가는 '각 국가는 독특한 자신만의 문화가 있어야 하며'[1], '어떤 지역이나 공간영역, 건물이나 도시, 국가가 특정한 정체성을 가질 수 있다.'[2]는 생각으로 국가의 존재를 선언하고자 하였다. 그리고 국가정부는 정책적으로 자기 정의를 위한 형태로서 유산 보존, 전통 발명, 새로운 역사 쓰기를 추구했다.[3] 분단국가가 된 남한 정부는 역사적인 정통성을 확립하는 게 중요한 문제였다. 한국은 표면적으로는 일제강점기를 벗어나 해방과 독립을 맞은 상태였지만 이면에는 '문화적 (지역적, 국가적) 정체성 만들기'를 두고 전쟁 중이었다. 특히 지적 생산물로서 네이션이 투사된 '정체성의 위기'라는 건축적 주제는 논쟁적이다.

19세기~20세기 국내외 건축 학자들은 '정체성 위기론'을 함께 생산하여 왔다. 그들은 외부적인 조건변화(산업·세계화에 따른 새로운 재료와 기술, 표준화 시스템)에 따른 모더니티, 전통, 문화적 정체성, 장소에 대한 주제를 통해 건축적 행위에 대한 다양한 질문을 다루어 왔다. 건축가 러스킨, 윌리엄 모리스는 이를 '건축적 텍토닉'의 이름으로 건축적 수용의 문제를 다루었다. 건축가로서 '예술과 노동자를 조합하여 진화적 발전 관점을 보여줄'[4] 미학적 대상으로 건축을 디자인하고 그 건설과정을 조율하고, 시민에게 정직한 수공예 사물의 생산을 통해 행복하고 정신적인 삶의 질을 집합적으로 경험하는 사회적 교훈을 주고자 하였다. 알렉산더 초니스, 리안 르페브르, 그리고, 케네스 프램톤은 이를 '비판적 지역주의'라는 이름으로 미학적 기호의 건축적 수용보다는 위치와 상황적 조건의 대응 과정을 다루었다. 그들은 보편문명과 주류 모더니즘의 규범적 스탠다드, 소비 자본문화, 기술·경제적 조건에 대응하여 '주변지역의 장소와 공동체 상실을 그리고 장소 없는 소비중심의 보편적인 대도시의 소외와 비인간성을 해결할 저항의 건축'이 될 것이라 희망하였다.[5]

문화적 정체성 논의는 발전국가 한국의 탈 식민국가 건설과정에 가장 영향력 있는 건축개념이 되었다. 그러나 그 논의는 지적 소유권을 유럽에

둔 채 중심과 다른 주변의 파생, 변형, 편차에 대한 '수용' 또는 '저항'의 문제를 다룬 것만은 아니었다. 그보다 수공예 주제는 '진보의 거울 이미지'[6]로서 노동의 가치를 생산하는 문화적 대항마라기보다는 산업적 근대화를 위한 국가 콘크리트 유산산업을 위한 질료가 되기 위하여 사용되었다. 아시아 국가의 건축적 텍토닉 이슈는 지역, 기술, 산업이 국가의 문제로 환원되면서, 산업 민족주의를 통해 전통을 계승하는 영웅적인 건축의 비전과 그 연합관계를 만들었다.

네이션 빌딩과 콘크리트

원조시기 건축과는 다른 새로운 독립국가 주도의 산업화 과정은 어려움이 많았다. 일제 식민지 시기 대부분의 산업 플랜트가 북한에 위치하였지만,[7] 이마저도 전쟁 폭격에 의해 원산, 청진, 남포, 흥남 지역의 공장들이 파괴되었다. 이처럼 충분한 건축자재, 생산 공장, 기술이 부족한 상황에서 북한은 중국, 소비에트, 루마니아, 체코로부터 시멘트, 기계, 기술을 지원받았으며, 폭격된 대도시 평양을 중심으로 새로운 도시건설이 이루어졌다. 냉전체제 속에 농업경제만 남은 남한도 일본 또는 미국의 다국적 기업들에 의해 기계들, 원료들, 에너지 관련 산업시설을 원조받았다. 현대건축의 대표적인 재료로서 철, 유리, 콘크리트를 국내에서 자유로이 생산하고자 하였다.[8] 그러나 그 시작은 일제강점기를 벗어난 후로도 상당한 기간이 지나서야 가능했는데, 20년 뒤 콘크리트가 가장 먼저 생산되었다.[9]

쌍용 동해 시멘트 공장에서 있었던 박정희의 연설은 정부가 후발 산업 국가로서 재료생산을 통한 공간 생산을 정책상 중요한 과제로 생각했으며, 건설 산업의 활성화를 위하여 그 생산량이 직접적으로 조절하고 계량하는가를 계획하였음을 보여준다.

[표 3-1] 국내 시멘트 및 레미콘의 수급(단위: 천 m/t, 천㎥)] ©통계청(1998:163)

	시멘트 공급량		시멘트 수요량		레미콘 수요량
	생산량	수입량	내수량	수출량	
60	464	58	534		
62	790	180	977		
64	1243		1143	31	
66	1884	190	1902	171	49
68	3574	106	3371	281	164
70	5282		5331	612	243
72	6486		5672	1191	273

*자료: 한국양회공업협회, 한국의 시멘트산업/ 한국레미콘 공업협회, 레미콘

시멘트 공업의 발전과 생산량은 '그 나라의 산업과 문화를 측정하는 하나의 척도'가 되는 '가장 긴급한 국가적 과제'였다. 시멘트와 콘크리트는 '공장, 댐, 도로, 항만과 같은 산업시설을 건설할 수 있으며, 초가를 기와집으로 문화주택으로 변화시킬 수 있는' 필수적이고도 일상적인 재료였다.

이처럼 정부는 농촌 주택에서 도시 공공건설의 추진까지 다양한 방식으로 시멘트를 보급하여 사용을 적극 지원하였다. 정부는 전국에 있는 농촌마다 새마을 가꾸기 사업으로 시멘트 5백 부대와 철근 1톤 씩을 지원하고 안길 넓히기, 공동 우물파기, 하수구개수사업을 하도록 하였다.[10] 또한 이순신 장군을 추모하기 위해 세운 현충사는 청와대를 통해 직접 문경시멘트 20,000부대를 무상 지급받아 건설에 이용하였다.[11] 조달청은 관급공사의 경우 해당 재료회사와 계약하여 사전에 재료의 생산량을 계획하였다.

철근과 시멘트는 대표 관수용 재료로 조달청이 보급행정 역할을 하였으며,[12] 1970년 말부터는 중앙 보급방식이 아닌 각 지방 현지보급기관을 만들어 재료의 유통과 관리를 시행했다.[13]

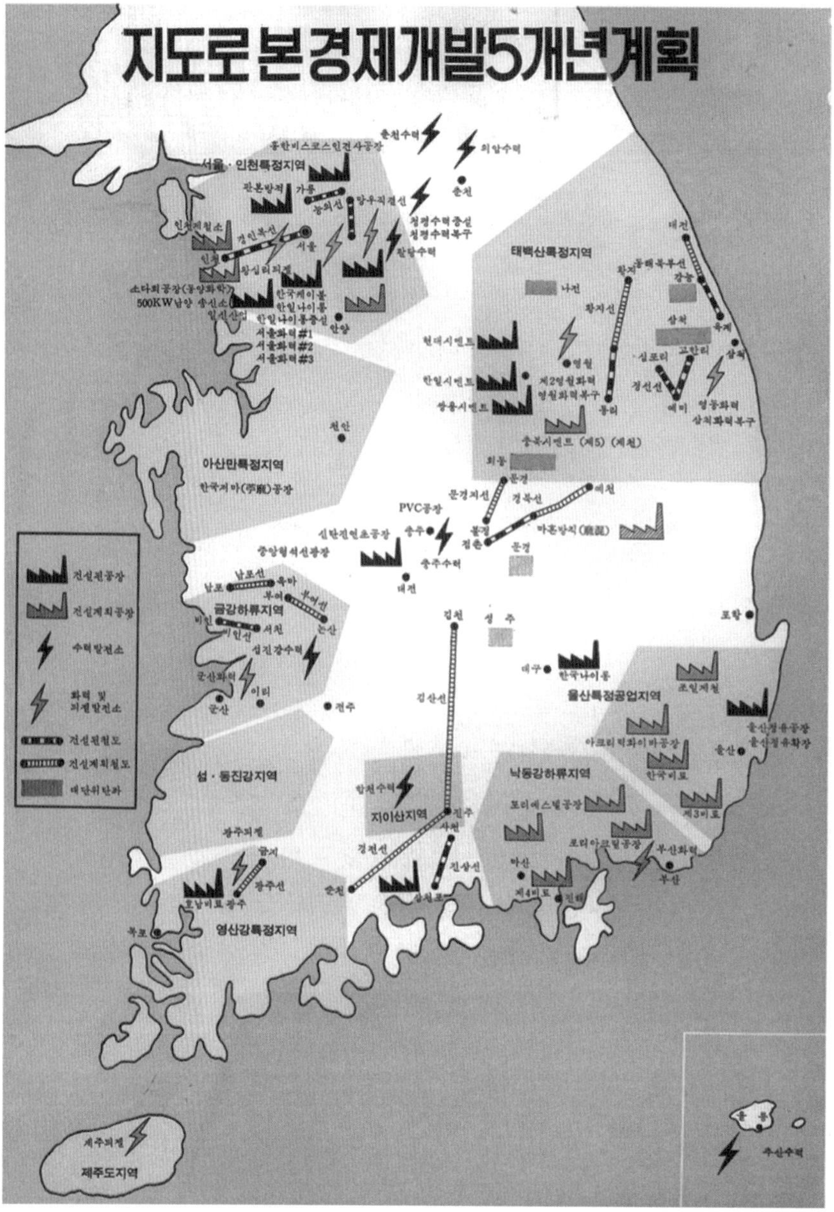

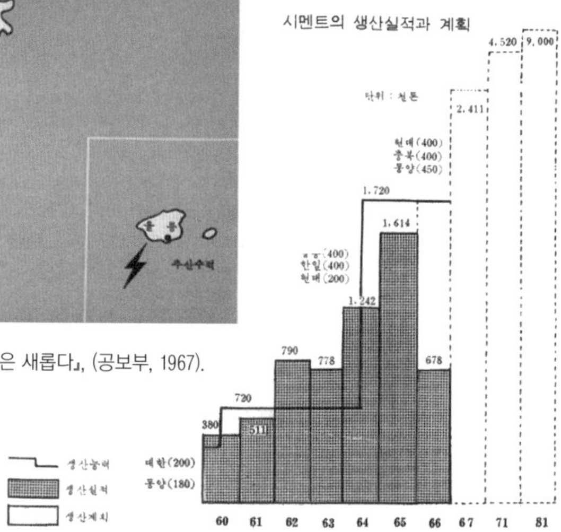

그림 3-1. 지도로 본 경제개발 5개년계획과 시멘트 생산량 그래프 ©『조국은 새롭다』, (공보부, 1967).

시멘트 공업은 건축, 토목, 항만, 간척, 수리사업 등 국민생활의 향상과 국가개발계획을 추진하는데 있어 필요불가결의 기본자재인 것입니다. 따라서 증산, 수출, 건설의 붐을 일으켜 자립경제건설을 촉진하자는 우리의 경우, 기간산업으로서의 시멘트공업육성발전은 가장 긴급한 국가적 과제가 아닐 수 없습니다. 오늘날 그 나라의 시멘트 공업의 발전과 시멘트의 생산량이라는 것은 그 나라의 산업과 문화를 측정하는 하나의 척도가 되었다는 것입니다. 그 나라가 '시멘트'를 얼마나 사용하느냐, 얼마만큼 생산하고 얼마만큼 사용하느냐, 이러한 것은 그 나라의 산업과 모든 문화에 있어 척도를 측정하는 기준이 되는 것입니다. 우리들의 일상생활에 우리들 주변에 '시멘트'라는 것을 무제한으로 많이 사용되는 것입니다. 공장을 건설하고 땜을 만들고 도로를 건설하고 항만을 건설하고 우리 농촌에 있는 저런 초가를 전부 앞으로 기와집으로 또는 문화주택으로 기타 우리들 주변에 '시멘트'라는 것은 무제한으로 필요한 것입니다. (박정희 대통령, 「쌍용 동해 공장 준공식 연설 중」, 1968년 10월 31일.)

1966년 5월 16일자 '서울시민에게 드리는 5·16공약' 기사는 서울 도시 공간을 대상으로 건설사와 시 행정이 어떻게 결합하였는가를 보여준다. 인프라 시설로 다리, 복개도로, 지하도로, 고가도로뿐 아니라 택지지구 정리와 아파트 건설에 이르는 영역에까지, 도시 공간의 개발과 연결되어 국가에 의해 시멘트가 생산되고 소비되었다. 김현옥 시장이 재임했던 시기 서울시의 건설 사업은 전체 예산의 70%~80%를 유지하였다. 그는 취임하자마자 1966년 예산 중 10%에 불과하던 건설예산을 50%로까지 확대하겠다고 밝혔고, 실제로 임기 내내 그 이상을 소진했다.

원조와 다른 건축

발전국가의 기술적 상황에서 건축가는 한정된 자원을 이용하여 그 한계적 조건을 학습하고 탐구하는 태도를 필요로 했다. 주요 빌딩의 구조와 설계는 차관도입 방식으로 재료를 수입하고 기술 자문을 통해 재료, 구조, 공법에 있어서 기술도입 전수과정이 이루어졌다.

자유센터(1962년~1964년, 김수근, 삼환기업/풍전산업주식회사)는 일제 아사노 시멘트를 사용하고 수입목재로 거푸집을 제작했으며, 정부종합청사(1970년, PA&E)는 거푸집으로 슬립 폼 공법을 이용하였고 소화주식회사가 커튼월 설계를 하였

5.16

서울市民에게 드리는 公約

敬愛하는 市民에게

激甚한 交通難을 八·一五까지 三十一% 緩和하겠읍니다

새로운 建設工事를 서둘러 서울의 面貌를 一新하겠읍니다

민두리와 높은地帶에사는 市民에게 새로 水道물을 보내드리겠읍니다 (57個地域 給水人口 36萬名)

民願行政의 革命을 이룩하겠읍니다

淸掃行政을 强化하여 깨끗한 서울을 이룩하겠읍니다

敬愛하는 市民여러분!

우리는 우리의 勇氣와 努力을다해 자랑스럽고알찬유산을 기어코 다음世代에 물려 주어야 하지 않겠읍니까? 首都서울의 主人은 바로 여러분입니다. 살기좋고 福된 「새서울」을 이룩하려는 저의 衷情을 받아주십시오

一九六六年五月 日

서울特別市長 金玄玉

施政方向

1. 일을 通하여 市民에게 報答한다
2. 市民의 市政으로 市政의 氣風을 刷新한다
3. 行政을 經營化하고 合理化한다
4. 首都서울의 建設을 通하여 祖國中興에 寄與한다

市政目標

1. 首都整備와 새서울의 建設
2. 秩序確立과 새 氣風의 造成
3. 不淨淸掃와 精神建設
4. 所得增大와 生活向上
5. 奉仕와 福祉의 增進

京南企業株式會社

大林産業株式會社

和一産業株式會社

建昌企業株式會社

平和建業株式會社

林光土建株式會社

漢江工營株式會社

豊田産業株式會社

大成工營株式會社

南洋建設株式會社

株式會社信陽社

新星工業株式會社

大一建設株式會社

現代建設株式會社

韓興建設株式會社

그림 3-2. 축 5·16 서울시민에게 드리는 공약 ©『매일경제』, 1966년 5월 16일.

다. 또한 삼일로 빌딩(1968년~1970년, 김중업+정경, 삼환기업)은 일본에서 제작한 H 형강을 사용하고 허니컴, 데크플레이트, 슬립폼의 거푸집공법, US스틸회사의 특허품인 커튼월을 사용했다. KAL빌딩(1968년, 신현범+마춘경, 한일개발, 한진기업)도 일본에서 제작한 H형강을 사용했다.

건축물 이외 도시산업 기반시설도 다르지 않았다. 예를 들어 청계고가도로(1967년~1969년, 한국기술개발공사, 현대건설, 대림건설)은 강재를 차관으로 도입하고 일본인 기술자의 자문으로 미국 및 일본기술설계가 이루어졌다.

그러나 외부에서 재료와 기술 원조를 받았더라도 국내의 빈약한 산업상황에 적용해야 했고, 원조가 불가능한 경우에도 건축가가 설계하는 것은 한정적인 재료, 기술의 부재로 인한 고민에서 시작되었다. 시멘트는 다른 재료에 비해 국내에서 대량생산을 할 수 있는 저렴하고 제작이 쉬운 속도전의 건설재료였다.

『한국양회공업(韓國洋灰功業)』(현 『시멘트 협회』)지 1969년 제29호와 제32호에서 김희춘(金熙春), 박윤성(朴胤成), 홍붕의(洪鵬義), 강명구(姜明求), 윤정섭(尹定燮), 김정수(金正秀)가 글을 게재하였다.[14] 『한국양회공업』은 주로 국가의 제도변화, 세계정세에 민감하게 반응하는 건설지 성격의 잡지였다. 그런데 제32호에서는 국토개발, 도시계획과 세계시멘트 사업의 정세를 주제로 다룬 것과 달리 시멘트와 조형미를 주제로 건축가 특집을 다루었다. 그들의 글에서 손으로 조립해서 노동으로 콘크리트를 직접 반죽하는 수공예 현장작업[15]은 일상적인 방법이었음을 알 수 있다.

콘크리트 구조가 지니는 융통성은 여러 가지 고안을 필요로 하거니와 이들 고안이 성공하려면 현장기술이 높아져야 함은 재언을 불요로 한다. 조형미를 나타내는데 있어서 건축가가 정하여야 할 일은 현장 콘크리트에 의한 자유롭고 연속된 형태의 가능성을 구할 것인가, 혹은 프리캐스트 콘크리트에 의한 합리적 구성이나 정확한 관리를 구할 것인가의 결정에 있다. 그러나 조형적인 면에서 볼 때는 역시 현장 콘크리트에 의하는 편이 옳은 것이다. 콘크리트 내력벽은 고층건축에서 현장에서 치는 쪽이 프리캐스트보다 공비가 싸고 더구나 구조 체의 연속성이 얻어진다. (윤정섭 서울공대 교수, 「시멘트를 재료로 한 조형미의 특수성」, 『한국양회공업』 32호, 1969년 10월.)

최근 한국에서는 철재가 많지 못하여 주로 건축물의 구조체는 시멘트를 주원료로 하는 콘크리트를 사용하고 있다. 콘크리트의 특색은 여러 가지가 있겠지만 특히 그 형틀을 짜서 부어 만드는 관계로 각종 변화를 가진 다의한 모양을 자유 곡재로 만들 수 있다는 점이다. (김정수 연세대 교수, 「시멘트와 건축의 조형 및 의장」, 『한국양회공업』 32호, 1969년 10월.)

건축가의 작업은 마감의 완성도를 위해서는 숙련된 장인기술이 필요한 문제였다. 이에 건축가는 적극적으로 스스로 어떻게 지어지는지에 대한 연구가 필요하고, 숙련된 기술이 필요했다고 말한다.

콘크리트라는 재료 정신에 따라 디자인하고자 하는 건축가는 형틀의 설계나 조립의 정밀성, 콘크리트 치기 기술 등 모든 면에 걸쳐 연구하지 않으면 아니 된다. 즉 플라스틱, 스틸, 표면처리를 한 합판 등의 새로운 형틀을 만들고 이들을 사용함에 따라서 자연히 달라지는 콘크리트 화장면의 차이를 인식하여야 한다. 다시 말하여 콘크리트 표면에 결점이 생기지 않도록 치기 및 진동을 주의 깊게 할 것인가. 혹은 어느 정도의 결점을 피할 수 없고, 또 표면의 거친 질면으로 감추어지게끔 둘 것인가를 결정하여야 한다. 또 형틀은 마지막 마감면을 만드는 것이므로 정성들여 만들 것이냐, 혹은 차라리 소잡하고 싸게 만드는 반면 절약된 비용을 표면 마감에 쓸 것인가도 결정하여야 한다.(윤정섭 서울공대 교수, 「시멘트를 재료로 한 조형미의 특수성」, 『한국양회공업』 32호, 1969년 10월.)

콘크리트 건축물의 결점은 일견 사전에 목조 형틀을 제품 모양으로 짜서 만들어야 하며 따라서 많은 목재와 목수 공임을 필요로 한다는 점을 예로 들 수 있다. 따라서 최근의 철근콘크리트 건축구조의 특색은 어떻게 하면 이러한 결점을 조금이라도 덜도록 하느냐 하는 점에 집중되어 있다 할 수 있다. (김정수 연세대 교수, 「시멘트와 건축의 조형 및 의장」, 『한국양회공업』 32호, 1969년 10월.)

건축가들은 건축 작업에 있어서 과학적 접근이 필요하다고 생각했다. 시멘트는 국가보조로 만들어진 새로운 산업재료로서 건축가들에게 산업역량의 기술을 습득하는 것은 중요한 태도였다. 그들에게 시멘트는 대량생산이 저렴하고 쉬운 재료이기도 했지만, 조형적인 측면을 고려하기 위해서는 어떠한 구체적인 기술을 적용하여 디테일을 만들 것인가의 문제이기도 했다.

한국에서 시멘트 생산은 '빵'과 '장미'의 역할을 하였다.[16] 전후 산업국가 만들기의 중요한 재료였다. 빵의 측면에서 남한 건축가들은 원조국으로부터 새로운 건설 방식을 배우기 위한 생존수단의 재료였다. 다른 측면으로는 원조국으로부터 문화적, 경제적으로 자주성을 얻기 위한 정체성의 상징적인 문제였다. 전자의 경우, 남한과 북한은 이를 목적으로 원조국으로부터 원조 건축 프로그램을 통해 프리케스트 건설 방식을 배웠으며,[17] 이를 통해 저렴하고 빠르게 건설할 수 있는 새로운 건설 기준이나 재료를 통한 표준화 계획으로 도시 주거를 개발하는 것이었다. 그러나 재료로서 시멘트가 1960년대 '주체 이데올로기'[18]를 위한 실험으로 콘크리트 구조의 국가 유산 장소와 문화시설이 건설된 것은 후자의 예로서 우연이 아니었다. 두 국가는 산업국가로서 경쟁하며 경제개발을 통한 네이션 빌딩이라는 공통된 목표가 있었기 때문이다. 유산산업이 중요하다는 것은 유산을 보존하는 것이 국가 경제에 있어 이득일 뿐 아니라 네이션, 지역, 도시를 지구 경제 속에 편입할 수 있기 때문에 중요했다.[19]

선조들의 건축예술을 정당하게 평가하고 민족적 특성을 현대적 미감에 맞게 콘크리트라는 재료를 사용하여 재현하는 것에 대한 논의는 남북한 건축에서 무엇을 어떻게 계승하는가의 문제로 여전히 유효했다. 북한의 수도 평양은 '오랜 역사 도시'로 보이기 위해 조선식 건축의 특징을 직설적으로 차용한 콘크리트 구조의 건축물(북한의 평양대극장, 인민문화궁전, 옥류관)을 지었다.[20] 북한의 경우 민족형식의 모델은 어떤 사례를 거론하지 않으며 민족적인 것과 현대적인 것을 구별하지 않았다. 현 시대의 미감은 무엇보다도 건축의 연속성을 만드는 것에 중심을 두고 있었기 때문이다.[21] 1954년 전국 건축가 및 건설기술자 대회에서 김일성은 '건축예술을 창조하는데 중요한 문제는 민족적 특성을 현대적 미감에 맞게 살리는 것'으로 건축가는 전후 복구에 있어서 새로운 건축예술을 창조할 의무가 있다고 하였다.

반면에 남한정부는 국가유산의 복원 프로젝트를 통해 식민주의와 전쟁기간 동안 단절된 역사적 서술을 복원하고 재생산하기를 희망하였다. 이 프로젝트에서 '콘크리트를 사용하여 전통을 표현하기'를 설계 지침으로, 그 재료는 경제 개발을 위한 문화 자본으로 인식되었다. 예를 들어 광화문 복원 상량문에서 보듯이 정부는 이 결합적인 접근이 '국산의 사정'으로 오래된 국가를 자국 경제발전을 통하여 정치적으로 개혁하고(舊邦維新), 민족의 주체 의식으로 네이션 빌딩을 위한 '외국의 추세'를 동시에 감안한 결정이었다고 주장한다.

기구한 劫運을 겪은 광화문의 복원은 오랫동안 국민 사이에 열망되어 오던 바 박정희 대통령의 영도아래서 舊邦維新의 대업이 진행되고 민족의 주체의식이 높아져 가는 이 시운에 際會하여 공종철 장관과 하갑청 국장이 대통령의 뜻을 받들어 중앙청 앞 옛 자리에 광화문의 복원 중건을 계획하기에 이르렀다. 이 복원공사에 있어 대개 두 가지 원칙이 세워졌는바 하나는 예전 실측도에 다시 연구와 검토를 가하여 이 문의 옛 모습을 완전히 구현시킬 것과 또 하나는 자재에 있어 석재는 옛 것을 쓸 수 있는 대로 쓰되 목조부에 관하여는 국산의 사정과 외국의 추세를 감안하여 목재 대신 콘크리트로 하여 개와는 한식의 것을 쓰기로 한다. (「광화문 복원 상량문」, 1968년 10월 17일.)

남한의 경우도 전쟁 관련 국가 유산은 대표적인 건설 산업으로 전개되었다. 첫째, 국가 계획의 명목으로 사유지를 매입, 철거하고 국유화했다. 건립추진위원회를 구성하고 '성역화' 또는 '정화'계획으로 유산 주변공간을 국유지로 편입했다. 둘째, 전쟁 영웅, 전쟁터, 전쟁을 위한 훈련소, 전쟁유물과 관련된 유산을 집중해서 관리했다. 셋째, 전쟁관련 유산은 사적으로 재지정하면서 위인 사당, 유물 진열관, 기념관을 콘크리트 구조 전통양식건축으로 지었을 뿐 아니라 파괴된 유산을 콘크리트 구조로 복원했다.

1960년대 중반부터 문화재특별회계 예산을 기반으로 한 문화재 관련계획은 문화재관리국과 관련 지방 유산기구, 건축가, 건설사들의 협력으로 전 국토에 적용된 건설 사업이었다.[22] 예를 들어, 문화재연구소에서 전국문화재를 조사하여 잔존하는 유물의 발굴, 보수, 복원으로 역사성을 탐사하는 것뿐 아니라 국토 개발이라는 당대 문제를 다루었다. 1977년부터 1979년까지 매년 발간된『호국선현의 유적』을 통해서, 문화공보부가 문화재보수 3개년계획의 일환으로 사전대상을 선정하기 위해 문화재연구소에서 8,718곳의 유적을 조사하고, 국사편찬위원회가 호국위인·선현·전통문화관련 중요 유적 목록을 만들었으며,[23] 우선순위를 등급화하고 대상을 선정했음을 알 수 있다.

이렇게 전문가 집단(문화재전문위원, 연구소, 문화재관리국 기술직)이 조사해 지침을 정하고 등록된 설계사무소가 설계안을 제출하고, 설계심의위원회의 승인을 거쳐 문화재수리기술자를 보유한 시공회사가 시공을 맡도록 했다.

문화공보부(문화재관리국)와 각 지방자치단체에서 진행하는 문화유산 사업은 특정한 기준으로 선정되었다. 1966년부터 1977년 사이에 관리된 44개의 유적은 5개의 영역으로 분류되었는데 그 5개의 영역을 세부적으로 보면 국난극복 유적(16), 민족사상 선현유적(8), 전통문화유적(11), 문화 보존시설(5), 6·25참전국 기념유적(14)이다. 분류 기준을 통해 전국 유적 중 관리의 우선순위를 알 수 있다.

전국을 여덟 권역으로 구분하고 하나의 경제체제를 운영하는 제1차 국토종합개발계획(1971)이 수립될 무렵부터, 문화재와 관련시설의 시멘트 건설도 도시를 넘어 국토에 적용되었다. 문화재관리국의 총예산 역시 유형문화재의 보수라는 건설비로 대부분을 소진했다.[24]

발전국가 시기 건축적 텍토닉에 대한 오늘날의 논의는 남한 뿐 아니라 북한에서 모두 일방적인 교시 또는 국가적 지침으로 논의나 논쟁이 없었다는 정설을 바탕에 두고 있었다.[25] 국립종합박물관은 국내 건축가, 도시계획가, 예술인이 국가 주도의 역사적 재전유에 대한 '탈 전통과 전통계승'의 논쟁을 시작하도록 만든 계기가 되었으며, 제국양식건축과의 연관성으로 큰 비판을 받았다. 그러나 국가 관료와 건축가는 통제된 국가 건설 시스템을 통해 '산업화 이후 수공예가 현대문화를 재생하는 힘'[26]이라 믿는 이상적인 건축적 텍토닉을 실현하고자 하였다. 종합민족 문화센터 프로젝트를 통한 국가의 미학적 가이드라인에 대한 연구는 이러한 태도를 비판하고 위기를 극복하기 위한 문화적 정체성의 구성물이 무엇이며 어떻게 재현되고 사용되었는가에 질문을 두고 있다.

지역과 계승

종합민족문화센터는 '콘크리트 재료를 이용하여 전통을 표현하기'라는 지침 아래 궁궐, 왕릉, 국가 사당 장소의 역사성 개발을 위한 7동의 문화시설 계획이었다. 제1동은 국립극장, 국립국악원, 국악사양성소이고 제2동은 예총회관과 중앙공보관을 제3동은 국립현대미술관으로 제4동은 세종대왕기념관과 제5동은 국립중앙도서관, 제6동은 학·예술원 그리고 제7동은 종합박물관이 해당되었다.

설계지침내용을 통해 전통과 현대적인 건축요소를 차용하고 콘크리트 구조를 사용할 것이라는 문구가 전체적으로 적용되었다.[27]

제1동(국립극장, 국립국악원, 국악사양성소) 중 국립극장의 경우, 기본방침과 공사개요는 '수려한 한국적 고유미를 가미한 현대 건축으로' 설계하고 건축의 구조는 '철근 철골 콘크리트조 및 석조'로 계획하도록 정해졌다. 내부시설은 건물전체를 냉·난방할 수 있는 '장치는 최신식 시설을 갖춘다'는 문구가 포함되었다. 국악사양성소의 설계방침 및 세부방침 또한 다르지 않았다. '건물은 고전식으로 구상하여 한국적인 풍치를 살릴 수 있게' 계획하고 '한·양식 절충양식을 취한다'는 내용이 담겼다.
제2동(예총회관, 중앙공보관)의 세부지침은 건축구조와 설비에 관하여 비슷한 맥락으로 쓰였다. '철근 철골 콘크리트조로 현대식 건물로 한다'라든지 '전시장은 조명 및 입체 전시 등의 특수시설을 고려하여 활용 가치의 극대화를 도모하도록 하고 가급적 지주를 적게 하고 면적을 확대한다'는 문구가 담겼다.
제3동(현대미술관)의 세부지침도 '철근 골조 콘크리트 조를 한다'는 문구가 담겼다.

7동 문화시설 중 오직 3동만이 발전국가 시기에 실현되었다. 강봉진의 국립종합박물관을 시작으로 그 이후 지어진 이희태의 남산 국립극장, 국립국악원, 국악사양성소와 송민구의 홍릉 세종대왕기념관이 계획되었다. 건립추진위원 17인과 실무위원 18인으로 구성된 전체 프로젝트는 초기에는 공모전을 통해 공개적으로 설계를 선택하였으며, 김수근, 이구, 송민구, 정인국과 같이 전통 계승론과 탈 계승론을 주장하는 두 진영의 국내 건축가들이 포함되어 있었다.
탈 전통론자와 전통계승론자의 공개적인 논의를 통해 전자는 국가의 설계지침 뿐 아니라 전통을 계승적으로, 건축 고고학적으로 접근한 건축가의 해석에 대해 부정적이었다. 그들은 건축가의 설계방식에 대한 비판을 통해 건축가의 정의를 '창조/모방', '기술/정신'의 경계에서 만들고자 하였다. 국립종합박물관 강봉진은 기술적 모방을 하는 사람으로, 창조적이고 정신적인 작업을 하는 의미의 건축가가 아니었다.

김중업: 나로선 이렇게 봅니다. 건축가란 Creator라야 하는데 모방작업을 맡고 나선 건축가는 이미 건축가로서 올바른 자세를 소실하고 들어간 사람이니까 그 사람(강봉진)을 건축가냐 아니냐 지금에 와서 얘기해 보았자 별 신통할 게 없지 않겠어요?
김수근: 박물관이 건립되었을 때 그 건축가의 이름은 역사에 엄연한 사실로서 남을 것입니다. 결국 건축가로선 절대 할 수 없는 행위를 그 사람(강봉진)이 저지른 거죠. (「건축 좌담회, 전통을 계승하는 길은」, 『공간』, 1967년 1월, 7쪽.)

김중업: 건축가로 하여금 그런 막다른 골목 안으로 몰아넣은 중요한 원인은 건축이라는 게 하나의 Technique이라고 잘못 인식되어온 일선사회의 통념이라고 생각합니다. 어떠한 정신의 발굴이라든가 정신적인 작업에 중점을 두는 게 아니고 1더하기 1은 2가 된다는 그런 사실에만 치중했다는 것, 애당초 한국에는 건축가라는 정의조차 모호했던 것이 사실입니다. (「건축 좌담회, 전통을 계승하는 길은」, 『공간』, 1967년 1월, 10쪽.)

그러나 국가프로젝트를 수행하는 건축가에게 장인과 기술, 장소에 대한 건축적 텍토닉의 이야기는 단지 식민주의 또는 자본주의 개발을 비판적으로 읽고 저항하기 위한 이론적 도구가 아니었다. 건축적 텍토닉은 특정한 지역의 자연환경과 역사에 의해 지역문화가 형성되고 여기에 거주하거나 체험하는 사람과 교감으로 그 문화가 인식된다는 믿음에 기반을 두었지만, 보다 국가 유산으로서 문화 정체성을 생산하는 문제를 다루어야 했다. 국립종합박물관, 세종대왕기념관, 국립극장 설계자에게 문화적 정체성은 조선의 장인기술, 건축 비례, 질감 등을 그 주제로 삼았다.

반면에 전통 계승론을 주장한 대표적인 건축가이자 건축사인 정인국은 현재 건축가를 옛 건축가와 견주어 '기술적 모방'의 문제를 다르게 보았다. '후세의 건축가'는 '태양, 열, 바람과 같은 자연을 조작할 수 있는 과학적 두뇌'를 가진 건축가이며, '옛 건축가'의 '선천적이고 본능적인 예술적 감각'을 신뢰하고 의존할 수 있다. 그의 주장을 통해 현재 건축가에게 필요한 것은 새로움의 발명이나 혁신이 아닌 모방, 적응, 변용을 포함한 '돌을 철과 같이, 콘크리트를 나무같이' 다룰 수 있는 학습이었다. 그에게 전통 계승은 '외부적인 충돌을 해결해 가는 과정'으로, 조선시대에서부터 내려오던 것과 그 이후 이질적이며 외래적인 것을 어떻게 연속적으로 해결할 것인가의 문제였다.

옛날 건축가들의 선천적이고 본능적인 예술적 감각을 후세의 힘이 부족한 건축가들이 신뢰하고 의존한다고 그것은 결코 흠이 될 수 없다. 단지 모든 면에 절제있게 처리되었다고 치면. 더욱이 우리들은 구조적인 난문제를 해결할 수 있는 과학적 두뇌를 가졌고 태양광선과 열과 바람을 조작할 수 있는 신통력을 가졌고, 돌을 철과 같이, 콘크리트를 나무같이 다룰 수 있는 시공방법의 묘를 이미 체득한 건축가들이니 너무 건축의 원시적 기본에만 존경을 써가며 논의할 것은 못 된다.(「국립종합박물관 설계에 관하여」, 『공간』, 1967년 2월, 12-14쪽.)

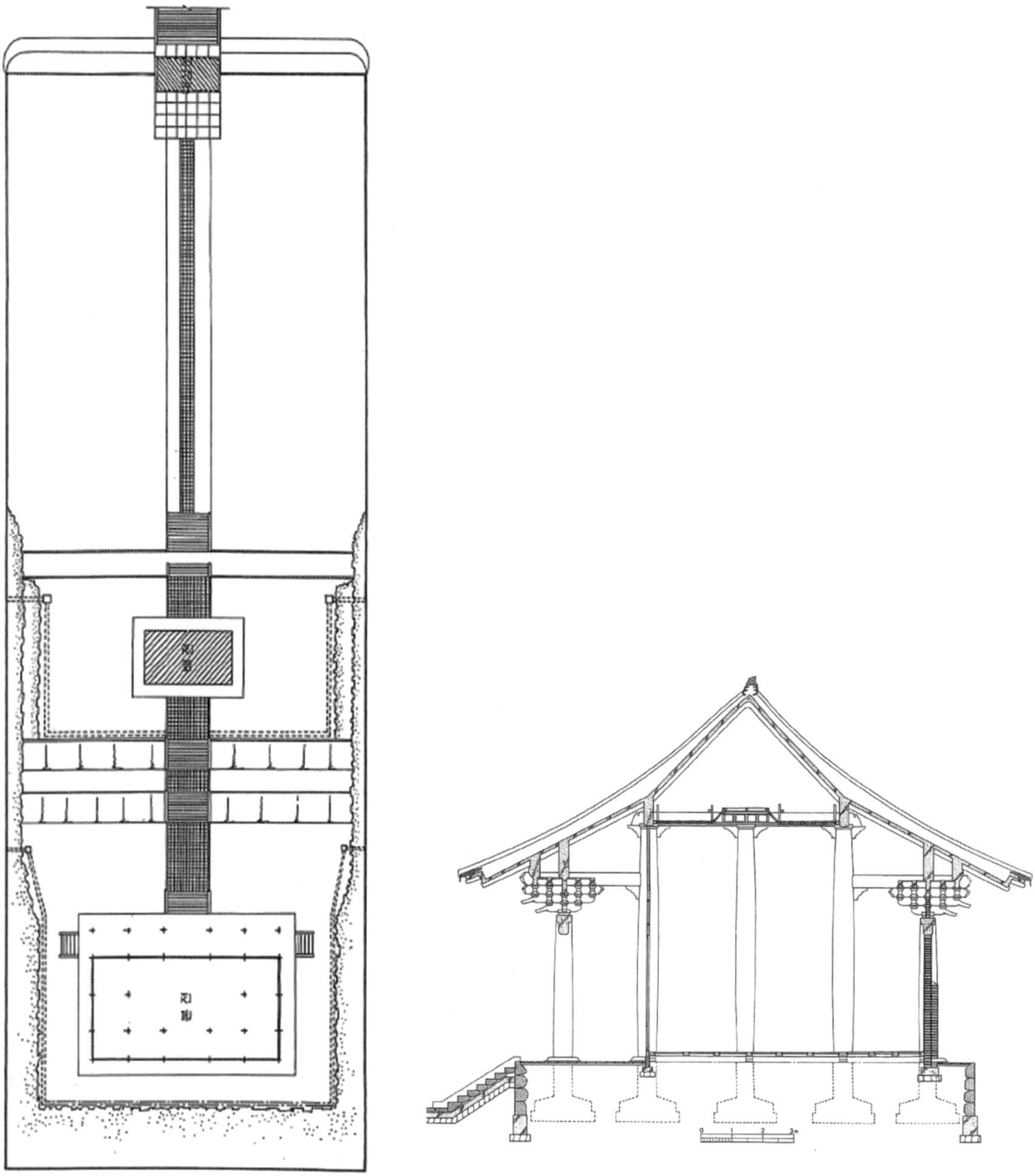

그림 3-3. 현충사 본전 도면 ©『아산 현충사 연혁지』, (문화공보부, 1969).

정: 방금도 말했지만 전통이란 외래문화에 일방적으로 침식당했을 때 일어나는 자각적인 반응이라 볼 수 있습니다. 그렇기 때문에 전통을 계승한다는 문제는 자기의 전통문화와 외래문화와의 충돌을 어떻게 해결해 나갈 것인가라는 문제가 되기도 합니다.(중략)우리들의 전통문화는 이조에서 끝나는 것이고 따라서 전통과는 전혀 이질적인 것이 곧 그 뒤를 따른다고 할까. 그런 것인데. 이때 전통을 계승한다는 것은 결국 이조시대로부터 내려오던 것과 그 이후 들어닥친 전혀 이질적인 외래 것과를 어떻게 연속적으로 있게 할 것인가 하는 문제가 된다고 보아요. (「전통논의는 내셔널리즘인가? 대담: 정인국+김원」, 『공간』, 1975년 7월, 29쪽.)

강봉진은 국보건설단 대표건축가로서 서울의 궁궐과 같은 국가 건축유산을 복원하고 아산 현충사 본전(1965. 12.), 국립종합박물관(1966. 1.), 육군사관학교 화랑대(1966. 3.), 민족관(1967. 9.), 광화문(1968. 3.)과 같은 콘크리트 구조의 문화유산을 재생산하는 설계를 하였다.

그의 설계과정은 각 지방의 조선시대 문화재 건축을 실측 조사 자료로 모으고, 다른 전통양식에 따라 분류하며 콘크리트 재료를 사용하여 크기를 조절하는 것이었다.[28] 그는 특히 이러한 고고학적 건축 디자인 방식이 과거(전통)와 현재(발전국가) 사이의 시공간적인 연속성을 창조할 수 있을 거라 희망하였다.

그의 대표작인 국립종합박물관은 어떻게 전통이 후기 식민주의와 근대성 사이의 복잡한 관계 속에서 건축적 공간으로 재현되고 생산되었는가를 보여준다. 강봉진은 국립종합박물관 현상설계당선(1966. 3. 10.) 이후 현충사 본전(설계: 1966. 4. 28.~7. 10. 시공: 1966. 8. 4.~1967. 5. 24.)의 설계도 문묘 실측도면을 이용하여 칸수를 두고 비례를 조절하여 콘크리트 구조의 건축물로 설계하였다. 설계심사소위원회 전문위원이었던 김주태(金周泰)와 맹인재(孟仁在)는 설계에 대한 재검토를 요청하였다. 식민지시기 관학자들의 조선시대 건축의 부정적 평가대로, 그들은 강봉진에게 '번욕 섬약한 다포계(조선후기) 형식을 버리고 웅장 고결한 주심포 이익공계(조선 중기)로 하되 가장 대표적인 서울 종묘 본전의 형식을 되도록 충실히 살릴' 것을 요청하였다.[29] 문화재위원들의 비판에도 강봉진의 현충사 설계는 궁궐 건축 또는 다포와 팔작지붕의 조선후기 건축을 차용의 대상으로 삼아 조선시대에 대한 재평가를 하고자 하였음을 알 수 있다.

이러한 그의 태도는 광화문 설계에 있어서도 마찬가지였다. 광화문을 중앙

그림 3-4. 광화문 사전모형(1967) ©구일옥

청의 축선 상에 배치하는 두 번째 설계를 다시 맡게 된 강봉진은 경복궁 동측 석축 위 목조문루 복원설계안과는 다른 안을 제시하였다. 1차 계획과 달리, 문화재관리국의 2차 복원계획은 현재 석축을 '우리나라에서 하나밖에 없는 삼문 위에 중층구조'로서 중앙청 정문으로 옮겨 복원하고 이는 '수려한 이조 말기의 대표적인 예술적 건조물'로 재평가하였다.

석축 위에 철근콘크리트 구조 문루가 구성되는 2차 설계에 대하여 광화문 추진위원회 내부적 의견은 부정적이었다. 1차 회의(1967. 12. 21.)에서부터 구조별(목조, 철근콘크리트, PSC)로 배치도(중앙청 정문, 14.8미터 전방)를 작성하여 논의가 이루어졌고 철근콘크리트와 프리캐스트 구조를 혼용한 방식으로 결정되었다.[30]

결의사항 : 1. 판벽의 외형은 복원한다. 2. 보의 두께를 가능한 한 적게 하는 작업은 함성권씨에게 위임한다. 3. 조명시설은 추진위원회에 위임키로 한다. 4. 숫막새는 현장에서 발견된 기준에 따라 '봉황'으로, 암막새는 '용'으로 하여 용봉의 쌍으로 한다. 5. 간포에 한하여 P.S.C.로 제작. 서까래 역시 P.S.C.로 제작한다. (「광화문 복원공사 지도위원회회의록」, 국가기록원, 1968.6.18., BA0774178, 744쪽.)

기존의 육축을 해체복원하고 상부 문루를 콘크리트로 다시 변용하는 방식으로 문화재를 중건하는 것은 문화재관리국 입장에서도 중요한 과제였던 것 같다. 그들은 지명 공사업체들을 불러 놓고 광화문의 중건을 '민족 문화재의 계승사업'이자 '그 원상을 찾아서 현대식 철근 콘크리트 구조로 건립하는 특수문화 건설사업'[31] 으로 강조하여 설명했다. 공사를 담당하게 된 공영토건[32]은 공사 준비기부터 전통 목수를 고용하여 어떻게 거푸집을 제작하여 가능하게 만들 것인지 사전 모형제작에 들어갔다.[33]

이때까지도 문화재관리국의 추진계획은 공포 부분을 콘크리트 구조로 제작하는 것으로 결정되지 않았다. 공포의 콘크리트 구조 단위요소는 국보건설단 강봉진의 건의와 공영토건의 '사전모형'의 성공 때문이었다.

1967년 12월 겨울 국립종합박물관 공사 창고에서 이시형 목수와 건축주임 구일옥은 공포 한 세트를 실물 크기로 만드는데 성공했다. 그리고 주두에서 서까래까지 조립이 가능하도록 만든 이 콘크리트 모형은 광화문 기공식 날에도 전시되었다.

그림 3-5.
광화문복원기공식과 사전모형
(1968.3.15.) ⓒ국가기록원

강봉진의 구축기술과정은 목구조를 콘크리트 구조로 변용하는 작업이 전통 형태를 그대로 재현하는 것에만 있지 않다는 것을 보여준다. 구축방식의 설계과정, 실현에 있어서 기술은 중요한 요소였다. 그는 전통 기술과 근대 기술의 관계가 단절의 문제가 아님을 보여주고 싶었다고 판단된다. 현재의 기술적 조건을 감안하여 강봉진은 실측도면을 변용하고 장인 기술을 적용하였다. 그는 1960년대 현대 건축가들의 주요한 고민인 건축요소와 디테일의 어려움을 광화문과 국립종합박물관의 기술적 접근으로 극복했다.

기술 중심적 사고는 실측도면의 변용기준(척), 구조 해석에 따른 단위재의 분류(주고), 단위재의 결합방식(요소), 거푸집 제작에 따른 미학적 기준(질감)에서 드러난다. 그는 '조선 후기 건축을 섬약함으로 표현하고 양식 내부의 완성된 시기가 아니라는 것'을 증명하기 위해 사용했던 관학자들이 사용한 해석의 도구를 조선 시대 재조명을 위한 계획의 도구로 사용했다. 이때 주고와 척은 목구조 건축을 해석하여 기하형태조형원리를 찾기 위한 도구가 되었다.

그는 콘크리트라는 재료를 어떤 기능이나 공간을 담을 수 있는 손으로 만든 표면이라고 생각했다. 실측조사도면을 트레이싱하여 직설적인 형상을 그대로 제작하고자 했다. 구축과정에도 거푸집의 표면은 자귀질에 의해 만들어진 매끄럽지 않은 표면의 질감을 만들기 위해 조각하듯 제작되었다.

첫째, 강봉진이 실측도면을 변용한 기준은 주고와 척이었다. 그는 목구조 건축의 비례체계로 요소의 치수관계를 계획하면서 건축의 보이지 않는 비례, 수치를 통해 전통을 계승할 수 있다고 생각했다. 또한 건축가는 척을 도면의 단위로 사용하여 제작을 누가 하는 것인가에 대한 고민을 남겼다. 먼저, 다케우치 도면 단위인 곡척(曲尺)을 영조척(營造尺)으로 환산하고 실측하였다. 참조 도면이 척을 단위로 삼았기 때문에 일차적으로 척 단위의 환산작업이 필요한 것은 당연하다.

그런데 마지막 최종 도면에도 척을 단위로 정리하였다는 것은 의도가 있었다. 척은 전통목수가 사용하는 단위였다. 광화문을 지을 즈음 국내에는 곡척과 미터법이 혼용되고 있었다.[34] 콘크리트 구조의 건축물이지만 미터법이 아닌 척(尺)으로 도면을 그리면서 전통 목수의 작업에 대한 몫으로 남겨

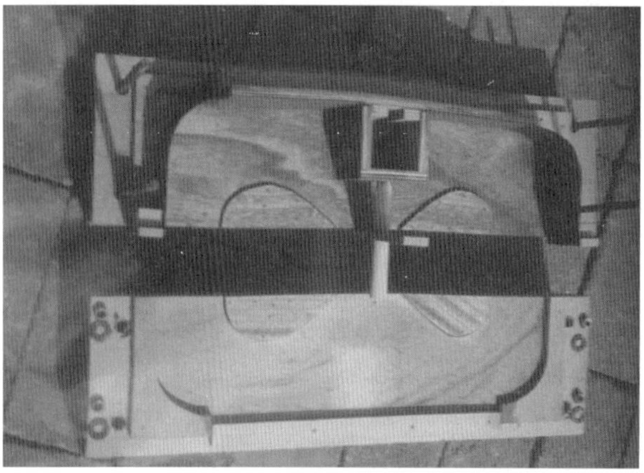

3-6

그림 3-6.
첨차와 소로의 거푸집과 단위요소 ©구일옥

그림 3-7.
광화문 거푸집(좌: 계단 난간 조각 형틀
우: 외부 보머리 형틀) ©구일옥

3-7

두었다.[35] 또한 비록 콘크리트 구조체이지만 전통목수가 작업을 해야 한다고 생각했음을 알 수 있다. 이는 그에게 구축과정은 목구조를 콘크리트 구조로 변용하는 작업이 전통 형태의 재현에만 있지 않다는 것을 보여준다.

둘째, 구조설계자 함성권[36]은 건축 재료변화에 따른 건축요소를 다시 해석하였다. 복원추진위원회의 회의 내용에 의하면 구조설계는 나무에서 콘크리트로 재료가 변경되면서 상대적으로 목구조에서 지붕의 주요한 구조요소였던 도리와 서까래의 관계를 다시 해석하는 것이었다.

지붕 요소 중 도리와 서까래의 구축방식은 목구조에서 콘크리트 구조로 변화할 때 어떠한 디테일의 차이가 있는지 보여준다. 설계자는 처마도리를 기준으로 바깥은 역보로 안쪽은 일반보로 설계했다. 이는 구조와 하중, 형상의 문제를 동시에 해결하는 방법이었다. 시공하기에는 더욱 어렵지만 지붕 부분에 있어서 형태에 맞추어 역보를 사용했다. 역보 하부에 부착되는 프리캐스트 서까래는 지붕공사 과정 중 마지막에 시공되었다.

또한 공포부재가 지붕의 무게를 전달하는 방식이 아닌, 기둥과 보의 구조방식에 포벽을 기준으로 공포를 둘로 나누었다. 결과적으로 포벽과 창방의 다른 크기와 물매를 허용하는 설계가 이루어졌다.

콘크리트 구조설계에 따른 부재치수는 부재의 높이는 변경하지 않되 폭을 변경하였다. 전통건축의 비례의 중요한 수평적 기준으로써 주고(柱高)는 변형되지 않는 초석부터 용마루까지 높이가 아닌 중앙고주의 높이가 기준이 되었다.

셋째, 전통기술자 이시형의 사전모형은 단위요소의 결합방식에 새로운 생각을 제공했다. 1960년대는 부재의 집합을 구축단위요소로 옮기기에는 대형 양중장비와 용접작업이 필요했기 때문에 인력으로 이동 가능한 방식이 필요했다. 사전모형은 주 구조체가 아닌 건축요소를 어떻게 제작할 것인가의 문제를 해결했다.

1960년대까지는 프리캐스트로 단위요소를 제작할 경우 공장생산보다는 현장에서 도목수가 나무형틀을 제작하는 것이 일반적이었다.[37] 광화문은 바

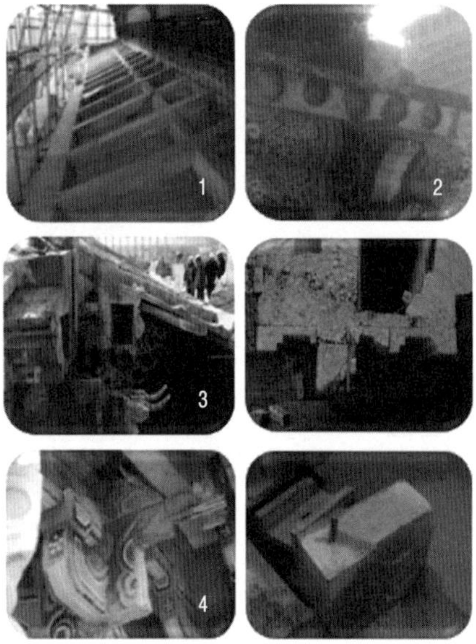

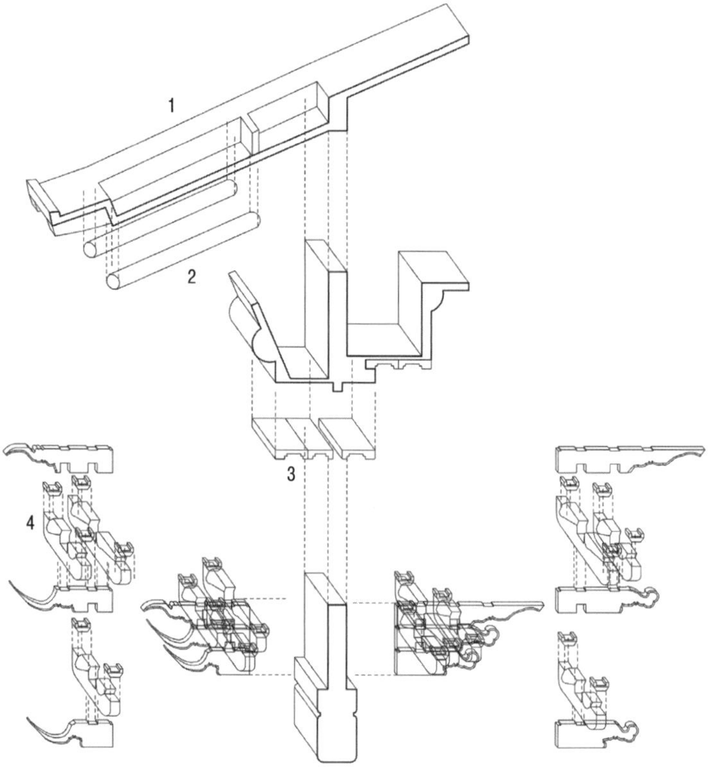

1. 지붕의 역보 구조
2. 프리캐스트 콘크리트 부재, 서까래
3. 프리캐스트 콘크리트 부재, 순각판
4. 프리캐스트 콘크리트 부재, 공포

그림 3-8. 광화문 단위요소(공포, 순각판, 서까래)의 엑소노메트릭 ©강난형

닥, 벽, 기둥, 지붕의 일체화 구조가 지어지기 전에 먼저 이 단위요소를 만들었다. 미리 지상에서 만든 부재를 후에 조립한 것이다. 일반 거푸집을 작업하는 목수가 아닌 전통목수가 참여하면서 단위요소의 조립기술에 기존의 전통 목구조 기술을 이용하여 부재요소를 결합하는 방식을 고민하였다. 전통목구조 조립기술 현촌도(現寸圖)로 그려진 대표적인 단위요소인 서까래, 선자연, 공포, 순각판은 프리캐스트 콘크리트(PC, Precast concrete)로 만들었다.

추녀 거푸집을 설치하고 목재 곡선부재와 바닥 거푸집을 제작하여 타설한 후 미리 심어놓은 연결 철물에 서까래를 매달았다. 서까래의 크기는 시공성 때문에 154mm(설계치수 : 200mm)로 변경되었다. 치수의 변경은 pvc를 사용하지 않았다는 뜻이며 이는 조립과정 중 부재를 매달기 위한 공간이 필요하기도 했지만 다른 이유가 있었다. 서까래가 상부 바닥에 연결철물로 고정하는 것 이외에 정밀시공을 위한 위치를 표기할 필요가 있었기 때문이다. 처마도리 위쪽 벽에 미리 원형 홈을 만들어 위치를 고정함으로써 서까래를 등 간격으로 매달 수 있었다.

대표적인 단위요소인 공포는 포벽의 내외부로 나눠어 부착되었다. 공포를 새로이 고안한 것은 구조상 포벽이 주 구조체이기 때문에 포벽에 매다는 방식을 택하였고, 세트로 제작할 경우 대형 양중장비가 필요하여 무게를 감안해 인력으로 가능한 부재의 하중을 고려하기 위해서였다.[38] 공포의 반턱맞춤방식으로 일체식 구조체와 연결하기 위해 철근을 연결할 위치를 거푸집의 현촌도에 표기하였다.

순각판은 목구조 형상을 재현하기 위해 거푸집으로 사용되었다. 전통 목구조에서 각 부재는 조립 후에도 수정을 할 수 있지만 콘크리트 구조는 시공 후 수정이 불가능할 뿐 아니라, 지어지는 형상 밖으로도 거푸집 해체를 위한 공간이 필요하다. 이 점을 염두에 두고 실무자들은 순각판은 PC로 제작하여 일체형 거푸집의 역할도 겸하도록 했다.

문루 부분에 있어 당초 설계는 전부 RC조로 되어있었으나 공사기간 단축을 위하여 축부와 옥구 및 핵심 공포만을 RC조로 시공하고 나머지 간포와 양목, 선자양은 PC조로 지상 제작하여 조립식으로 가구하였으나 삽근으로 충분히 긴결하였다. (강봉진, 「광화문의 복원에 대하여2」, 『건축사』 제4권 11호, 1969, 11쪽.)

그림 3-9.
국립종합박물관의 공사과정 ©『국립중앙박물관 준공보고서』, (문화재관리국, 1972).

(주심공포는 일체형 아닌가요 라는 질문에) 아니요. 분리되어 있었고. 귀포가 하나둘 8개 만들었습니다. 한 층에 같은 부재를 56개 만든 것도 있고. 부재수를 수첩에 적었지요. 대첨차, 소로 등을 pc로 제작했지요. 어려운 것은 첨차는 괜찮지만 앙서, 수서의 부분이 얇아서 8번선 4미리 매시같은 것을 집어넣었지요. (강난형, 구일옥 구술채록1, 2015. 8. 20.)

도목수는 거푸집을 다 제작했어요. 내가 모르니까 현촌도를 모든 부분에 있어 제작하고 바닥에 합판을 깔고 현촌도를 만들어 맞도록 거푸집을 짜고, 목조는 첨차를 그대로 놓으면 되지만, 첨차, 소로, 대첨차에서 앵커볼트를 심어 구멍을 뚫고 통과하여 최상 슬라브에서 잡았습니다. 목재와 달리 부재연결을 위해 구멍을 뚫고 변형이 안 되도록 심었고 현촌도에 구멍자리를 만들어 놓았어요. (강난형, 구일옥 구술채록1, 2015. 8. 20.)

지붕을 치면서 구멍을 뚫었지요. 서까래 만들 때 앵커를 박고 볼트로 채울 수 있도록. 앵커가 통과하여 조립하도록 했지요. 이렇게 하다 보니 서까래가 경사져서 처지더라도 1센티 정도. 그래도 매달았지요. 앵커자리에 매단 후. 콘크리트 칠 때 옮겨지는 게 어려웠지요. 그때는 슬라브를 뚫는 기술이 없었기 때문에 애를 먹었지요.

(서까래의 크기가 150mm인 것을 보면 pvc로 제작되었나요 라는 질문에) 그때는 pvc가 일부만 개발되어 규격이 맞지 않았지요. pvc는 만지는 건축이 아니야. 100프로 떨어져서 봐야 해. 원형이 없어 다면원형이지 자귀질로 해서 직선에 연속이지. 사각기둥을 깎아 원을 만들지 대패질이 아니야. pvc로 하면 대패질한 맛이야. 자귀질한 맛이지요. 그렇게 하면서도 선자연 그 맛을 안네요. 뜨거운 물에 넣어 모양은 잘나오지만, pvc닿은 콘크리트 면이 굉장히 고와서 나무질감이 안 나와요. (강난형, 구일옥 구술채록1, 2015. 8. 20.)

밋밋하게 콘크리트 판만 매단 부분도 있습니다. 그런 것도 일을 다시 시켜 새로운 조각, 초가지라는 조각을 해서 오밀조밀한 목재의 느낌이 나오도록 했습니다. (「콘크리트를 찰떡 주무른 사나이」, 『선데이 서울』, 1968년 12월 8일.)

넷째, 전통 목구조 건축은 각 부재요소의 조립방식뿐 아니라 표면 질감에 있어서도 기준이 되었다. 그들은 나무로 짓는 건축 공간의 촉각적 경험을 콘크리트로 짓는 건축공간에 적용하고자 했다. 전통건축미의 중요한 특징으로 독특한 질감을 고민하면서, 거푸집 틀을 통해 특징적인 자귀질로 된 표면을 표현하기 위해 여러 번의 시행착오로 거푸집이 제작되었다. 예를 들어 서까래의 거푸집을 제작하면서 '자귀질 맛'을 살리기 위해 목재와 함석으로 조각을 붙였다.

이처럼 철근 콘크리트 구조 광화문은 현대 건축가들이 고민했던 건축요소와 디테일의 어려움을 기술 혼종적인 접근으로 극복했다. 목구조 건축의 특

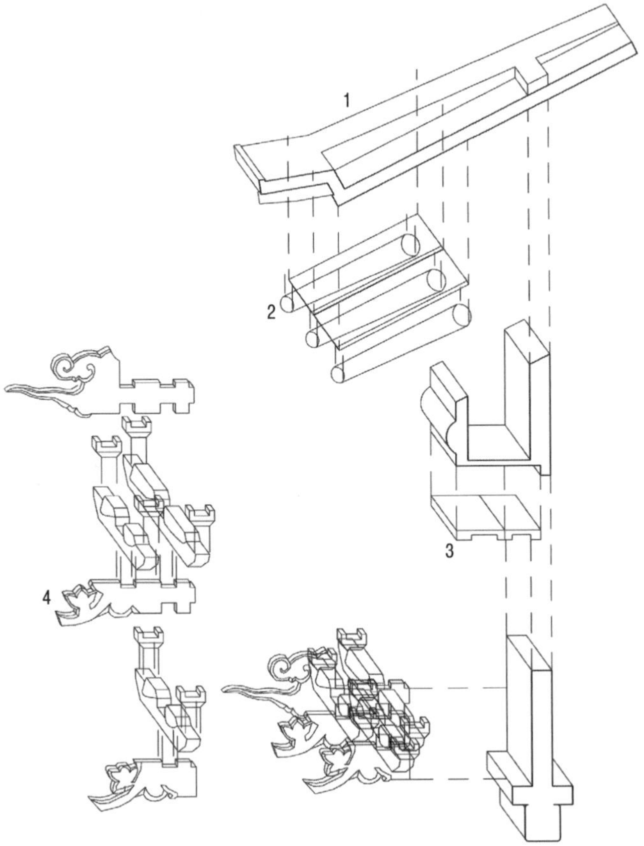

1. 지붕의 역보 구조
2. 프리캐스트 콘크리트 부재, 서까래와 개판
3. 프리캐스트 콘크리트 부재, 순각판
4. 프리캐스트 콘크리트 부재, 공포

그림 3-10. 국립종합박물관 미륵전 단위요소(공포, 순각판, 서까래)의 엑소노메트릭 ©강난형

성상 부재를 나누어 요소로 제작하고, 형상을 제작할 수 있는 전통 목수기술을 전용했다. 그들은 팔상전, 각황전, 미륵전을 실측조사하고 다시 콘크리트 구조의 양식설계로 번안하여 국립종합박물관의 건축요소 작업에 다시 투입했다.

광화문의 경험은 종합박물관의 설계에도 영향을 주었다. 국립종합박물관의 전통양식 건축물들은 해당 문화재의 보수, 실측복원설계와 동시에 진행되었다. 국보 55호 보은 법주사 팔상전 보수설계와 구례 화엄사 각황전 실측복원설계가 모두 1967년 2월에 국보건설단 강봉진에 의해 완료되었기 때문이다.[39] 해당 문화재를 실측조사한 결과는 동시에 콘크리트 구조 국립종합박물관 설계도에 직접적인 자료가 되었다. 그리고 광화문 이후 시공된 국립종합박물관의 팔상전·미륵전·각황전의 내부 기능을 바꿀 때에도 변경하지 않는 외피의 제작은 전통목수의 몫으로 남겼다.

광화문 이후 그려진 국립종합박물관은 공포부재를 처음부터 프리캐스트 부재로 설계하였다. 유산중건이 아니었기 때문에 박물관의 경우는 내부 공간의 공포는 삭제되었다. 그러나 추상적으로 접근 가능한 건축설계임에도 직설적인 방식으로 서까래와 개판, 외부 공포를 계획했다.

1968년 12월 광화문의 공사를 마친 건축 시공팀도 그대로 다시 국립종합박물관의 전통양식 건물(팔상전, 각황전, 미륵전)작업으로 투입되었다. 그들은 두 번째 작업이었기 때문에 곧바로 사전에 공포, 서까래, 소로 등의 단위요소를 제작하였다. 광화문에서 시행착오가 되었던 부분에 대한 공법도 수정하였다. 특히 서까래를 마지막에 매다는 것이 어려웠기 때문에 서까래와 프리캐스트 바닥(개판 w350×d40)을 두고 이를 거푸집으로 사용하여 타설하였다.

국립종합박물관은 기단 위의 전통 양식건축을 적층하여 만든 조합물로 시공과정에서 어려움이 많았다. 수평적으로 펼쳐진 판을 계단식으로 얹는 방식의 건축단면이 문제였다. 짓는 과정은 레미콘을 사용하지 않고 사람이 수레와 삽을 이용해 작업해나갔다. 콘크리트 타워로 지상에서 작업한 상당한 무게의 콘크리트 드럼통을 올리고 각 층에 배치된 수십 명의 인력에게 분배하였다.

3-11

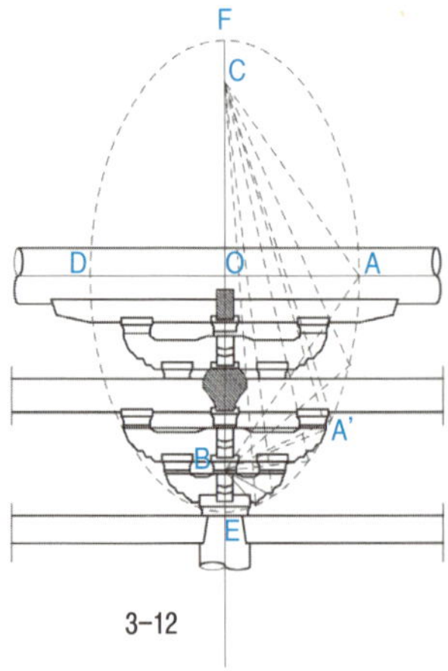

3-12

3-11

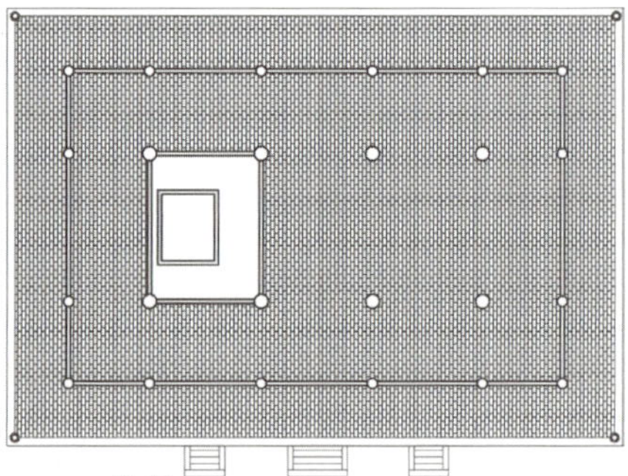

3-12

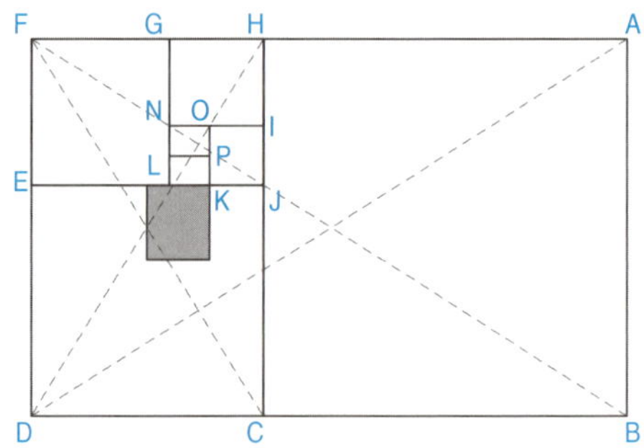

3-12

그림 3-11.
송민구의 세종대왕 기념관 투시도 ©국가기록원

그림 3-12.
송민구의 설계방식 ©『한국의 옛 조형의미』, (기문당, 1990).

세종대왕 기념관의 비례분석 도면은 찾지 못하였다. 그러나 송민구의 『한국의 옛 조형의미』에는 그가 비례분석 작업에 심취하였음을 알 수 있다. 그림 3-12는 부석사 무량수전을 비례체계로 분석한 것이다. 일제 일본학자들이 우리나라에 황금분할비로 이루어진 고건축이 없다고 말한 것과 달리 그는 황금 분할비를 가진 한국의 불교사찰을 찾고자 하였다.

우리 힘으로 능력으로 해본다는 의지가 있어서. 당시 우리나라 기술은 고도화된 것이 아니었어. 순전히 돌도 손으로 깨고 철근도 손으로 자르고. 기계가 없었어. 수천통의 철근도 일일이 손으로 잘랐어. 카터가 없었지. 용접도 손으로 1960~1970년대에는 기술이 없었지.

그때 레미콘을 안 쓰고 통에다가 콘크리트 타워에 1, 2층 올라갈 때마다 윈치. 통통통 소리 나는 거 방앗간 돌아가는 거처럼 드럼통에 콘크리트를 배합해서 들어 올리고 층에 부어. 그전에 철근 배근해놓고. 20~30명의 콘크리트공들이 펼쳐. 나라시하는 거지. 콘크리트 타설 후 삽으로 평평히 만들지. 수평기가 없었으니 사람이 다했지. 돌 가공도 기계 없이 정으로 다 깨는 거지. 이리 옆 황등석을 가져다 쓴 거지. 몇 개 철근은 관급이라는 것이 있었어. 정부 문화재관리국에서 사서 시멘트와 철근은 지급해줬고. 돌, 골재는 직접 사왔고. 4주까지 양생작업은 없었고. 급했지. 기둥용 바이브레이터로 곰보 생기니까. 큰 역할을 했고. 철근으로 쑤셔도 곰보가 많이 생겼지. 장갑 끼고 몰탈 비비고 했지. 한번은 큰 사고가 날 뻔 했어. 기리바리라고 선을 매는데 기둥에다가 고정하면서 작업을 해서. 감독하러 나갔더니. 윈치 진동이 주 구조체에 가면서 경화되면서 크랙 갈 거고. 중지하라고 했더니. 선을 풀어서 넘어갈 뻔해서 빨리 윈치 중지하라고 했지. 안 그랬으면 난리 나서 안전관리를 그 다음에 철저히 했지. (강난형, 윤홍로 구술채록, 2016. 4. 15.)

콘크리트 구조의 광화문과 종합박물관은 후에 진행된 종합민족문화센터의 다른 문화시설 추진위원회의 진행방식과 설계접근방식에 모두 부정적인 영향을 주었다. 종합민족문화센터의 추진위원회는 현상공모를 통해 건축가의 안을 선택하는 방식을 통해 그 지침과 안이 공개적으로 비판을 받자, 공개적인 방식이 아닌 사전에 구성된 설계자 풀 안에서 안을 내고 내부적으로 선택하는 방식을 택했다.

옛날에는 박정희 대통령이 그 문화예술 진흥시킨다고 뭐 여러 가지 사업을 했지요. 그래서 그 중에 하나가 이제 세종대왕을 기념하자. 한글을 만들었으니까. 기념을 하자, 그래서 그 좋은 설계를 얻기 위해, 위원회위원 우리는 실무위원인데, 실무위원에게 샘플을 하나 만들어라. 샘플을 만들어 드렸더니, 뭐 딴 데에 맡길 것 없이 이게 좋다. 그래 결정이 되어가지고. (누가 결정을 했는지요 라는 질문에) 그게 최현배 박사라고. 이게 내 마음에 든다, 그래서 한 겁니다. (우동선, 「송민구 구술채록문, 제1차 성장배경과 건축활동의 개괄」, 2006년 7월 19일; http://www.daarts.or.kr/handle/11080/16433 (accessed Jan 30, 2018))

모두가 뒷구멍으로만 움직이니 잘될 턱이 있습니까? 도대체 국가적인 일을 왜 비밀주의로 끌고 가느냐는 겁니다. (김중업, 「노변에서 송년대담5 건축」, 『경향신문』, 1967년 12월16일.)

3-13

3-13

3-14

3-14

그림 3-13.
이희태의 국립극장, 국악원, 국악사
양성소 투시도 ©국가기록원

그림 3-14.
이희태의 국악사양성소의 기단과
주랑 ©건축사

실무위원이 만든 '샘플'을 통해 전통 계승적 표현 안이 결정되었다. 그러나 그들은 강봉진의 건축 고고학적 접근을 의식적으로 피하고자 하였다. 세종대왕기념관의 설계자였던 송민구는 '전통건축의 비례'를 현대건축설계에 적용하는 방식을 택하였다. 그러나 그 비례는 전통건축의 전체 건축물 그 자체의 크기를 조절하거나 전통건축의 지붕을 요소적으로 차용하는 방식과는 다르다고 구분지었다. 그에게 동양에 광범위하게 분포한 지붕의 독특한 형태는 지역적으로 구조와 형태에 차이가 있을 뿐이며 우리나라의 고유 전통 양식이 아닌 것은 분명하기 때문에 이는 전통 계승의 방식이 아니었다.[40] 비례는 조영을 계획한 사람의 구상에 따라 좌우되는 것이며 장인들이 구사한 기법이 드러나는 것으로 옛 것을 분석하는 방법이 된다고 믿었다.[41]

그는 자신의 반대항으로 '덮어놓고 크기를 크게, 지붕 올리고… 의미 없다.'라고 말하며 강봉진의 방식과 구별지었다. 그는 보다 추상적으로 전통건축의 비례를 정리하고 그 비례만을 차용하는 방식을 전통 계승의 문제로 택했다.[42]

김수근: 아까도 말이 나왔듯이 이러한 시대착오가 앞으로도 민족문화의 창조라는 우리의 크나큰 과제에서도 반복해서 통용이 된다면 어떻게 되겠어요? 앞으로 건립될 민족문화센터 같은 것이 만약 이 박물관식의 모방을 갖다 붙이게 된다면 어떠한 결과가 되겠습니까. (「건축 좌담회, 전통을 계승하는 길은」, 『공간』, 1967년 1월, 7쪽.)

비례를 찾으면 전통 계승됩니다. 같은 방법으로 다시 재현할 수가 있는 거지요. 그러니깐 덮어놓고 크기를 크게 하고 지붕을 올리고 개와를 올리고 그래가지고는 아무 의미가 없는 거지요. (중략) 설계작품에 적용한 예는 세종대왕기념관. 최현배 선생님이 아주 좋아했습니다. 설계과정을 설명 드리니까, 이래야 비례했다. 아주 잘 아시더군요. (우동선, 「송민구 구술채록문, 제3차 건축 활동의 상세2」, 2006년 8월 9일; http://www.daarts.or.kr/handle/11080/16433 (accessed Jan 30, 2018))

국립극장의 설계자 이희태(李熙泰)는 국립극장의 성격, 극장의 양식, 그리고 기능이라는 세 가지 원칙으로 다목적 극장 계획을 진행하였다. 그는 민족문화의 전당으로서 외형적인 양식과 내부적인 양식을 분류하였다. 그리고 그의 방식은 '내재적 전통의 표현을 고려한' 양식구현이라 규정하였다. 이희태는 '한국의 현대건축이 우리 것으로 토착화해야겠다.'는 사명감을 드러냈다.

그도 역시 '외형적인 모방이나 확대가 아닌'이란 문구로 국립종합박물관을 은유하고 본인의 작업을 차별화하였다.

본인은 우리의 전통을 국립극장 건축양식에 구현하는데 외형적인 모방이나 확대가 아닌 어디까지나 내재적인 전통의 표현을 해야겠다고 생각하여(중략)고유의 전통미를 표현했다. (이희태, 「국립극장계획설계에서 준공까지」, 『건축사』, 1974년 1월, 31-41쪽.)

이희태는 전통의 요소적 접근과 질감 표현을 중요하게 적용하였다. 기주(基柱), 주랑(柱廊)의 아름다움을 표현하는 것은 '전통을 현대화하여 건축양식으로 구현'시키는 하나의 방식이었다. 다른 한 가지 그의 주장은 콘크리트의 새로운 디테일 시도였다. 그는 석재는 예산상 제약으로 어려웠기 때문에 콘크리트를 특수한 방법으로 시공하고자 했다.
그의 건축 작업에 있어서 콘크리트는 재료 자체의 색다른 질감을 만들 수 있는 재료였다. 그는 콘크리트를 타설 후 구술 자갈로 면을 쪼아내어 부드러운 화강암 질감을 표현하였다. 이처럼 하단은 석재의 질감을 상부는 목재의 질감을 생각하며 콘크리트 거푸집을 제작하였다. 국보건설단 강봉진의 고고학적인 접근은 유산과 박물관 건설에 있어서 상징적인 영향력을 가지게 되었다. 그들은 강봉진과 다른 전통계승방식을 차별화하여 제시하고자 했다.

국가와 국가너머 수공예 콘크리트 모던

두 건축가가 경복궁의 광화문과 국립종합박물관 계획에 참여하였다. 강봉진은 전통양식 건축의 고고학적 실측작업을 하였던 건축가였으며, 정인국은 이론가이자 추진위원회 심사위원으로 콘크리트와 장인 기술의 접합을 건축이 변화한 현재적인 문제로 해석하였다. 두 건축가는 발전국가 유산 및 산업 계획과 밀접한 건축이론과 설계작업을 진행하였으며, 위대한 문화국가를 위한 위대한 건축문화와 양식이 형성되어야 한다는 굳은 믿음이 있었다. 그러나 둘은 건축의 변화를 경험하는 시대를 정의하는 것에 대하여 다르게 접근하였다.

국보건설단 강봉진은 원조시기 건축과는 다른 새로운 독립국가 주도의 산업화 과정을 위한 '진정한 건축'을 추구하였다. 그는 전쟁 상흔의 장소로부터 전통유산의 도면을 조사 실측하고 직설적인 방식으로 차용하여 콘크리트 구조의 전통건축을 설계하였다. 그는 콘크리트 재료를 사용하여 전쟁에 의해 지워진 역사적 단절을 계승적으로 재현하는 것을 자신의 역할로 보았다.

종합민족문화센터의 설계를 선택하고 검토하였던 정인국은 국가적 전통의 재현을 국가 경계너머의 문제와 견주어 설명하고자 하였다. 이론가로서 그는 건축가가 국가와 국가너머의 초국가적 상황적 조건에 대하여 파생된 모더니티를 재현하는 것이기보다는 문화 생산자이자 소비자로서 위치하기를 희망하였다. 그는 전통을 모방하고 세계 조류에 맹목적으로 추종하는 것을 위기로 보고 이를 극복할 새로운 건축을 어떻게 창조하며, 그 건축이 나아갈 방향이 무엇인지를 지속적으로 묻고자 하였다.

『한국양회공업』의 「시멘트와 조형미」 특집은 제목과 같이 미학적 의미로서 재료를 다룬 글 뿐 아니라, 구축적 의미를 건축사로 접근한 글로 구성되어 있다. 강봉진의 글 "우리나라 건축 조형미의 현재와 장래-콘크리트 건축을 중심으로"는 유일하게 한국 건축사를 기술하며, 1960년대의 새로운 산업재료로서 '콘크리트'가 지역/세계, 기능/형태, 산업/문화의 구도에 인식의 변환이 되는 역할을 할 것이라는 다소 희망적인 의미를 담고 있다.[43] 국토는 국가의 경제개발계획으로 진행되는 각종 산업의 발달로 급격히 변화되고 있으며, 그 변화를 만드는 국토건설사업 중 5·16이후 세워진 1960년대 건축물이 그 대상이 되었다.

그는 전후복구기(1954~1959), 건축 정돈기(1960~1961), 현대건축의 발흥기(1962~1966), 현대건축의 완숙기(1967~1971)로 분류함으로 특히 1960년대 건축을 전 시기와 비교하여 다양한 시도가 이루어졌음을 주장하였다. 강봉진은 그의 양식주의 설계를 현대건축의 완숙기 건축 중 고전식(Classic style) 유형으로 규정했다. 국립종합박물관보다 먼저 광화문에서 콘크리트 구조의 사전모형이 성공하자마자 이 글이 발표된 점을 미루어 보면, 그는 국립종합박물관 설계방식을 현대 건축의 역사에 편입하고자 했던 것 같다.

그는 존 러스킨의 글을 인용하여 '국민적 건축'의 의무를, "현시의 건축을 역사적인 것으로," 만들고, '과거시대의 건축을 가장 중요한 유산으로' 보존하는 것으로 주장하였다. 그러나 '건축물이 어떤 지역에 속한 문화를 표현하는 방법'에 있어서 더 이상 '지역적 재료'의 사용만으로는 힘들며 이것이 유효하지 않다고 판단했다.

그는 현 시대의 건축관과 존 러스킨의 건축관을 비교하였다. 그는 현대 건축의 발단이 된 건축이론가로서 러스킨이 건물이 건축이 되기 위해 정신적인 예술로서 장식의 문제를 중요하게 생각하는 흐름을 만들어왔다고 생각했다. 그리고 현재 건축적 상황은 과거 건축사적 양식을 벗어나 기능에 맞도록 단순하고 솔직한 장식의 건축이 되었다는 점에서 러스킨의 시대와는 달랐다. 장식은 다른 요소들(재료, 구조, 기능)과 통합되면서 그 중요성을 잃게 되었다.

강봉진은 현재 건축가의 도구로서 콘크리트의 가능성과 한계를 이야기하고자 하였다. 콘크리트는 돌, 벽돌, 나무와는 달리 구조가 형태를 구속하지 않는다는 특성을 가진다. 또한 '지역적 재료'라기 보다는 '세계 공통의 유형'일 수밖에 없는 건축 산업의 문제를 가져왔다고 해석하였다. 그러한 점에서 그의 현대건축물 분류는 기능보다는 외부 형태(구조와 장식)를 기준으로 이루어졌다.

그림 3-15. 강봉진의 1960년대 건물유형 분류 ©「한국양회공업」 32호, 1969.

[표 3-2] 강봉진의 1960년대 건물유형 분류 ©한국양회공업

建築類型	構造/ 裝飾	例
骨組式 (Rib style)	전형적인 라멘구조: 기둥, 벽, 보를 그대로 노출하고 창을 설치 타일붙임/노출콘크리트	-중앙매스콤센타(배기형,1965.11.) -삼성BLDG(이광노, 1966.7.) -타워호텔(김수근, 1964.10.) -서울시전화국(나상진, 1966.11.) -해남BLDG(오웅석,1967.5.)
遮陽式 (Louver style)	수직, 수평식 루버 차광, 율동미 노출콘크리트/알미늄커튼월	-중소기업은행본점(엄덕문, 1968.11.) -YWCA회관(차경순, 1968.4.) -유네스코회관(배기형, 1966.12.)
廣窓式 (Glass Belt style)	1~2m 캔틸레버+벽면전체 연속창 기둥의 비노출 노출콘크리트/타일붙임/알미늄판 붙임	-대한체육회관(김태식, 1966.6.) -상업은행본점(홍순오, 1965.12.) -조흥은행본점(정인국, 김중업, 이천승, 박춘명, 1966.12.)
井字式 (Grillage style)	수평, 수직의 외벽보조기둥 타일붙임/노출콘크리트	-K.A.L. BLDG(조중식, 1969.9.) -서울법원 청사(김영식, 1966.12.) -동대문구 청사(강재홍, 1968.8.) -낙원상가아파트(김만성,1969.4.)
露臺式 (Balcony style)	1~1.5m 캔틸레버+중첩된 난간 노출콘크리트	-세운상가아파트(김수근, 1967.12.)
造型式 (Formatic style)	벽면의 조형, 장식물 부착 노출콘크리트	-문화방송BLDG(김수근, 1969.8.) -에밀레집(조자룡, 1968.4.) -자유센타(김수근, 1964.10.)
曲面式 (Shell style)	지붕을 사면으로 구성, 대규모 공간 노출콘크리트	-남산야외음악당(안병의, 1963.8.) -광주 실내체육관(강봉진, 1965.10.) -연세대학교 강당(송종석) -장충체육관(김정수) -불란서대사관(김중업)
古傳式 (Classic style)	목조 전통건축양식 노출콘크리트,단청	-화랑대(강봉진, 1966.9.) -현충사본전(강봉진, 1967.4.) -광화문(강봉진, 1968.12.) -국립묘지 용사문(강봉진, 1969.6.)
混合式 (Mixture style)	외벽 벽돌조, 바닥 철근콘크리트조, 베란다 치장벽돌, 테라코타, 화강석붙임	-이씨저(이승우, 1967.4.) -김씨저(김만성, 1968.12.) -이씨저(김중업,1969.2.) -j씨저(안영배, 1964.11.) -이씨저(이희태, 1964.12.)

古傳式 (Classic style) 造型式 (Formatic style) 曲面式 (Shell style)

Ruskin은 국민적 건축에 관해서는 다음 두 가지의 의무가 있다고 하였다. 「첫째로 현시의 건축을 역사적인 것으로 만들지 않으면 안 된다.」「둘째로 과거시대의 건축을 유산 중에서 가장 중요한 것으로서 보존하지 않으면 안 된다」 운운.
오늘날의 건축은 Ruskin의 건축관과는 현저하게 달라졌다. 즉 건축물에 첨가적인 장식을 가하는 것에는 그다지 중요시하지 않고 재래의 건축사적 양식을 벗어나 재료, 구조를 자연스럽게 합리적으로 적용하고 용여에 따라 건물로서 기능을 충분하다 하면서 그 자체에 Rhythmical한 표현이 되도록 하고 건축물의 기능에 맞도록 단순하고 솔직한 장식을 하게 되었다. 즉 Ruskin과 같이 건물과 장식을 따로 따로 보지 않고 재료 구조 기능 장식들을 일원적인 방향으로 취급하게 되었다. 특히 철근 콘크리트의 발달은 과거의 석조 벽돌조 목조 건축 등이 구조 자체가 건축 형태를 상당히 좁은 단위로 구속한 것이었음에 반하여 신구조 방법인 철근콘크리트는 조형적 가능성이 극도로 확대 되여 과거의 건축양식에 얽매일 필요가 없게 되었다. (중략) 이와 같이 철근 콘크리트의 발달은 오늘날 전 세계의 모든 건축물의 주구조체로 사용하게 됨에 따라 과거의 지역적 역사적 건축양식에 구속됨이 없이 세계 공통적인 건축유형을 이루게 되었다. (강봉진, 「시멘트와 조형미 특집- 우리나라 건축 조형미의 현재와 장래-콘크리트 건축을 중심으로」, 『한국양회공업』 32호, 1969년 10월, 18-23쪽.)

콘크리트와 장식의 문제는 산업적인 진보를 표현하는 도구로서 중요했다. 그러나 지역문화와 수공예 기술이 진보의 상대항은 아니었다. 강봉진은 현대건축물의 세부 유형으로 고전식(Classic style)을 분류했다. 그리고 그 분류에 화랑대(1966. 9.), 현충사 본전(1967. 4.), 국립묘지 용사문(1969. 6.)의 국가시설과 함께 광화문(1968. 12.)을 포함했다.
이처럼 광화문을 설계하는 것은 고전의 시공방식으로 전통을 보존하겠다는 뜻만이 아니었다. 그는 1960년대의 새로운 산업재료로써 콘크리트와 역사적 건축양식의 접합을, 문화를 표현할 수 있는 확실한 세계 공통적 언어라고 확신했다. 그에게 양식은 그 시대의 건축 생산방식을 보여주는 산업유형(Productive type)을 의미했다.
이 글은 자신의 설계를 다른 동시대 건축가의 것과 비교하여 건축가로서 위치를 가늠하고, 주장하는 의도가 있었을 것이다. 그는 이런 우회적인 방법으로 광화문에 대한 글을 남겼을 뿐 아니라 문화유산 설계에 있어서 콘크리트 재료로 변경하는 것에 대한 적극적 의견을 표현하기도 했다. 그에게 광화문의 목구조 설계가 처음 맡겨졌을 때에도 '백년대계의 견지로 철근콘크리트 구조'의 광화문을 제안했기 때문이다.

문) 문화재에 관련된 사항으로 설계 진행상 필요하와 다음같이 질의하오니 회신하여주시길 바랍니다. 1.건축 구조를 목조로 복원하는지 또는 백년대계의 견지로 봐서 철근 콘크리트로 복원하는지의 여부. 2. 목조로 복원할 경우에는 부재 규격이 원형대로 할 수 있으나 철근 콘크리트로 복원할 경우에는 양식은 원형과 같이 할 수 있되 공포와 같은 작은 부재의 규격이 약간 굵게 하지 않을 수 없음. 3. 개와는 흑개와로 하는지 청개와로 하는지의 여부 (국보 건설단, 「광화문 복원설계 작성에 수반하는 질의」. 국가기록원, 1967.2.14, BA135950, 828쪽.)

그의 이러한 의견은 다른 문화재 보수복원설계 작업 중에서도 남겨져 있다. 1965년 실측복원설계, 「수원성곽장안문실측보고」[44]에서 6·25전쟁으로 소멸된 문루와 파괴된 성문, 옹성에 대하여 현존유구를 실측하면서 '20년이 지나도록 복원되지 못하는 것은 애석한 일이며 또 다시 불에 타는 전철을 밟지 않기 위해 내화구조인 철근콘크리트 구조로 함이 바람직한 일이다'라고 말한다. 이러한 점에서 미루어 볼 때, 그는 전쟁과 관련된 파괴 유구를 콘크리트 구조로 복구한다는 일관된 의견을 남겨왔다.[45] 그는 광화문 중건 이후에도 문화재 유산의 콘크리트 구조 설계를 주장하는 것에 있어서 전쟁의 트라우마를 대입시켰다.

건축가로서 강봉진에게 건축 양식을 다시 부활하여 재생산하는 것과 시멘트 기술을 적용하는 문제는 국가적 사명의 의미가 있었다. 그의 콘크리트 재료를 이용한 건축 요소적 시도는 식민지 관학자의 작업[46]과 비교되어 비판 받았다. 강봉진은 전통을 계승적으로 표현하는 방식으로 현대건축물과 문화유산의 두 영역을 구별하지 않고, 다양한 외피를 제작할 수 있는 실험적인 재료로 콘크리트와 장식의 문제를 고민했다. 이를 통해 강봉진이 건축과 문화를 세계에 대응하는 국내 지역적 상황으로 접근하였다면, 정인국은 이를 지구적 상황으로, 국가너머의 아시아 지역적 상황으로 접근하였다.

국제주의 양식의 건축을 받아들여도 되는가 싸움이 일어나야 했었다는 것입니다. 그런데 우리에겐 그러한 싸움이 없었습니다. 어떠한 양식 건축이든 간에 그렇게 싸움이 있는 후 받아졌다면 설사 외래 것이 그대로 받아졌다하더라도 큰 문제는 없다는 것이 나의 지론입니다. (중략) 비록 외래 것을 전면적으로 수용한다고 하더라도 싸움이 있는 경우는 반드시 어딘가 고유한 것이 남게 마련입니다.

우선 국제양식건축에는 본질적으로 침략성이 있다고 보아요. 우리가 알다시피 국제주의 양식은 민족성,

지방성, 고유성을 배격하기를 강요합니다. 이러한 사정은 국제주의 양식의 건축을 시작했던 사람이 의식했던 안했던 간에 정치적 입장에 서게 됩니다. 말하자면 형태는 반드시 국제주의 양식을 따라야 한다. 혹은 재료는 반드시 본국에서 생산한 것을 써야한다는 식으로 음으로 양으로 강제하게 됩니다. 이런 것은 문화적으로는 물론 정치 경제적으로도 하나의 침략성을 드러내게 되는 것이지요. (중략) 따라서 국제주의 양식 건축을 받아들인다고 할 때 생각해야 할 것은 형태가 어쨌다. 재료가 어쨌다 식의 논의가 아니라 좀 더 시야를 넓혀서 (중략) 미치는 정치적 혹은 정신적 영향이 어떤 것인가 주목해야 한다. (「전통논의는 내셔널리즘인가? 대담: 정인국+김원」, 『공간』 1975년 7월, 30쪽.)

종합민족문화센터의 추진위원회는 문화시설 설계과정 중 이웃나라 동남아시아 지역을 여행하였다. 그들은 여행에서 돌아와 탈 전통과 전통 계승논쟁을 통해 그들의 입장 변화를 밝혔다. 건축사가 정인국은 20세기 후반 출현한 '경제적 자주국가'적 상황을 '두 가지 진리가 존재하는 이상한 시대'로 표현했다. '건축을 사랑하면서 조국을 사랑하는 것'[47], '새로움을 추구하면서도 누적된 전통을 뒤돌아보는 것'은 건축가의 덕목이었다. 그리고 '전 세계적으로 기능주의, 기계주의, 비인간성, 비개성성에서 인간성, 개성의 주제로 변화하는 중요한 전환기'[48]에 한국 건축도 국립종합박물관을 계기로 그러한 변화를 함께하고 있다는 것에 의미를 두었다.

종합박물관의 콘크리트 구조 민족양식건축은 제국양식건축과의 연관성으로 비판받았다. 제국양식건축은 이토 츄타에 의해 발명된 아시아의 문화기원으로부터 영향을 재현하기 위한 새로운 일본의 민족양식건축이었다. 그는 일본의 돌과 콘크리트로 디자인한 모델을 돌과 나무를 결합한 인도와 중국 문화의 통합적인 모습이 진화한 것으로 생각했다. 인도에서 중국으로 발달하여 진화되어 일본이 종착점이 되는 건축. 그는 이를 일본의 필요에 따라 동양을 건축적으로 적용한 것으로 묘사하였다.[49] 추진위원회는 이를 벗어나기 위하여 역사적 토착적 모델 대신 동아시아의 문화로 박물관을 한국의 민족양식건축으로 엮고자 했다.

많은 아시아 국가처럼 한국도 식민지 시기 박물관을 변용하거나 건설하면서 다양한 방식으로 상상공동체 유산을 물려받았다고 여겼기 때문이다. 그러한 점에서 국립 박물관은 국가를 공간적으로, 역사적으로, 민족적으로 경험하는 도구였다.

태국, 말레이시아, 대만은 지역적 공통성, 정치적 경제적 환경 뿐 아니라 문화의 누적과정에 있어서 우리의 문제였다. 유럽이나 미국에서 보다 아시아 건축 작업의 선례를 통해 '국제주의 건축에 대한 반격으로 민족성, 전통, 지방성, 개성을 표현하는 것'[50]에 대한 건축의 생산의 문제를 배울 수 있었기 때문이다.

아시아의 네이션 빌딩은 지속적으로 경쟁하고 진행 중인 프로젝트였으며, 각종 문화적 제도를 통해 국가를 형성하는 과정에 있었다. 국립 박물관은 그 프로젝트가 가장 효과적으로 실현되는 물리적 장소로서, 무엇보다도 문화를 객관적으로 기술 관리하고 중요한 관광무역을 위해 국제적인 이미지를 만드는 기관이었다.

그러한 점에서 국립 박물관은 국가의 시각적, 상징적인 건축물로 건설하였으며, 사실 국가너머에 대한 세계를 생각하도록 했다. 국립 박물관의 교육적인 기능은 시민에게 국가적인 것을 생각하는 법을 가르치고, 국가적인 것과 영역, 민족적 타자로서 국가너머의 세계에 대한 관계에 대한 메시지를 전달했다.[51]

이러한 비상한 시점에서는 두 개의 진리가 있을 수 있다. 누구 한 사람이 그 어떤 것이 진리라고 주장할 수 있는 천재는 없다. 미국이나 중국같이 큰 도량으로 우선 이 길을 걸어보는 것이다. 논의하면 시간이 걸린다. 각기 옳은 길을 걷다 보면 이 두 갈래 길이 합칠 수도 있고, 또 어느 하나가 다른 하나를 지우고 나갈 수도 있다. 이것만은 진리이다. (「국립종합박물관 설계에 관하여」, 『공간』, 1967년 2월, 12-14쪽.)

정인국은 기존 궁궐을 박물관으로 이용하여 유물을 전시한 태국보다는 '국가 건축적 특성을 반영하면서도 오리엔탈적인 디자인'이라 할 수 있는 말레이시아의 쿠알라룸푸르 국립 박물관(1963. 8.)을 '건축의 전통이 세속된 현대적 감각으로 정리된 수작'으로 높게 평가하였다. 그는 대만과 말레이시아 박물관을 유럽과 동양의 병존하는 동남아시아 국가에서 볼 수 있는 전통을 표현하는 다른 방법으로 분류하였다.

대만의 고궁박물관은 대만이 중국의 문화를 소유하고 국가적 보물을 전시하는 중요한 기관이었다. 장개석은 대만으로 건너오면서 어떤 군사적, 행정적 대상보다 고대 유적 2,972상자, 책, 아카이브를 북경 고궁박물관, 난징 중앙박물관, 중앙도서관으로부터 가져왔다.[52] 국민당이 미국 원조 없이는 관리가 힘들었지만 중국 주권을 상징하는 유물은 옮겨와야 할 중요한 대상이었다.

건축가 후앙 바오유(黃寶瑜;1918~2000, Huang Bao-yu)는 '중국 본토로부터 국보를 보관하는 순수한 중국양식박물관'으로 대부분의 '중국 본토의 망명자인 참가자들과 같이 중국 본토의 경관과 시절을 극도로 그리워하여 심리적 감정과 기억을 표현하고자' 했다.[53] 망명자로서 향수를 가진 건축가는 박물관의 공간 경험을 북경의 자금성과 연결하고자 했다. 그들은 박물관을 고향 중국 본토에 돌아갈 수 없는 집으로 연결하는 매개체로 생각하였다.

그는 중국 문화의 기원과 정체성을 상징하는 자오문을 단순히 모방하기 보다는 다른 비례와 색감을 사용하고자 하였다. 그는 이것이 시각적 유사성이 아니라 공간적인 감각의 유사성이라고 생각했다. 그는 박물관 내부에 있어서도 서양의 박물관에서 전형적으로 보여지는 한 방향의 전시순환체계를 비판하였다. 명당(Ming Tang)평면을 차용하여 중심축(4개의 전문, 신성한 통로-신성한 홀-저장 공간)으로 한의 제국을 기념한 동상과 유물을 중심공간에 배치하여 국가와 권력을 상징하는 공간으로 만들었다.

정인국에게 대만의 중산박물관은 '내부 공간이나 전시방식에 있어서 평범했지만, 외부적 표현으로 목조 건축을 콘크리트 구조 건축으로 변용한 방법'에 있어서 종합박물관과 연관성이 있었다. 그는 이러한 현대적 변형을 통한 전통 구현은 국내의 기술 상황으로 위험스러운 면이 있으며 소박한 재현을 무난한 보편성을 띄는 방법이라 생각했다.

종합민족문화센터 추진위원회의 동아시아와 동남아시아지역 여행은 발전국가의 근대성 문제를 역사적 토착적 모델이 아닌 아시아 문화적 모델로 전환하는 계기가 되었다. 그들은 태국, 말레이시아, 대만 박물관 건축을 국제주의 건축에 대한 반격으로 민족성, 전통성, 지방성을 표현하는 건축으로 읽었다. 또한 국립종합박물관이 전 세계적으로 중요한 변환기를 함께 한다는 것에 의미를 두었다. 남한의 '전통 목수의 수공예 기술과 콘크리트 기술의 접합'은 '조선'과 '장인기술'을 국가 정체성과 투어리즘의 긍정적 문화자본으로 선택하여 탈 식민국가의 문제로 치환하는 역사적 과정이 되었다. 따라서 발전국가 텍토닉 논의는 발전국가의 테크노크라트적 생각을 가진 건축가 중간조직이 아시아 속 한국의 '순수와 혼종성'[54] 문제를 고민하면서 상상되고 발명되었으며 변용되었음을 알 수 있다.

[1] • 141p
Handler, Richard, *Nationalism and the Politics of Culture in Quebec.* (Madison: University of Wisconsin Press, 1988), 151쪽.

[2] • 141p
배형민, "지역성과 장소성의 언어": 이화여자대학교 건축학과 기획, 『건축의 지역성을 다시 생각한다』(운생동 출판, 2015), 29쪽

[3] • 141p
Nezar Alsayyad, "Global Norms and Urban Forms in the Age of Tourism: Manufacturing Heritage, Consuming Tradition" in *Consuming Tradition, Manufacturing Heritage : Global Norms and Urban Forms in the Age of Tourism,* (London ; New York : Routledge, 2013), 1-2쪽.

[4] • 141p
M.Anna Fariello,"Making and Naming: The Lexicon of Studio Craft" in Maria Elena Buszek, *Extra/ordinary : craft and contemporary art* (Durham, NC : Duke University Press, 2011), 24-42쪽.

[5] • 141p
Keith L. Eggener, "Placing Resistance: A Critique of Critical Regionalism", *JAE 55,* no.4(2002), 228-229쪽.

[6] • 142p
Glenn Adamson, "Goodbye Craft" in Nicholas R. Bell, *Nation Building, Craft and Contemporary American Culture* (Washington, DC : Smithsonian American Art Museum, 2015), 21-37쪽.

[7] • 142p
일제강점기에 병참기지로 만든 산업기반시설은 북한에 편중되어 있었으며, 해방 이후 일제강점기의 시멘트 생산 공장 7개 중 6개 시설이 북한 지역에 있었기 때문에 남한과 북한의 시멘트 생산량의 초기 격차는 컸다. 또한 전쟁 폭격으로 공장이 파괴된 이후에도 북한의 자국 생산이 전쟁 이전의 생산량보다 3배나 증가한 것에 비해 남한은 외국 원조를 통해 수입재료인 시멘트, 목재, 철을 사용해야 했다.: Park Dongmin, "Free World, Cheap Building: U.S. Hegemony and the Origins of Modern Architecture in South Korea, 1953~1960", University of California, Berkeley, Graduate School, Department of Architecture, PhD Thesis, 2016, 25쪽.

[8] • 142p
국내 생산이 시작되지만 상용화의 문제가 있었다. 철재는 1956년 인천중공업이 고철원료에서부터 주요 구조부재 H형강, GI빔(1968년, 인천중공업)이 생산

되었다. 유리의 경우도 판유리(1957년, 한국유리공업)이후 단열복층유리(1970년, 국영유리)가 생산되었다. 그러나 주요 빌딩의 철골구조와 커튼월의 설계와 재료 및 기술의 사용은 미국 및 일본의 기술과 자문으로 이루어졌고 재료 역시 차관도입방식으로 수입되었다.
콘크리트의 강도를 만들기 위해 필요한 철근은 국내 생산으로 수요를 감당할 수 있었다. 1962년에 조사된 사업체 16곳(삼강제철소, 영등포 신선 주식회사, 대한중공업주식회사, 한국금속주식회사, 대동제강주식회사, 조선기계제작소, 인천신철공업소, 신흥제강공업주식회사, 한국제강주식회사, 한국공업주식회사, 조선제강소, 동방제강주식회사, 대한제철주식회사, 한창신철공업주식회사, 대한신철공업주식회사, 극동제강주식회사) 중 철근만 생산하던 업체는 13곳(형강도 제작가능업체 : 삼강제철소, 한국제강주식회사, 대한제철주식회사)으로 철근 생산은 특화된 상황이었다. 전부가 소형압연기로 소규모 공간에서 영세규모의 업체에 의해 주로 생산되는 조건으로 적용되었다. 그러나 콘크리트의 강도는 국외제품에 비해 품질이 떨어지고, 공장에서 구매자에게 배달되는 레미콘(Ready mixed concrete) 역시 180kg/㎠를 보장하기 위해 일본의 시멘트 중량 보다 30%가 더 필요한 상황이었다.
이론적으로는 1950년의 인력비빔(강도135)에서 믹서기 사용(강도150~180), 레미콘 설치(강도210)로 시멘트의 강도가 향상되지만 상용화되지 않았다. 시멘트는 건축 재료로서 공장 대량생산의 문제와 직결될 수도 없었다.
한국의 경우 최초로 1965년 7월, 서빙고에 레미콘공장이 설치되면서 국내생산이 시작되었으며 대한양회는 1969년 5월 쌍용양회가 건설한 원효로 공장을 인수하면서 1973년까지 레미콘업을 독점하게 된다. 그러나 1970년대 초반까지도 레미콘은 전체 시멘트 생산량의 5%로 일반화되지 않았다.

[9] • 142p
정부는 공장 규모, 입지 및 사업자 선정에 주도권을 가지고 국내투자자뿐 아니라 차관 기업을 선정했다. 1964년~1969년 사이의 시멘트 생산량을 담당하게 된 회사는 6곳(동양시멘트, 현대건설, 한일시멘트, 쌍용양회, 아세아시멘트, 성신시멘트)이었다. 각 시설은 미국(Allis Chalmer co), 일본(三菱重工業, 川崎重工業), 독일(Polysius co, Klockwer Humbolt Deutz co), 덴마크(F.L.Smith co)에서 차관으로 기술과 생산 시설을 도입함에 따라 설치, 성능보장, 기술지도에 이르는 일련의 과정이 이루어졌다. 외국 기술진의 장기간 상주를 통해 정부와 민간의 협조관계를 유치하면서 건설되었다.

[10] • 143p
「새마을운동 영속화」, 『경향신문』, 1972년 10월 25일.

[11] • 143p
「1968년도 국정감사」, (국가기록원, BA0119595)

[12] • 143p
조달청은 대한양회공업협회와 시멘트 구매에 대한 선 계약을 체결하고 긴급 건설공사현장에 관수시멘트를 공급하였다.:「관수용 시멘트」,『매일경제』, 1966년 4월 19일.「관수용시멘트 5만 톤 확보」,『매일경제』, 1967년 3월 6일.

[13] • 143p
「기술인력개발 시장 다변화를」,『동아일보』, 1977년 1월 19일.「조달청시멘트 철근구매계약」,『매일경제』, 1974년 3월 12일.

[14] • 147p
윤정섭,「시멘트와 조형미: 시멘트를 재료로 한 조형미의 특수성」,『한국양회공업』 32호, 1969년 10월. 김정수,「시멘트와 조형미: 시멘트와 건축의 조형 및 의장」,『한국양회공업』 32호, 1969년 10월. 강명구,「시멘트와 조형미: 현대인의 조형미감각」,『한국양회공업』 32호, 1969년 10월. 강봉진,「시멘트와 조형미: 시멘트와 조형미: 우리나라 건축조형미의 현재와 장래」,『한국양회공업』 32호, 1969년 10월.
김희춘,「건축과 시멘트」,『한국양회공업』 29호, 1969년 4월. 박윤성,「건축과 시멘트,『한국양회공업』 29호, 1969년 4월. 홍붕의,「시멘트와 건축,『한국양회공업』 29호, 1969년 4월.
김상현,「시멘트 예찬론」,『한국양회공업』 25호, 1968년 8월.

[15] • 147p
강혁은 노출콘크리트의 물성과 재료감각이 동시대 한국건축에 반향을 일으켰음을 밝혔다. 당시의 건축물을 짓는 과정은 노동 인력을 이용해 콘크리트를 직접 반죽했으며 몸과 수레로 운반해야 했다. 손으로 조립해 거푸집을 만들고 현장에서 직접 콘크리트를 부어 만드는 것이 일상적인 공법이었지만, 적정한 마감을 위해 상당한 시공의 숙련도가 필요했을 것이고 공사를 하며 습득해 나가야 했다.: 강 혁,「김수근의 자유센터에 대한 비판」,『건축역사연구』 제21-1권 80호, 2012, 148쪽 : 이천승의 평가,『공간』, 1967년 11월, 30쪽.

[16] • 148p
'빵'과 '장미'는 1912년 미국 로렌즈 섬유공장의 여성노동자들이 생존권과 함께 행복하게 살 권리를 주장하는 것에서 사용된 정치적 구호였다. 천정환과 권보드래는 '두 송이 장미, 한 그릇의 밥'으로 1960년대에 대한 '민주화 대 산업화'의 모순적이고 이항대립적인 상황을 은유하였다.: 권보드래 천정환,『1960년을 묻다: 박정희 시대의 문화정치와 지성』, (천년의 상상, 2012), 8-10쪽. 이 글에서 사용한 빵은 생존을 뜻한다는 점에서 비슷한 맥락을 가지지만, 장미는 인권의 측면보다는 지구세계체제에 대한 주권의 의미로 사용되었다.

[17] • 148p

건축원조프로그램은 피원조국과 원조국 간의 일방적인 수혜에 따른 갈등을 보여준다. 예를 들어 한국정부가 제1차 경제개발계획의 수정보완계획(1964년)을 발표한 이유도 국가 내부적 문제가 아니었다. 미국측 원조책임자의 평가와 권고를 이유로 동아시아 국가들의 일본과 미국에 대한 기술 종속이 가속화되었다는 것을 알 수 있다.

이처럼 1960년대 이후 시작된 경제개발 차관을 중심으로 한 원조는 차관을 얻기 위해 특정한 계획을 제출해 원조당국의 허가를 받고, 차관을 공여하는 다른 한편에서는 사용에 관한 제한을 가하는 등 차관 수혜국이 지정되지 않은 분야에 사용할 수 없도록 하여 수혜국의 경제정책에 관여할 수 있었다.

그러한 점에서 프리캐스트 콘크리트 방식의 생산은 탈 식민국가의 건축사 연구로서 연구가 필요하다. 공장의 대량 생산성과 달리 저렴하고 제작이 쉬운 경제성과 속도를 이유로 보강콘크리트 블록(1955년, 중앙산업), PC바닥구조재(역T형 단면 JOIST, Dome block, 1956년, 한미재단 주택건설부), 대형판넬(1970년, 한성프리패브), PC커튼월(1971년, 유림콘크리트), 스판크리트(Spancrete, 1977년, 유림콘크리트) 등 지속적인 생산이 이루어졌기 때문이다.

[18] • 148p

김영성, 「북한의 건축양식들」, 『건축』 제37권 4호, 1993, 53-73쪽.

[19] • 149p

Nezar Alsayyad, "Global Norms and Urban Forms in the Age of Tourism: Manufacturing Heritage, Consuming Tradition", in *Consuming Tradition, Manufacturing Heritage : Global Norms and Urban Forms in the Age of Tourism,* (London ; New York : Routledge, 2013), 7쪽.

[20] • 149p

홍지석, 「북한의 민족형식과 조선미 담론-건축예술론(1992), 미술론(1992)을 중심으로」, 『한민족문화연구』 36호, 2011, 449-474쪽.

[21] • 149p

민족건축형식에 대한 연구는 북한 국가 유산 만들기의 주요한 주제이다. "물론 건축에는 력사적으로 형성되어온 자기 민족의 고유한 구성형식이 있다. 그 구성형식이 오랜 기간 내려오면서 훌륭히 다듬어진 것이라 하더라도 그것을 리상적으로 절대화하여서는 안 된다. 지난 시대에 다듬어진 구성형식이 해당 시대에는 완성된 것이 될 수 있으나 변화된 새로운 시대에 와서도 완성된 것으로 될 수는 없다.: 김정일, 『건축예술론』, (조선로동당출판사,1992), 88쪽.

[22] • 150p
배형일(2013)은 유산산업이 국가의 과거 집합적인 정체성을 재현하는 것뿐 아니라 이미지 메이킹, 마케팅에 의해 관광산업의 선두에 선다고 말했다. 그리고 유산기념물의 상징적, 교육적, 상업적 가치가 커감에 따라 문화유산보존기구, 박물관, 연구기관, 지역역사사회의 영역도 역시 확장되었다.: Pai, Hyung-Il, "Preface: Critical Perspectives on Archaeology, Heritage, and Tourism"in *Heritage Management In Korea and Japan*: *The Politics of Antiquity and Identity*(Seattle, Washington : University of Washington Press, 2013), xv-xxxv.

[23] • 150p
문화공보부, 『문화유적총람』, (문화공보부, 1977). 문화공보부, 『호국선현의 유적』, (문화공보부, 1977)

[24] • 150p
70년 예산의 75%(15억원)이 유형문화재 보수로 쓰였다.: 『동아일보』, 1970년 12월 8일.

[25] • 151p
이왕기, 「북한 현대건축의 '민족성' 표현방법론 연구」, 『대한건축학회』 논문 계획계 20권 7호, 2004, 183-192쪽.

[26] • 151p
Nicholas R.Bell, *Nation Building, Craft and Contemporary American Culture* (Washington, DC : Renwick Gallery of the Smithsonian American Art Museum, in association with Bloomsbury Press, 2015), 1-20쪽.

[27] • 151p
종합민족문화센터추진위원회, 「종합민족문화센터 건립 기본지침」, (국가기록원, BA0004327), 126-163쪽.

[28] • 155p
강난형, 「국보건설단 강봉진과 국립종합박물관」, 『한국근현대미술사학회』 33호, 2017년 7월, 193-214쪽.

[29] • 155p
「아산현충사성역조성」, (국가기록원, BA0120188), 173-176쪽 : 김지홍, 「1960~70년대 국가건축사업과 전통의 재구축」, 서울대학교 대학원 건축학과 박사학위논문, 2014, 65-66쪽.

[30] • 157p
광화문복원공사 지도위원회 회의록3차(1968.6.18.)에서 보의 두께와 PSC제작에 대한 결정이 내려졌다.

[31] • 157p
「광화문 복원설계, 보수(일반철)」, (국가기록원, 1968.3., BA0774178), 1014-1016쪽.

[32] • 157p
광화문 시공 지명업체는 7곳으로 화일건업 주식회사/평화건업사/신성공업/협화실업/경남기업/공영토건 등이었다. 공영토건은 입찰에서 성공한 화일산업의 변호석이 나와서 차렸다고 한다. 함께 나온 직원으로는 현장소장, 민세기, 현장 부소장 변옥우(변호석의 조카)였다.: 강난형, 윤홍로 구술채록, 2016. 4. 15.

[33] • 157p
공영토건 건축주임 구일옥에 따르면 초반에는 콘크리트 구조로 변용하는 것에 대하여 복원추진위원회 내에서도 의구심이 많았다. 그는 26살의 나이로 대학교를 졸업하고 맡은 첫 프로젝트였다고 했다. 이시형은 전통건축목수이자 현대건축이 모두 가능한 목수였다.
처음으로 시작했는데, 시작할 때까지 가능성에 대한 토론이 많았어. 강봉진, 장기인, 윤장섭 선생님도 마찬가지 였어. 목조(건축)복원이니까 재료만 콘크리트지. 구조적인 부분은 지탱하고, 아닌 부분은 목구조로 갔어. 재료만 콘크리트지 복원에 가깝게 따라가야겠다. 했지. 목조를 잘 몰랐지만, 그래서 그때 만났던 사람이 이시형 목수지. 충청도 공주인가 거기서 목조건축을 작업하고 있던 사람이었어. 회사에서 전국적으로 찾아달라고 했고. 나는 자신있다고 마음먹고 문화재관리국, 청와대에 보고했지. 보이지 않는 부분은 구조적으로 불가능하니 변형해야겠다. 인정해달라 했지.: 강난형, 구일옥 구술채록(1), 2015. 8. 20.

[34] • 159p
일본은 1875년(明治8년8월) 曲尺과 享保尺을 절충하여 새로운 절충척인 曲尺을 공포시행하게 되는데, 식민지 시기를 겪으면서 한국에도 1909년부터 曲尺을 사용하게 되었다. 광화문을 지을 즈음에는 曲尺과 미터법이 혼용되어 사용되고 있었다. 강봉진은 한국의 古尺(黃鐘尺, 周尺, 布帛尺, 量地尺 등)이 사용되고 있지 않음을 안타까워했다.: 강봉진, 「고척에 대한 소고」, 『건축사』 제3권 8호, 1968, 33-36쪽.

[35] • 161p
강봉진, 「고척에 대한 소고」, 『건축사』 제3권 8호, 1968. 강봉진, 「단청에 대한 소고」, 『건축사』 제3권 9호, 1968. 강봉진, 「광화문의 복원에 대하여」, 『건축사』 제3권 10호, 1968. 강봉진, 「광화문의 복원에 대하여2」, 『건축사』 제4권 11호, 1969.

[36] • 161p
함성권(咸性權,1918~2009):일본 와세다대 이공학부 건축학과 중퇴, 한양대 건축공학과 학사 및 박사 졸업(1961,1974), 건축사, 토목구조 기술사, 건축시공기술사 자격증 보유. 대표설계로는 워커힐 힐탑바, 국립극장, 이대 대강당, 광화문 문루, 신탄진 연초 제조장, 인천제철 평로대상옥, 남산 외인아파트 등이 있다.: 대한건축학회, 『원로에게 듣는 1970년대까지 건축 구조사: 건축구조 60년사』, (대한건축학회, 2006), 534쪽.

[37] • 161p
이후, 1970년대에는 철제 형틀방식이나 F.R.P(Fiber-glass reinforced plastics)형틀 방식이 이용되어 대량생산이 가능해 졌다. 목형틀의 경우는 대략 10회 미만의 사용이 가능하지만 F.R.P 거푸집의 경우는 100회 정도, 금속형틀의 경우는 200회 정도의 사용 가능하다.: 김지훈, 「1970년대 한국전통양식 콘크리트조 건축물 보존현황」, 충북대학교 산업대학원 석사학위논문, 2002.: 한규대 편저, 『건축시공』, (예문사, 2001), 204쪽.

[38] • 163p
공포의 거푸집 조립시점에 따라 단일식, 분할식, 부착식으로 나눌 수 있다. 단일식은 목조의 부재 제작방식을 그대로 옮긴 방식으로 현장에서 결합하는 방식으로 주 철근과 결합이 생략되어지는 부분이 많다. 분할식은 내포와 외보를 분할하여 제작하고 소로, 첨차도 결합된 상태로 세트로 구성하기도 했다. 세트로 제작된 부분은 대형양중장비가 필요하며 용접작업이 필요하다. 부착식은 사전 타설하여 양성된 포벽에 긴결철물로 부착하는 방식으로 기존의 일반 콘크리트 재질로는 중량이 무거워 G.R.C(Glass Fiber Reinforced concrete)조의 경량화된 부재를 제작하는 것이다.: 김지훈, 「1970년대 한국전통양식 콘크리트조 건축물 보존현황」, 충북대학교 산업대학원 석사학위논문, 2002, 17-18쪽.

[39] • 167p
설계시기와 달리 실측보고는 1968년에 발표되었다. 강봉진, 「보은 법주사 팔상전 실측보고」, 『건축』 12권 1호, 1968. 강봉진, 「구례 화엄사 각황전 실측 보고」, 『건축』 12권 2호, 1968. 해당 문화재 설계 내용은 아래 내용을 참고하면 된다. 전라남도 구례군 문화공보실, 「화엄사각황전보수공사」,(국가기록원, 1968, BA0204264), 284-286쪽.: 문화재관리국 유형문화재1과, 「화엄사가항전보수공사」, (국가기록원, 1968, BA0120206), 403-446쪽.:문화재관리국 유형문화재1과, 「법주사팔상전보수설계검토의뢰」(국가기록원, 1967, BA0037385).

[40] • 171p
송민구, 「제5장 전통의 계승」, 『한국의 옛 조형의미』, (기문당, 1990), 224-225쪽.

[41] • 171p
송민구, 「제3장 우리나라 옛 조형의 의미」, 『한국의 옛 조형의미』, (기문당, 1990), 122쪽.

[42] • 171p
송민구, 「제2장 천문과 조형」, 『한국의 옛 조형의미』, (기문당, 1990), 46쪽.

[43] • 173p
강봉진, 「시멘트와 조형미: 우리나라 건축 조형미의 현재와 장래—콘크리트 건축을 중심으로」, 『한국양회공업』 32호, 1969년 10월, 18-23쪽: 강난형, 송인호, 「1960년대 광화문 중건과정의 특성」, 『건축역사연구』 24권 6호, 2015, 45-55쪽.

[44]• 177p
사적 3호 수원화성 장안문복원설계는 1965년 6월에 진행되었지만, 실측보고는 1971년 8월 31일에 발표되었다. 강봉진, 「수원 성곽 장안문실측보고」, 『건축」 15권 3호, 1970.

[45] • 177p
전쟁과 관련된 파괴 유구는 후에 '호국문화유적 복원정화사업'으로 분류되었다. 호국문화유적 중 강봉진이 설계하지는 않았지만 콘크리트 구조로 복원된 사례로는 강화전사유적보수정화지(1978, 장기인, 현대건설, 대림산업)가 있다. 광화문과 국립종합박물관의 설계를 검토했던 장경호(당시 문화재연구소 미술공예실장)가 문화재관리국 기술주임으로 이를 담당했다.

[46] • 177p
일본의 1세대 건축가 또는 지식인들은 유학하고 여행하여 유럽 건축지식을 얻고 다시 일본의 식민지 지역에서 일하면서 실무를 익혔다. 그들은 식민통치국가로서 일본의 국가정체성을 아시아도 서양도 아닌 신성하고 순수하고 본질적인 일본과 서양과 일본의 문화적 결합으로 우월한 일본, '순수성과 혼종성 사이의 문제'로 보았다.: Cherie Wendelken, "Pan-Asianism and the Pure Japanese Thing; Japanese Identity and Architecture in the Late 1930s", *East Asia Cultures Critique* 8, no. 3. (Winter 2000), 819-828쪽.

[47] • 178p
정인국, 「전통적 주택론」, 『주택지』 7권 1호, 1966년 5월.

[48] • 178p
정인국, 「현대건축의 진로」, 『홍대지』 10호, 1965.

[49] • 178p
제관양식의 대표적인 건축물은 Tsukiji Hoganji 이다. 이 곳은 7개 아시아 지역(인도, 중국, 일본)에 기반을 두고 일본 전쟁의 부활 이데올로기에 동조한 곳이었다. 이후 1930년대 많은 콘크리트 구조의 신사가 중국, 한국, 사할린의 식민지지역에 지어졌다. 저자는 이토의 범아시아 미학에 대한 정치적 초월성을 문제시 하였다. 전쟁시기 동안 건축이 항상 국가에 의해 의뢰받거나, 제국의 목표를 공식적으로 재현한 건물이 아니었지만, 1930년대 식민지배와 군사침략에 대한 정치적 관심의 초월, 문화적 뿌리의 유효성이 그 정치적 힘이었다고 말한다.: Cherie Wendelken, "Pan-Asianism and the Pure Japanese Thing; Japanese Identity and Architecture in the Late 1930s", *East Asia Cultures Critique 8, no. 3.* (Winter 2000), 822-828쪽.

[50] • 179p
정인국, 「건축양식 방전의 주기성과 이원성」, 『건축』 7호, 1963. 정인국, 「건축에 있어서의 로컬리티」, 『건축』 1호, 1963.

[51] • 179p
As much as national museums serve a didactic purpose, aimed at teaching citizens how to think about themselves as nationals, they also contain messages about the relationship of territorial and ethnological others to the national self.: Eric C. Thompson, "The world beyond the nation in Southeast Asian Museums", *Journal of Social Issues in Southeast Asia 27. no.1,* (2012), 55쪽.

[52] • 180p
민주진보당으로 정권이 바뀐 이후로도 대만은 국가 영토를 벗어난 문화유산에 대한 전시, 생산을 통해 문화적으로 변두리 중국사회가 아닌 "진정한 중국"을 주장해 왔다. 국립고궁박물관은 중국 정체성을 주장하고 중국 공산당과 대결하기 위해 문화적 전통과 모더니티를 표현해야 했다. 그러나 국민당이 싸웠던 군주유물을 상징하는 자금성을 모방하지 않으면서 그 정치적 계승을 재현하고 대만과 중국본토를 포함한 문화적 중국의 계승을 잃지 않는 현대적 정체성을 재현하고자 했다.: Huang, Yi-Chih, "National Glory and Traumatism: National/cultural identity construction of National Palace Museum in Taiwan", *National Identities 14,* no. 3, (Sep 2012), 211-225쪽.

[53] • 180p
Huang, B. "The architecture of the Chung-Shan Museum". *National Palace Museum Quarterly1*,no.1(1966), 69-78쪽

[54] • 181p

Cherie Wendelken, "Pan-Asianism and the Pure Japanese Thing; Japanese Identity and Architecture in the Late 1930s", *East Asia Cultures Critique* .8, no. 3. (Winter 2000).

결론
탈 발전국가와 건축 텍토닉 상상하기

경복궁의 모던 프로젝트 건설에 있어서 건축적 텍토닉의 이슈는 한국인의 손에 의해 내셔널리즘의 물리적인 이데올로기를 '빠르고 싸게 문화적으로' 실현하는 성공 스토리였다. 토속적인 재료로서 콘크리트를 사용하고 장인의 조선 수공예 기술을 접합함으로써 건축이 어떻게 산업과 협조하는 발전 연합을 통해 국가의 도시공간이 테크노크라트적인 생각으로 생산되었는지 알 수 있었다.

또한 재현, 기술, 생산의 문제를 통하여 국가와 건축의 새로운 관계를 드러냈다.

첫째, 건축 전문가는 관료 조직과 연합하여 역사적 장소를 설정, 선택, 분류, 생산하는 중요한 역할을 맡았다. 프로젝트를 통해 문화재관리국 문화과 내부 조직이 아닌 민관협동조직으로 그들의 의사결정과 자문 조절 과정이 만들어졌다.

둘째, 광화문과 국립종합박물관은 발전국가의 근대성 담론이 단일민족발전사의 문제에서 동아시아 지역의 근대 논의로 전환되는 전통 계승과 탈 전통 논쟁의 결과이기도 하다. 강봉진은 근대성을 조선시대를 다시 조명하는 문제로 환원시켰다. 역사주의 건축설계는 양식과 주고, 축이라는 식민지 관변 학자의 방식을 채택하여 목구조 건축의 기하조형원리를 받아들이고자 했다. 그는 역사적 기록을 조사하고 과학적 증거를 수집하고 보고서를 통해 유산의 내력을 확인받는 방법을 사용했다. 새롭게 조사된 도면, 단면도 및 보고서는 문화자원을 선택하고 분류하고 등록하는 역사적 기준이 되었다.

셋째, 동아시아의 목조건축을 변용하기 위한 도구로 콘크리트가 사용되었다. 역설적이게도 전통은 소비되는 대상이 되었고 근대와 다른 타자로 역사적 전유를 위한 도구가 되었다는 점에서 1960년대 발전국가 근대성의 복합적인 관계를 드러낸다.

현재 국립민속박물관(국립종합박물관)은 더 이상 국가 브랜드의 이미지도, 전통문화의 창조적 유산도 아니다. 국립민속박물관은 경복궁 복원사업에 따라 철거될 예정이며, 새로운 정부의 '국가균형발전과 지방분권'[1] 아젠다에 맞물려 세종시로 이전을 추진 중이다. 어린이박물관, 국가기록박물관, 도시건

그림 4-1 경복궁과 광화문 앞길(1968)

축박물관, 디자인박물관, 디지털문화유산영상관, 국립자연사박물관과 함께 국립 박물관 단지로 이전하여 국립 문화시설의 '서울 집중과 독점을 해소하는 신호탄'[2]이 되기를 희망하고 있다.

또한 콘크리트는 더 이상 권위주의적 코퍼러티스트 국가(authoritarian corporatist state) 시절처럼 산업화 과정의 건축 텍토닉의 이슈를 대변하지 못한다. 독립기념관 앞에 구 조선총독부 건축 유물을 공원으로 배치한 것과 같이 발전국가 유물인 광화문도 서울역사박물관 외부에 해체되어 놓여있다. 오히려 구 조선총독부의 청동 돔과 석재 유물은 식민잔재 청산과 교훈이라는 명목아래 정식적인 공원공간 계획이 이루어진 것에 반하여 해체된 광화문은 자리를 잡지 못하는 애물단지 신세였다. 국가 유물이 아니라는 평가로 공공기관들은 모두 이를 거부하였다가 강홍빈 전 서울역사박물관장 시절에 현대도시의 유산으로서 가능성이 있다는 평가를 토대로 그나마 현재의 위치에 배치되었다.

그러나 구 조선총독부 시설을 철거(1995년)하면서 경복궁의 원위치 복원(2000년)이라는 이름아래 국가를 위한 건축 텍토닉은 다시 부활하였다. 국가 유산으로 지역 정체성 만들기는 발달된 과학 기술을 이용하여 더 보수적인 접근이 이루어졌다. 이번에는 전통 목수가 금강산 소나무를 사용하여 더 정교한 전통 기법으로 복원하기 위하여 이미지 데이터를 픽셀화하는 자칭 '디지털 프로세싱 기법'[3]을 이용하여 건축하였다. 최근에도 분야별 전문가와 서울시 내부위원으로 구성된 광화문 포럼은 2015년 '경복궁 2차 복원사업' 수정안과 함께, 2016년 9월 서울을 대표하는 경관으로 '광화문에서 경복궁을 거쳐 백악, 보현봉과 함께 하늘로 이어지는 조선시대 경관'[4]을 위한 장기적인 복원계획을 진행 중이다. 조선시대의 변화는 의미 있지만 일제강점기 이후 변경은 가치가 없으며 '1960년대 변경된 것은 조선후기 모습으로 회복하는 것이 마땅하다'[5]는 논리이다. 이처럼 탈 발전국가를 주장하는 문민정부에는 여전히 장인과 기술, 장소의 건축 텍토닉이 유령처럼 존재한다.

최근 한국 건축학자들은 역사보존과 투어리즘의 중요한 대상이 되는 도시의 역사적 프로젝트에 대하여 정체성을 다시 논의하기 시작했다. 지역의 정

그림 4-2 경복궁과 광화문 앞길(2010)

결론: 탈 발전국가와 건축 텍토닉 상상하기

체성은 문화적 가치의 개발을 약속하는 정책과 캠페인과 같은 정치적 공모를 통해 만들어지고 있다. 또한 그 정체성이 뿌리가 있음을 상징하면서 투어리스트를 부르는 경제적 이득이 된다는 점은 탈 발전국가 정부에 있어서도 여전히 중요한 문제이기 때문이다. 그들은 정부 또는 지자체 관료 주도 공공 프로젝트로서 건축의 역사적인 복원, 학자의 연구, 한옥마을의 제도, 국제설계경기의 다양한 주제를 다룬다.[6] '국가주도의 미학적 가이드라인'[7]을 관장하는 건축적 텍토닉 문제가 전통이나 민족주의와 동의어이던 시대는 지났지만, 국토교통부 지원으로 신도시 계획과 함께 연계되는 산업차원으로 신 한옥 모델 개발의 보급정책, 건축설계, 부재와 공법 개발이 진행되고 있다.

이러한 점에서 더 이상 정체성의 위기나 어떤 장소, 지역, 전통의 가치가 사라져 가는 것이 비판의 대상은 아니다. 국가의 문제로 환원되는 건축적 텍토닉 생산은 발전국가 유산을 재활용하고 재산업화하면서 새로운 사회공간을 만들고 도시를 형성한다는 점에서 문제의식을 드러내는 대상이 될 수 있음을 시사한다.

[1] • 195p
「용산으로 옮기려던 국립민속박물관, 세종이전 추진된다.」, 『연합뉴스』, 2017년 7월 20일;
http://www.yonhapnews.co.kr/bulletin/2017/07/19/0200000000AKR20170719168900005.HTML?input=1195m (accessed May25, 2018)

[2] • 197p
「국립민속박물관' 세종시 이전 가능할까?」, 『세종포스트』, 2017년 11월 2일;
http://www.sjpost.co.kr/news/articleView.html?idxno=22242(accessed May26, 201

[3] • 197p
김봉건 전 국립문화재연구소장, 「[과학으로 풀어보는 궁금증] 광화문 복원, 어떻게 진행됐을까?」, 『금강일보』, 2018년 5월 15일;
http://www.ggilbo.com/news/articleView. html?idxno=508575(accessed May26,2018)

[4] • 197p
「경관 가로막는 정부종합청사. '광화문 광장은 답답하다'」, 『news 1』, 2018년 4월 15일; http://news1.kr/articles/?3289663(accessed May25, 2018)

[5] • 197p
최종덕, 『숭례문 세우기』, (돌베개, 2014), 94쪽.

[6] • 199p
Papers presented in session 386 "Making Seoul "Historical" through Architectural Design: Overlaps between Preservation and Tourism," at the Association for Asian Studies 2018 Annual Conference, Washington, Mar. 25, 2018

[7] • 199p
제2차 세계대전 이후 많은 아시아 국가도시의 유산 관리는 정부, 지방자치의 모든 영역에서 경제개발계획에 통합되었다. 국가 문화 위원회, 박물관, 연구소와 관련된 전문가들은 과거를 정의, 보존, 재건하면서 국가 보존법을 관장하는 아름다움, 진정성, 고대성의 표준을 계획하는 것에 관여하여 왔다.: Pai, Hyung-Il, "Preface: Critical Perspectives on Archaeology, Heritage, and Tourism" in *Heritage Management In Korea and Japan: The Politica of Antiquity and Identity*(Seattle, Washington : University of Washington Press, 2013), xxvii-xxviii

참고문헌

보고서 • 205
구술자료 • 206
저서 • 207
논문 • 212
잡지 • 219
영상자료 • 220
그림 목차 • 221
표 목차 • 224

| 보고서 |

국회사무처, 『한국건축양식연구보고서』,(국회사무처, 1967.12.)

국립문화재연구소, 『동묘의 건축』, (국립문화재연구소, 2004).

국립중앙박물관, 『구 조선총독부 건물. 상, 실측 및 철거 보고서』, (국립중앙박물관, 1997).

국립중앙박물관, 『국립중앙박물관 60년』, (국립중앙박물관, 2006).

문화공보부, 『아산 현충사 연혁지』, (문화공보부, 1969).

문화공보부 문화재관리국, 『국립중앙박물관 준공보고서』, (문화재관리국, 1972).

문화공보부, 『현충사 연혁지』, (문화공보부, 1975).

문화공보부 문화재관리국, 『문화유적총람』 上/中/下, (문화공보부 문화재관리국, 1977).

문화공보부, 『호국선현의 유적』, (문화공보부, 1977).

문화공보부 문화재관리국, 『강화전사유적보수정화지』, (문화공보부 문화재관리국, 1978).

문화공보부, 『문화공보 30년』, (고려서적주식회사, 1979).

문화공보부, 『호국선현의 유적』, (문화공보부, 1978).

문화공보부, 『호국선현의 유적』, (문화공보부, 1979).

문화재관리국 국립문화재연구소, 『문화재』 학술지, (국립문화재연구소, 1965~1975).

문화재관리국, 『구 황실관계법령 및 재산목록집』, (문화재관리국, 1992).

문화재청, 『서울문묘 실측조사보고서(상)』, (문화재청, 2006).

문화재청, 『경복궁 광화문 권역 중건보고서』, (문화재청, 2011).

문화재청, 『경복궁 변천사(상)』, (문화재청, 2007).

문화재청, 『경복궁 발굴조사보고서 광화문지, 월대지, 어도지』, (문화재청, 2011).

서울역사박물관, 『광화문 연가: 시계를 되돌리다.』, (서울역사박물관, 2009).

서울특별시사편찬위원회, 『서울특별시사: 고적편』, (서울특별시사편찬위원회, 1963).
통계청, 『대한민국 50년의 경제사회상 변화』, (통계청, 1998).
韓國產業振興會, 『5.16 革命第1週年記念產業博覽會寫眞鑑』, (韓國產業振興會, 1962)

| 구술자료 |

건축도시공간연구소 국가한옥센터, 『와본 김동현 구술집』, (건축도시공간연구소 국가한옥센터, 2015).
안창모, 우동선, 『2003년도 한국근현대예술사 구술채록연구 시리즈 14-엄덕문』, (한국문화예술진흥원, 2003).
안창모, 우동선, 『2003년도 한국근현대예술사 구술채록연구 시리즈 24-장기인』, (한국문화예술진흥원, 2003).

| 저서 |

강명옥, 『귀속재산처리법해의』, (명세당, 1950).

국민호, 『발전국가, 복지국가 그리고 신자유주의』, (전남대학교 출판부, 2012)

권보드래, 김성환, 김원, 천정환, 황병주 지음, 『박정희 모더니즘: 유신에서 선데이서울까지』, (천년의 상상, 2015).

권영필 외, 『한국의 미를 다시 읽는다』, (돌베개, 2005).

김대환, 조희연 엮음, 『동아시아 경제변화와 국가의 역할 전환』, (한울아카데미, 2003).

김윤태, 『한국의 재벌과 발전국가: 고도성장과 독재, 지배계급의 형성』, (한울아카데미, 2012).

김재원, 『경복궁 야화』, (탐구당, 2013).

김재원, 『초대 박물관장 자서전: 박물관과 한평생』, (탐구당, 1992).

대한건축학회, 『원로에게 듣는 1970년대까지 건축구조사: 건축구조 60년사』, (대한건축학회, 2006).

문순홍, 『개발국가의 녹색성찰』, (아르케, 2006).

박길룡, 『한국현대건축의 유전자』, (공간사, 2006)

박민철, 이용범, 이주연, 전진삼, 『건축은 없다? : 舊조선총독부철거반대건축·미술전문가발언集』, (간향미디어, 1995).

성공회대 동아시아연구소 편, 『냉전아시아의 문화풍경2: 1960~1970년대』, (현실문화, 2009).

스기야마 노부조, 신영훈 옮김, 『고려말조선초 목조건축에 관한 연구』, (고고미술동인회, 1963).

신영훈, 『한국고건축단장 上』, (동산문화사, 1975).

신영훈 외2인, 『우리건축 100년』, (현암사, 2001).

신형기, 『이야기된 역사』, (삼인, 2005).

윤장섭, 『한국건축사』, (동명사, 1972).

정인국, 『현대건축론』, (야정문화사, 1970).
정인국, 『한국의 건축』, (세종대왕기념사업회, 1972).
정인국, 『한국건축양식론』, (일지사, 1974).
유용태, 박진우, 박태균, 『함께 읽는 동아시아 근현대사2』, (창비, 2010).
염복규, 『서울의 기원 경성의 탄생: 1910~1945 도시계획으로 본 경성의 역사』, (이데아, 2016).
이상헌, 『대한민국에 건축은 없다 : 한국 건축의 새로운 타이폴로지 찾기』, (효형출판, 2013).
이순우, "보론 1: 해방이후 시기 세종로의 변천과정", 『광화문 육조 앞길』, (하늘재, 2012): 365-381.
이종건, 『건축 없는 국가』, (간향 미디어랩, 2014).
이창남, 『건축구조 뿌리에서 새순까지』, (기문당, 1997).
이화여자대학교 건축학과 기획, 『건축의 지역성을 다시 생각한다』 (운생동 출판, 2015).
일파 강봉진 선생 고희기념논문집 발행위원회, 『一坡 姜奉辰 先生 古稀記念論文集』, (일파 강봉진 선생 고희기념논문집 발행위원회, 1987).
전봉수, 『건강하고 잘생긴 건물의 구조』, (기문당, 1998).
지주형 『한국 신자유주의의 기원과 형성』, (책세상, 2012).
차일석, 『차일석 회고록: 영원한 꿈 서울을 위한 증언』, (동서문화사, 2005).
최석영, 『한국박물관의 근대유산』, (서경출판사, 2001).
하상복, 『광화문과 정치권력』, (서강대학교 출판부, 2010).
한국건축개념사전 기획위원회 편, 『한국건축개념사전』, (동녘, 2013).
한국건축가협회, 『한국의 현대건축』, (기문당, 2000).
한규대 편저, 『건축시공』, (예문사, 2001).
한석정, 『만주모던: 60년대 한국개발체제의 기원』, (문학과 지성사, 2016).
한양대학교 동문회, 『약산 함성권 교수 정년 기념집』, (한양대학교, 2006).

함성권, 『기본건축구조공학』, (건문각, 1967).

Alice H. Amsden, *Asia's Next Giant South korea and Late Industrialization,* (oxford university press, 1989).

앨리스 앰스던, 이근달 옮김, 『아시아의 다음 거인: 한국의 후발공업화』, (시사영어사, 1990).

Benjamin, Walter, *The Arcades Project.* Translated by Howard Eiland and Kevin Mclaughlin, (Cambridge, Massachusetts, and London, England, The Belknap press of Harvard University Press, 1999).

Chalmers Johnson, *MITI and Japanese Miracle:The Growth of Industrial Policy 1925~1975,* (Stanford University Press, 1982).

찰머스 존슨, 장달중 옮김, 『통산성과 일본의 기적』, (박영사, 1984).

Chen, Kuan-Hsing, *Asia as Method: Toward Deimperialization,* (Duke University press, 2010).

Dipesh Chakrabarty, *Provincializing Europe: Postcolonial Thought and Historical Difference,* (Princeton University Press, 2000).

디페시 차크라바르티, 김택현, 안준범 옮김, 『유럽을 지방화하기』, (그린비, 2014).

에릭 홉스봄, 『만들어진 전통』, (휴머니스트, 2004).

Frampton, *Studied in Tectonic Culture: The Poetics of Construction in Nineteenth and Twentieth Century Architecture,* (The MIT Press, 1996).

Gevork hartoonian, *Ontology of Construction: On Nihilism of Technology and Theories of Modern Architecture,* (Cambridge University press, 1997).

개복 하투니안, 이종건 옮김, 『건축 텍토닉과 기술 니힐리즘』, (Spacetime, 2008).

Handler, Richard, *Nationalism and the Politics of Culture in Quebec.* (Madison: University of Wisconsin Press, 1988).

Handler, Richard, "On Having a Culture: Nationalism and the Preservation of Quebec's Patrimoine." in *Objects and Others: Essays on Museums and Material Cultures,* edited by G. Stocking, (Madison: University of Wisconsin Press, 1985).

Harry D. Harootunian, *History's Disquiet.: Modernity, Cultural Practice, and the Question of Everyday Life,* (New York Columbia Press, 2000).

해리 하르투니언, 윤영실 서정은 옮김, 『역사의 요동』, (휴머니스트, 2006).

Harumi Befu ed, *Cultural Nationalism in East Asia, Representation and Identity,* (In statute of East Asian Studies University of California Berkely, 1993).

진이 김 왓슨, 태혜숙 옮김, 『새로운 아시아: 도시 공간과 도시 형태의 3차원 허구들』, (심산, 2011).

Jorge Otero Pailos, *Architecture's historical turn: phenomenology and the rise of the postmodern,* (university of minnesota press, 2010).

Joseph Esherick, *Remaking the Chinese City : modernity and national identity, 1900~1950,*(Honolulu : University of Hawai'i Press, 2002).

Joseph R. Allen, *Taipei : city of displacements,* (Seattle ; London : University of Washington Press, 2014).

Manfredo Tafuri, *Architecture and Utopia, Design and Capitalist Development,* (MIT press, preface, 1976).

Mann, Michael, *The Sources of Social Power* Vol.1,2, (Cambridge University Press, 1986).

Maria Elena Buszek, *Extra/ordinary : craft and contemporary art* (Durham, NC : Duke University Press, 2011).

Michel-Rolph Trouillot, Hazel V. Carby(foreword), *Silencing the Past: Power and the Production of History,* (Beacon Press, 2015).

미셸 롤프 트루요, 김명혜 옮김, 『과거 침묵시키기: 권력과 역사의 생산』, (그린비, 2011).

Nezar Alsayyad, *Consuming tradition, manufacturing heritage : global norms and urban forms in the age of tourism,* (London ; New York : Routledge, 2013).

Nicholas R. Bell, *Nation Building, Craft and Contemporary American Culture* (Washington, DC: Smithsonian American Art Museum, 2015).

Pai, Hyung-Il, *Heritage Management In Korea and Japan: The Politics of Antiquity and Identity,* (Seattle, Washington : university of washington press, 2013).

Radhika Desai ed, *Developmental and Cultural Nationalisms,* (Routledge, 2009).

Robert Wade, *Governing the Market: Economic Theory and the role of Government in East Asian Industrialization,* (Princeton university-press, 1990).

신기욱 마이클 로빈슨, 도면회 옮김, 『한국의 식민지 근대성: 내재적 발전론과 식민지 근대화론을 넘어서』, (삼인, 2006)

Seoul (Korea). Tourist Industry Section, *Welcome to Seoul,* (Seoul: Tourist Industry Section, Special City of Seoul, Republic of Korea, 1962).

Shuishan Yu, *Chang'an Avenue and the Modernization of Chinese architecture,* (Seattle, Wash. : University of Washington Press, 2013).

Special City of Seoul, *Seoul, old city, modern capital: a practical guidebook* (Kukje Graphic Art Printery, 1962).

Todd A. Henry, *Assimilating Seoul: Japanese Rule and the Politics of Public Space in Colonial Korea, 1910~1945,* (University of California press, 2014).

Wu Hung, *Remaking Beijing-Tianmen Square and the Creation of a Political Space,* (the university of chicago press, 2005).

지젝, 이수련 옮김, 『이데올로기라는 숭고한 대상』, (인간사랑, 2001).

| 논문 |

강명구, 「현대인의 조형미감각」, 『한국양회공업』 32호, 1969.
강봉진, 「서울 동대문 실측보고」, 『건축』 11권 3호, 1967.
강봉진, 「보은 법주사 팔상전 실측보고」, 『건축』 12권 1호, 1968.
강봉진, 「구례 화엄사 각황전 실측 보고」, 『건축』 12권 2호, 1968.
강봉진, 「부여 무량사 극락전 실측보고」, 『건축』 12권 3호, 1968.
강봉진, 「서울 문묘 대성전 실측보고」, 『건축』 12권 3호, 1968.
강봉진, 「광화문의 복원에 대하여」, 『건축사』 제3권 10호, 1968.
강봉진, 「고척에 대한 소고」, 『건축사』 제3권 8호, 1968.
강봉진, 「단청에 대한 소고」, 『건축사』 제3권 9권, 1968.
강봉진, 「광화문의 복원에 대하여2」, 『건축사』 제4권 11호, 1969.
강봉진, 「안동 봉정사 화엄강당 실측보고」, 『건축』 제13권 2호, 1969.
강봉진, 「서울 동묘 정전 실측보고」, 『건축』 제13권 3호, 1969.
강봉진, 「여수 진남관 실측보고」, 『건축』 제13권 4호, 1969.
강봉진, 「시멘트와 조형미: 우리나라 건축조형미의 현재와 장래」, 『한국양회공업』 32호, 1969.
강봉진, 「한국 건축의 사적고찰(1)」, 『건축사』 제4권 12호, 1969.
강봉진, 「한국 건축의 사적고찰(2)」, 『건축사』 제4권 13호, 1969.
강봉진, 「한국 건축의 사적고찰(3)」, 『건축사』 제4권 14호, 1969.
강봉진, 「서울 성곽 창의문 실측보고」, 『건축』 제14권 1호, 1970.
강봉진, 「창덕궁 인정전 실측 보고」, 『건축』 제14권 2호, 1970.
강봉진, 「수원 성곽 장안문실측보고」, 『건축』 제15권 3호, 1971.
강봉진, 「덕수궁 중화전 실측보고」, 『건축』 제14권 3호, 1970.
강봉진, 「서울 남대문 실측보고」, 『건축』 제14권 4호, 1970.
강봉진, 「예산 수덕사 대웅전 실측보고」, 『건축』 제 15권 1호, 1971.
강봉진, 「남원 광한루 실측보고」, 『건축』 제15권 2호, 1971.
강봉진, 「전주 풍남문 실측보고」, 『건축』 제16권 4호, 1971.

강봉진, 「건축양식과 양식건축」, 『건축사』, 1974년 7·8월호.

강난형, 송인호, 「1960년대 광화문 중건과 광화문 앞길의 변화」, 『건축역사연구』 제24권 4호, 2015.

강난형, 송인호, 「1960년대 광화문 중건과정의 특성」, 『건축역사연구』 제24권 6호, 2015.

강성원, 「20세기 전반기 양식건축구법의 변화에 관한 연구」, 서울대학교 박사학위논문, 2008.

강임산, 「1968년 광화문복원의 성격」, 명지대 기록정보과학전문대학원 석사학위논문, 2015.

강 혁, 「김수근의 자유센터에 대한 비판」, 『건축역사연구』 제21-1권 80호, 2012.

권오헌, 「역사적 인물의 영웅화와 기념의 문화정치」, 고려대 사회학과 박사학위논문, 2010.

김대호, 「일제강점 이후 경복궁의 훼철과 활용(1910~현재)」, 『서울학 연구』 29호, 2007.

김명숙, 「일제시기 경성부 소재 총독부 관사에 관한 연구」, 서울대학교 석사학위논문, 2004.

김미정, 「1960-1970년대 한국의 공공미술: 박정희시대 공공기념물을 중심으로」, 홍익대학교 대학원 미술사학과 한국근현대미술사 박사학위논문, 2010.

김상현, 「시멘트 예찬론」, 『한국양회공업』 25호, 1968.

김세진, 「1960년대 서울지역 사무소 건축의 전개와 전환기적 성격」, 서울대학교 건축학과 석사학위논문, 2004.

김소연, 「탈식민주의 담론으로 본 해방 전후 한국건축가의 정체성」, 부산대학교 건축공학과 박사학위논문, 2007.

김욱성, 「1945년부터 1955년까지 한국건축계 형성기 성격에 관한 연구— 1919~45년 동안 건축교육을 받은 세대의 교육실태 및 그 영향을 중심으로」, 명지대학교 건축공학과 석사학위논문, 1990.

김종립, 「청계고가도로 건설을 통해 본 1960년대 후반 서울의 도시개발」, 서울대학교 과학사 및 과학철학협동과정 석사학위논문, 2013.

김정수, 「시멘트와 건축의 조형 및 의장」, 『한국양회공업』 32호, 1969.

김지홍, 「1960~70년대 국가건축사업과 전통의 재구축」, 서울대학교 대학원 건축학과 박사학위논문, 2014.

김지훈, 「1970년대 한국전통양식 콘크리트조 건축물 보존현황」, 충북대학교 산업대학원 석사학위논문, 2002.

김진, 정인하, 「한국현대건축의 기술역사에 관한 연구」, 『건축역사연구』 제 9-3권 24호, 2000.

김희춘, 「건축과 시멘트」, 『한국양회공업』 29호, 1969.

남보라, 「국가건설과정의 북한 문화유산 관리 연구—1945~56년을 중심으로」, 북한대학원 석사학위논문, 2015.

목수현, 「일제하박물관의 형성과 그 의미」, 서울대학교 석사학위논문, 2000.

목수현, 「1930년대 경성의 전시공간」, 『한국근현대미술사학』 20호, 2009.

박계리, 「충무공 동상과 국가 이데올로기」, 『한국근현대미술사학』 12호, 2004.

박태균, 「연구영역, 역사관, 서술기법의 확장 그리고 논쟁의 시작」, 『역사학보』 191호, 2006.

박윤성, 「건축과 시멘트」, 『양회공업학회』 29호, 1969.

박혜성, 「1960-1970년대 민족기록화 연구」, 서울대학교 대학원 서양화과 미술이론전공 석사학위논문, 2003.

박혜인, 김현섭, 「조선총독부청사 철거문제를 통해 본 한국건축계의 의식변화에 관한 연구」, 고려대학교 건축학과 학위논문, 2010.

송인호, 김제정, 최아신, 「일제강점기 박람회의 개최와 경복궁의 위상변동—1915년 조선물산공진회와 1929년 조선박람회를 중심으로」, 『서울학연구』 55호, 2014.

송희은, 「창경궁의 장소성과 상징적 의미의 사회적 재구성」, 『문화역사지리』 제19권 2호, 2007.

신용옥, 「미군정 이승만정권기 국가자본으로서 귀속재산의 역할」, 『한국민족운동사연구』 54호, 2008.

신정훈, 「1970년 오사카 만국박람회 한국관: '공업 입국'의 기대와 현실 사이에서」, 『현대미술사연구』 38호, 2015.

안창모, 「민족을 표방하는 남과 북의 건축」, 『공간과 사회』 8호, 2007.

안창모, 「철근 콘크리트조 한옥의 사회사적 가치와 건축적 가치재고」, 『건축』 제53권 9호, 2009.

우동선, 「하노이에서 근대적 도시시설의 기원」, 『대한건축학회』 제23권 4호, 2007.

우동선, 「정인국의 졸업논문 「이조시대의 궁전건축 연구」(1942)에 관하여」, 춘계학술발표대회, 2016.

윤정섭, 「시멘트를 재료로 한 조형미의 특수성」, 『한국양회공업』 32호, 1969.

윤홍기, 「경복궁과 구 조선총독부 건물경관을 둘러싼 상징물 전쟁」, 『공간과 사회』 15호, 2001.

은정태, 「박정희 시대 성역화 사업의 추이와 성격」, 『역사문제연구』 15호, 2005.

이규철, 「대한제국기 한성부 제실유 가사에 관한 연구—황실재산사무국 도서를 중심으로」, 서울대학교 건축학과 석사학위논문, 2005.

이상구, 「조선의 궁궐 도시와 만나다: 궁궐의 앞과 뒤」, 『서울학연구』 33호, 2008.

이상헌, 「한국근대건축사 서술의 문제와 과제」, 『건축역사연구』 제24권 2호, 2015.

이상헌, 「전통의 현대적 계승을 위한 한국 전통건축의 이론화에 대한 비판적 고찰」, 『건축역사연구』 제24권 6호, 2015.

이안, 「한국근대건축에서 설계도면 구법의 체계화 과정과 그 표현에 관한 연구」, 『한국근현대미술사학』, 2000.

이안, 「한국건축 설계도면의 변천에 관한 연구—해방 이후부터 1980년대까지 설계도면을 중심으로」, 인하대학교 건축공학과 박사학위논문, 1999.

이윤석, 「1950~60년대 한국건축의 기술적 담론에 관한 연구—종합건축과 신건축문화연구소를 중심으로」, 한양대학교 건축대학원 석사학위논문, 2004.

이은진, 「1960~70년대 한국 현대건축의 전통론과 그 구현에 관한 연구」, 서울대학교 건축학과 석사학위 논문, 2002.

이인범, 「한국 박물관제도의 기원과 성격—국민국가주의에서 그 너머에로」, 『미술사논단』 14호, 2002.

이주영, 「한국의 국토계획과 지역과학이론—제1차 국토종합개발계획 수립의 실행, 1963~1972」, 서울대 과학사 및 과학철학 석사학위논문, 2015.

장원석, 「건축가 김정수 작품에 있어서의 기술과 표현」, 연세대학교 건축공학과 박사학위논문, 2007.

장필구, 전봉희, 「고종 장례기간 신선원전의 조성과 덕수궁, 창덕궁 궁역의 변화」, 『대한건축학회』 제29권 12호, 2013.

장필구, 「20세기 전반기 조선왕실의 변화와 창덕궁 건축활동의 성격」, 서울대학교 건축학과 박사학위논문, 2014.

전영훈, 「미스 반 데어 로에의 근대건축기술론」, 서울대학교 박사학위논문, 2004.

전우식, 「서울 종로구 관철동 삼일로 빌딩의 건립배경과 건축특징에 관한 연구—건축의 사회적 의미와 역할을 중심으로」, 한양대학교 석사학위논문, 2011.

전재호, 「민족주의와 역사의 이용—박정희 체제의 전통문화정책」, 『사회과학연구』 7호, 1998.

정인하, 「1950~60년대 한국건축의 기술적 담론에 관한 연구」, 『대한건축학회』 제22권 1호, 2006.
정재훈, 「호국선현유적과 전통문화유적의 보존계승에 대하여」, 『문화재』 11호, 1977.
정종수, 「조선시대 궁궐원유의 변화에 관한 연구－경복궁을 중심으로」, 한양대학교 환경조경학 석사학위논문, 2004.
정호기, 「박정희 시대의 '동상건립운동'과 애국주의」, 『정신문화연구』 제30권 1호, 2007.
조성우, 「수원성곽복원정화사업 연구」, 아주대학교 사학과 석사학위논문, 2013.
조은정, 「이승만 동상연구」, 『한국근현대미술사학』 14호, 2005.
조은정, 「애국선열조상위원회의 동상제작」, 『내일을 여는 역사』 40호, 2010.
조재모, 「한국 건축 전통논의의 성격」, 『동양예술』 10호, 2005.
지주형, 「한국 국가형태와 권력행사방식의 전환－권위주의 개발국가에서 신자유주의 국가권력으로」, 『한국정치학회보』 제43권 4호, 2009.
진성수, 「중국과 대만의 경전읽기 운동연구」, 『충남대학교 유학연구소』 27호, 2012.
채우리, 「한국건축의 해석에 적용된 축 개념의 가능성과 한계」, 서울대학교 건축학과 석사학위논문, 2015.
최성림, 「19세기 중엽에서 20세기 초 궁궐조영에 사용된 용척에 관한 연구」, 경기대학교 건축공학과 석사학위논문, 2008.
하상복, 「특집: 소통과 실천－광장과 정치 광화문광장의 비판적 성찰」, 『기억과 전망』 21호, 2009.
하상복, 「광화문의 정치학－예술과 권력의 재현 광화문과 정치권력」, 『정치사상연구』 제17권 1호, 2011.

하세봉, 「냉전시기 타이완에서 박물관의 전시와 정치」, 『현대중국학회』 제13권 1호, 2011.

하세봉, 「식민지 권력의 두 가지 얼굴－조선박람회(1929년)와 대만박람회(1935년)의 비교」, 『역사와 경계』 51호, 2004.

한동수, 정봉구, 「1945년 이후 경복궁 연구의 성과와 과제」, 『서울학연구』 29호, 2006.

한병수, 「남북한 공공건축에 나타난 '전통'개념의 표현경향에 관한 비교연구－1945~1980년대를 중심으로」, 한양대학교 건축학과 석사학위논문, 2014.

허진, 「한국목조건축에 관한 연구」, 홍익대학교 건축과 석사학위논문, 1967.

홍붕의, 「시멘트와 건축」, 『한국양회공업』 29호, 1969.

홍지석, 「북한의 민족형식과 조선미 담론－건축예술론(1992), 미술론(1992)을 중심으로」, 『한민족문화연구』 36호, 2011.

Bae, Chang-Mii, "The Symbolic Landscape of National Identity: Planning, Politics and Culture in South Korea", (University of Southern California, 2002).

Cherie Wendelken, "The Tectonics of Japanese Style, Architect and Carpenter in the Late Meiji Period", *Art Journal* 55, no.3, 1996.

Cherie Wendelken, "Pan-Asianism and the Pure Japanese Thing; Japanese Identity andArchitecture in the Late 1930s", East Asia Cultures Critique .8, no.3, Winter 2000.

Eric C. Thompson, "The world beyond the nation in Southeast Asian Museums", Journal of Social Issues in Southeast Asia 27. no.1, 2012.

Foster, Robert J, "Making National Cultures In the Global Ecumene", *Annual Review of Anthropology* 20, 1991.

Horng-Luen Wang, "National Culture and its Discontents; The politics of Heritage and Language in Taiwan, 1949~2003", *Society for Comparative Study of Society and History,* 2004.

Huang, Yi-Chih, "National Glory and Traumatism: National/cultural identity construction of National Palace Museum in Taiwan", National Identities 14, no. 3, Sep 2012.

Jorge Otero Pailos, "Theorizing the Anti-Avant-Garde 1945~1989",ph. D. Massachusetts Institute of Technology, Dept. of Architecture, 2002.

Pai, Hyung-Min, Woo, Don-Son, "In and Out of Space: Identity and Architectural History in korea and japan", *Journal of Architecture,* 2014.

Park Dongmin, "Free World, Cheap Building: U.S. Hegemony and the Origins of Modern Architecture in South Korea, 1953~1960", University of California, Berkeley, Graduate School, Department of Architecture, PhD Thesis, 2016.

Kang, Nan-hyoung, Song, In-ho, "Two Practices: Reconstructions of Gwanghwamun in Gyeongbokgung.", EAAC, 2015.

Keith L. Eggener, "Placing Resistance: A Critique of Critical Regionalism", JAE 55, no.4, 2002.

Yi Wen Wang, Tim Heath, "Constructions of National Identity: A Tale of Twin Capital Building in Early Post-war Taiwan", *Taiwan in Comparative Perspective 2,* 2008.12.

| 잡지 |

경제평론가 소륜, 「5월 산업박람회가 거둘 성과: 경제 5개년계획 성취에 강력한 추진자극제가 되길 기대한다.」, 『신사조』 제1권 5호, 1962년 6월.

김서령, 「이 사람의 삶_'서울의 얼개' 디자인한 최초 도시설계사 차일석 박사」, 『신동아』 제559호, 2006년 4월.

김중업, 김수근, 이구, 「건축좌담회 전통을 계승하는 길은」, 『공간』, 1967년 1월.

김택진, 「나와 건축」, 『건축』, 1999년 8월.

공간사, 「특집 한국현대건축을 위한 심포지엄 시리즈1: 국립종합박물관의 경우」, 『공간』, 1967년 2월.

공간사, 「국립극장, 국악사양성소」, 『공간』, 1971년 6월.

김덕승, 「산업박람회의 의의」, 『비지네스』 제2권 5호, 1962.

대한건축학회, 「자유센터 건설 특히 노출콘크리트 시공에 대하여」, 『건축』 제8권 1호, 1964년 4월.

대한건축학회, 「작품화보: 자유센터」, 『건축』 제8권 1호, 1964.

서울신문. 「콘크리트를 찰떡 주무른 사나이」, 『선데이 서울』, 1968년 12월.

송민구, 「잊을 수 없는 분들」, 『건축』 제19권 65호, 1975.

송율, 「건축실무의 역사(6)-50년대 건축실무」, 『건축사』, 1995년 2월.

안창모, 「한국건축의 전통논의 구조」, 『플러스』, 1999년 9월.

이천승, 「현 단계의 건축가의 진로」, 『조선건축』 제1권 1호, 1947년 3월.

이희태, 「국립극장계획설계에서 준공까지」, 『건축사』 62호, 1974.

이희태, 「건축가 이희태」, 『꾸밈』, 1977년 9월.

| 영상자료 |

영상역사관, 「5.16 1주년기념 산업박람회」, 1962.

| 그림 목차 |

| 제1부 |

1-1. 서울시내 고적분포도 ⓒ『서울특별시사: 고적편』, (서울특별시사편찬위원회, 1963). *36p*

1-2. 복구중인 중앙청 ⓒ국가기록원. *44p*

1-3. 중앙청과 민족기록화 ⓒ국가기록원. *44p*

1-4. '군사혁명 1주년 산업박람회' 배치안내도 ⓒ『광화문 연가: 시계를 되돌리다.』, (서울역사박물관, 2009). *46p*

1-5. '군사혁명 1주년 산업박람회' 투시도 ⓒ『경향신문』, 1962년 4월 16일. *46p*

1-6. '군사혁명 1주년 산업박람회'(1962) ⓒ*Welcome to Seoul,* (Seoul : Tourist Industry Section, Special City of Seoul, Republic of Korea, 1962). *48p*

1-7. 애국선현37인 조상(1964) ⓒ국가기록원. *50p*

1-8. 이순신 동상 제막식(1968) ⓒ국가기록원. *50p*

1-9. 광화문사거리(1966년 7월 4일) ⓒ『돌격건설 김현옥시장의 서울』, (서울역사박물관, 2012). *52p*

1-10. 광화문지하도와 기념비각 ⓒ『공간』, 1967년 1월. *54p*

1-11. 도시건설의 문제점 ⓒ『경향신문』, 1967년 2월 15일. *54p*

1-12. 종합민족문화센터 건립위치 변화 ⓒ강난형. *60p*

| 제2부 |

2-1. 화엄사 각황전, 법주사 팔상전 실측보고 ⓒ『건축』 12권 1호-2호, 1968. *84p*

2-2. 한국목조건축가구변화분류도표 ⓒ『한국건축양식론』, (일지사, 1974). *84p*

2-3. 국립종합박물관 현상설계 당선안(1966년 3월 10일). *92p*

2-4. 국보건설단 강봉진의 종합박물관설계과정 ⓒ강난형. *92p*

2-5. 국립종합박물관 신축공사의 시비 ⓒ『서울신문』, 1966년 4월 26일. *94p*

2-6. 「특집 한국현대건축을 위한 심포지엄 시리즈1: 국립종합박물관의 경우」 ⓒ『공간』, 1967년 2월. *96p*

2-7. 국립종합박물관 설계 변경안(1966년 11월 16일) ⓒ국가기록원. *98p*

2-8. 팔상전 3층 기단에서 바라본 도시 전경 ⓒ『국립중앙박물관 준공보고서』, (문화재관리국, 1972). *98p*

2-9. 광화문 석축 ⓒ국가기록원(촬영: 문화재관리국 임호균). *106p*

2-10. 광화문 앞길 ⓒ『경향신문』, 1967년 5월 15일. *106p*

2-11. 광화문 단면도(상: 光化門(1968) 하: 光化門(1865)) ⓒ국가기록원, 문화재청. *108p*

2-12. 지붕의 물매(좌: 光化門(1968) 우: 光化門(1865)) ⓒ강난형. *110p*

2-13. 광화문 단면도(좌: 光化門(1865) 우: 光化門(1968)) ⓒ강난형. *110p*

2-14. 경복궁 궁궐 안과 밖의 변화 ⓒ지적원도(1912), 폐쇄지적도(1970). *114p*

2-15. 서울시에서 발표한 광화문 복원 투시도(1967년 9월 25일) ⓒ『돌격건설 김현옥 시장의 서울』, (서울역사박물관, 2012). *116p*

2-16. 광화문 준공식과 정부종합청사(1968) ⓒ국가기록원. *118p*

2-17. 경복궁의 전체 단면도 ⓒ강난형. *122p*

2-18 경복궁과 그 앞길의 엑소노메트릭 1945~1961 ⓒ강난형. *122p*

2-19 경복궁과 그 앞길의 엑소노메트릭 1961~1987 ⓒ강난형. *123p*

| 제3부 |

3-1. 지도로 본 경제개발 5개년계획과 시멘트 생산량 그래프 ⓒ『조국은 새롭다』, (공보부, 1967). *144p*

3-2. 축 5·16 서울시민에게 드리는 공약 ⓒ『매일경제』, 1966년 5월 16일. *146p*

3-3. 현충사 본전 도면 ⓒ『아산 현충사 연혁지』, (문화공보부, 1969). *154p*

3-4. 광화문 사전모형(1967) ⓒ구일옥. *156p*

3-5. 광화문복원기공식과 사전모형(1968.3.15.) ⓒ국가기록원. *158p*

3-6. 첨차와 소로의 거푸집과 단위요소 ⓒ구일옥. *160p*

3-7. 광화문 거푸집(좌: 계단 난간조각형틀 우: 외부 보머리 형틀) ⓒ구일옥. *160p*

3-8. 광화문 단위요소(공포, 순각판, 서까래)의 엑소노메트릭 ⓒ강난형. *162p*

3-9. 국립종합박물관의 공사과정 ⓒ『국립중앙박물관 준공보고서』, (문화재관리국, 1972). *164p*

3-10. 국립종합박물관 미륵전 단위요소(공포, 순각판, 서까래)의 엑소노메트릭 ⓒ강난형. *166p*

3-11. 송민구의 세종대왕 기념관 투시도 ⓒ국가기록원. *168p*

3-12. 송민구의 설계방식 ⓒ『한국의 옛 조형의미』, (기문당, 1990). *168p*

3-13. 이희태의 국립극장, 국악원, 국악사양성소 투시도 ⓒ국가기록원. *170p*

3-14. 이희태의 국악사양성소의 기단과 주랑 ⓒ건축사. *170p*

3-15. 강봉진의 1960년대 건물유형 분류 ⓒ『한국양회공업』 32호, 1969. *174p*

| 결론 |

4-1 경복궁과 광화문 앞길(1968). *196p*

4-2 경복궁과 광화문 앞길(2010). *198p*

| 표 목차 |

| 제1부 |

표 1-1. 5대 궁의 박람회 및 공공건축프로젝트(1953~1966). *40p*

표 1-2. 경복궁의 영구보존재산목록표(1960.9.30.) ⓒ舊皇室關係法令 & 財産目錄集(1992). *41p*

표 1-3. 종합민족문화센터 건립위치 변화와 장단점 비교. *61p*

| 제2부 |

표 2-1. 덕수궁의 국립박물관과 경복궁의 국립종합박물관 프로그램 비교. *86p*

표 2-2. 종합박물관의 당선안에 인용된 문화재리스트와 각 건물의 용도. *91p*

표 2-3. 광화문(1968)의 치수비교 ⓒ국가기록원, 문화재청+강난형 재작성. *112p*

| 제3부 |

표 3-1. 국내 시멘트 및 레미콘의 수급(단위: 천 m/t, 천㎥) ⓒ통계청(1998:163). *143p*

표 3-2. 강봉진의 1960년대 건물유형 분류 ⓒ『한국양회공업』. *175p*

| 부록 |

표 4-1. 국립종합박물관과 광화문 관련 건축행위자 명단. *269p*

표 4-2. 광화문 복원 추진위원회 구성 ⓒ국가기록원, BA0774178. *270p*

표 4-3. 강봉진의 실측조사 및 건축설계리스트. *271p*

표 4-4. 1960~70년대 문화재와 관련시설 리스트 ⓒ『호국선현의 유적』, (문화공보부, 1977). *272p*

참고문헌

부록 : 구술채록 자료

구술자 소개 • 229
구술채록 자료 • 231
찾아보기 • 275

| 구술자 소개 |

구일옥(具一鈺, 시공사 건축주임, 1943~)

한양대학교를 졸업하고 공영토건에 입사하여 시공 건축주임으로 광화문 중건공사를 담당하였다. 그 밖에도 문화재 관련 공사로는 영추문(자문), 종합박물관, 경주박물관이 있다. 이후 한신공영의 건축사업 본부장과 롯데건설에서 개발사업 본부장을 역임하였다. 현재 문화재 실측 설계사무소인 춘추건축사사무소를 운영하고 있다.

윤홍로(尹洪璐, 문화재관리국 기술주임, 1940~)

홍익대학교를 졸업하고 문화재관리국의 영선계에서 종합박물관을 시작으로 아산 현충사 성역화사업, 안동 도산서원, 행주산성, 진주성 성역화사업, 불국사 복원공사, 세종대왕릉 정화사업, 창덕궁 돈화문 보수공사, 경회루 보수공사, 국립진주박물관 건립공사, 진주성 보수정비, 암사동 선사유적지 복원정비공사를 담당하고 독립기념관 건설국장을 역임하였다. 저서로는 '전통건축의 수리와 정비, 한국문화보호재단(2006)'이 있다.

안상열(安相烈, 국보건설단 설계담당, 1943~)

서울 수도 공과대학 졸업 후 남대문 설계(1961) 참여를 계기로 임천 고건축연구소에서 근무하였다. 국보건설단의 문화재 설계팀장으로 국립종합박물관 현상설계, 광화문복원(1차)설계를 담당하였다. 그 후 독립하여 김의중, 이정표와 함께 임천 고건축연구소를 잠시 열었다가 문화재관리국의 1분과 상근 전문위원으로 근무(1969)하였다.

최승일(崔承一, 국보건설단 설계팀장, 1943~)

서울 수도 공과대학 졸업 후 남대문 설계(1961) 참여를 계기로 임천 고건축연구소에서 근무하였다. 국보건설단의 문화재 설계팀장으로 광화문 복원(2차)설계, 아산 현충사설계를 담당하였다. 그 후 독립하여 문화재 관련 설계와 실측조사를 전문으로 하는 '한성기술개발공사'를 운영하였다.

박종석(朴宗錫, 국보건설단 설계담당, 1942~)

건국대학교를 졸업하고 제네럴 건축사무소에서 근무(1963~1964)하였다. 국보건설단(1966~1968)에서 국립종합박물관 현상설계, 광화문 복원(1차)설계에 참여하였다. 그 후 허진의 수도건축사무소(1968~1969)에서 잠깐 근무하다가 문화재관리국 보수과에 들어가 불국사 복원공사에 참여했다. 불국사 이후 현대건설의 문화재팀 담당으로 문화재 관련 공사를 하였다.

| 구술채록 자료 |

구일옥 _ 제1차 구술채록문

· 일시 _ 2015. 8. 20.

· 장소 _ 서울시 영등포구 여의도동 미원빌딩

· 진행

구술 _ 구일옥(구)

채록 _ 강난형(강)

· 핵심어

사전모형, 도목수, 이시형, 콘크리트, 거푸집

| 개인의 이력소개 |

강: 광화문과 관련되어 참여했던 분을 찾던 중, 선데이 서울에서 기사를 연재했던 선생님의 '콘크리트를 떡처럼 주무른 사나이'를 보고 연락드렸습니다. 간단한 이력 부탁드립니다.

구: 반갑습니다. 나는 광화문 시공회사 공영토건의 건축주임이었습니다. 이후 공영토건에서 종합박물관, 영추문(자문), 공주박물관, 경주박물관등의 시공에 관여했지요.

강: 광화문의 설계나 시공에 참여했던 분의 기억을 이야기 해주세요.

구: 당시 종사자들은 거의 죽었습니다. 강봉진 씨는 돌아가시고 최승일 씨가 설계 일은 많이 아는데, 몸이 안 좋으시다는 이야기 들었어. 박종석은 말단기사였고, 이래우와 장경호 씨가 있었는데, 장경호 씨를 찾아가면 좋을 거야.

| 광화문을 콘크리트로 복원한 계기 |

강: 콘크리트의 시도작업이 많았던 시절이었던데요. 개인이 특허를 제출하기도 하고 국가적으로 공업화 주택건설 등의 기사를 읽었습니다. 당시 사회적 분위기를 이야기 해주세요.

구: 광화문을 시작으로 콘크리트 건물의 한식화가 시작되었어. 현재에도 많이 지어지지만 내 눈에는 활발하지 않아. 형식적이야. 깊이 들어가지 않아. 나는 처음이었고, 26살이었지. 처음으로 시작했는데, 시작할 때까지 가능성에 대한 토론이 많았어. 강봉진, 장기인, 윤장섭 선생님도 마찬가지였어.

강: 광화문을 콘크리트로 복원하게 된 계기는요.

구: 그 전에 왜 박 대통령이 광화문을 복원했는지 역사성을 생각해봐야 해. 군인 출신으로 정권을 쥐었을 때, 독재는 사실이지. 문화 창달, 경제발달의 공로자라고 생각해. 복원의 시작을 만들어준 것은 사실이지. 광화문은 1394년에 경복궁 중수로 (나라가 흥할 때) 광화문이 지어졌고, 1592년 임진왜란 때 불에 타고 1867년 대원군 때 복원이 처음 일어났어. 두 번이 아닌 세 번이지. 대원군도 독재지. 1926년(1927년) 한일합방 이후 이건이 되었고, 건춘문 북측(민속박물관 정문)자리에 이건되었지. 이때는 나라가 망했을 때지. 1950년 6.25때 문루가 불타고, 석축은 그을려 상해 있었지. 그걸 내가 해체했었지. 1968년에 다시 복원하게 되었지. 우리나라가 흥할 때 서고 망할 때 불태워졌지. 국운과 함께 가는 이 문제는 중요한 것이지. 그 역사성이 가장 중요하다고 생각해.

박 대통령이 세우게 한 것은 나라가 흥하게 하는 상징성 건물이야. 무관이 대통령이 되었으니, 문의 정치를 내세워야 하는 입장으로 국민들의 마음을 끌려고 했지. 복원은 전국적인 사업으로 광화문이 첫 태도였지 그 다음이 아산 현충사.

강: 현충사가 먼저 아닌가요.

구: 아니야. 그때는 미미했지. 없어진 문화재 복원에 중점을 두고 시작했지. 현충원 안에 현충문, 경복궁 서측 영추문..을 시작했지. 영추문은 건설 자문만 했고, 종합박물관하고 공주박물관은 자문만 하고 경주박물관을 지었지.

| 도목수 이시형과 광화문의 사전모형 |

강: 콘크리트로 한옥을 짓는 것이 가능했던 도목수 이시형에 대해 설명부탁드려요.

구: 처음 시작은 목형틀 제작한 이시형 목수가 있었어.

강: 목수 이시형과 함께 작업한 기억 부탁드립니다.

구: 박 대통령은 광화문 역사성을 중심으로 시작했지. 부산의 김택진이 소유하고 있던 도면이 있어 자문을 했고, 목조건축으로 짓기로 시작했는데, 광화문 역사를 보고하는 과정에서 박 대통령은 불에 안 타는 콘크리트로 지을 수 없는지 물었어. 영구적인 건물을 지어라. 콘크리트로 바뀌게 되니까 이래우, 장경호..(지금 살아 있을거야. 연세가 많아서 80대니까)..시공가능성을 타진하는 것에 내가 개입했지.

강: 콘크리트를 일체식인데 나중에 pc로 제작했죠? 공포는 목조하듯이 하셨던 것은 의도했었나요.

구: 목조(건축)복원이니까 재료만 콘크리트지. 구조적인 부분은 지탱하고, 아닌 부분은 목구조로 갔어. 재료만 콘크리트지 복원에 가깝게 따라가야겠다. 했지. 목조를 잘 몰랐지만, 그래서 그때 만났던 사람이 이시형 목수지. 충청도 공주인가 거기서 목조건축을 작업하고 있던 사람이었어. 회사에서 전국적으로 찾아달라고 했고. 나는 자신 있다고 마음먹고 문화재관리국, 청와대에 보고했지. 보이지 않는 부분은 구조적으로 불가능하니 변형해야겠다. 인정해 달라 했지.

강: 그렇군요.

구: 답을 하는데 일주일 걸렸어 흥화문 정문 위에 올라가 겨울 12월 크리스 마스때 도면을 펴놓고 관찰을 했지. 콘크리트로 가능하겠다 했지. 대학졸업하고 건축 안 해보고 토목했던 사람인데..

강: 네...

구: 12월 창고에서 공포 한 세트를 실물크기로 만들었지.

강: 국가기록원 기공식 사진의 모형사진이..

구: 맞아. 겨울 내 창고에서 이시형 씨 데리고 작업지시를 했지. 조립 가능하도록 한 세트를 제작했지. 주두에서 서까래까지.

강: 내 외부를 분리하여 제작하고 포벽에 걸었던 거지요.

구: 그렇지 구조적으로 힘을 쓰기 위해 얇은 벽에 기둥이 없어지고 짤리는 부분에서 힘을 못 받겠지. 한식 건물은 포벽만 올라가지만, 기둥 뒤편은 벽을 세워. 출목도리까지 철근이 올라가도록 했지. 이 부분은 실제와 틀리지. 외부만큼은 철근을 휘어 안으로 보내겠다. 이 벽이 힘을 받도록 하겠다. 한 세트(내외부) 만들어 경복궁 민속박물관 창고에서 만들었지. 민속박물관 착공과 같이 시작했기 때문에 일 년 차이지만, 현장사무실을 민속박물관 뜰에다 사무실이 있었지. 기둥을 묻고 포개서 완성했지. 구조를 해결해 주면 하겠다. 했지. 3월 15일 기공식장 옆에 세우고 대통령, 관계자들이 보도록. 그때부터 콘크리트로 확정되었지.

| 광화문의 시공과정 - 공포, 서까래, 선자연 |

강: 광화문은 콘크리트를 비벼서 치는 건가요. 현장에서 래미콘 사용없이? 조립해서 사람이 들고 나른 건가요.

구: 아. 래미콘은 있었지...래미콘이 지붕은 했나. 아니야. 현장에서 콘크리트 비벼 쳤지. 현장에 있는 창고에 만들어 놓고 나무조립하듯이 가져가서 조립했지. 번호를 다 적었지. 힘든 것이 귀포였어 모슬기둥.

강: 주심공포는 일체형 아닌가요.

구: 아니야. 분리되어 있었어. 귀포가 하나둘 8개 만들었지. 한 층에 같은 부재를 56개 만든 것도 있고. 부재수를 수첩에 적었지 대첨차, 소로 등을 pc로 제작했지. 어려운 것은 첨차는 괜찮지만, 앙서, 수서의 부분이 얇아서 8번선 4미리 매시같은 것을 집어넣었지. 그 힘에 붙어있도록. 그래서 살아있는 거지. 문제는 조강재가 필요했어. 강도를 높일 수 있는.. 이런 작은 물건의 조기강도를 높이기 위해.. 이게 제대로 없었지 포졸리스를 1%넣었지. (5%

넣었더니 팍 내려 앉았지) 조기강도를 높이는 첨가제를 써서.. 서까래가 문제였지. 서까래를 놓고 콘크리트를 치느냐 목조 건축은 서까래가 받치고 있고, 콘크리트는 슬라브에 붙는거고. 먼저 놓고 치느냐 달아매느냐. 광화문은 달아맸지.

강: 역사박물관 앞에 있는 광화문을 보면 서까래 구멍 홈이 있었어요. 미리 만들어놓고..

구: 지붕을 치면서 구멍을 뚫었지. 서까래 만들 때 앵커를 묻고. 볼트로 채울 수 있도록. 앵커가 통과하여 조립하도록 했지. 이렇게 하다 보니 서까래가 경사져서 쳐지더라고 1센티 정도. 그래도 매달았지. 앵커 자리에 매다는게 어려웠어. 콘크리트 칠 때 옮겨지는게 어려웠지. 그때는 슬라브를 뚫는 기술이 없었기 때문에 애를 먹었지. 그런데 어려워서 민속박물관할 때는 서까래를 먼저 올리고 개판을 놓고 콘크리트를 쳤지. 개판 제거가 어려웠지. 부분적으로 사용한 합판이 어려웠던 거지. 그런데 평고대 부분의 선이 고르지 않아 힘들었지.

구: 그 다음에 어려운 부분은 선자연이지. 한국건축의 멋은 선자연에 있지. 선자연의 서까래모양은 외목도리 위에는 사각형이고 (갈모산방위에는) 나오면서 원으로 바뀌고, 끝에는 배흘림으로 올라가고. 이 부분이 어려웠지. 선자연서까래를 가서 봐봐. 조각이지. 한국건축의 멋인데. 지금은 그렇게 하지 않지.

강: 그때는 한국 건축의 미를 생각하고.

구: 나는 100%로 따라하려고 했지요. 선자연을 하나하나 만들었지. 목형 틀은 10번 정도 사용.

구: 어떤 부분은 8번 썼지. 어떤 부분은 좁다란 나무를 사용하여 어떤 부분은 함석을 얇은 철판을 사용하여 돌려서 만들었지. 별짓을 다했지. 모형, 거푸집사진을 보여줘야 하는데.

강: 충남대 1970년대 콘크리트 한옥과 관련된 논문에서 읽었는데요, pvc로 서까래를 제작하였는지요.

구: 옳지 그때는 pvc가 일부만 개발되어 규격이 맞지 않았지. pvc는 우리나라는 만지는 건축이 아니야. 100프로 떨어져서 봐야해. 원형이 없어 다면원형이지 자귀질로 해서 직선에 연속이지. 사각기둥을 깎아 원을 만들지 대패질이 아니야. pvc로 하면 대패질한 맛이야. 자귀질한 맛이지.

강: (강화전적지에서 보면) 장기인은 뜨거운 물에 넣어pvc..

구: 그렇게 하면서도 선자연 그 맛을 안네요. 뜨거운 물에 넣어 모양은 잘나오지만, pvc닿은 콘크리트 면이 굉장히 고와서 나무질감이 안 나와.

강: 목재거푸집이 중요한 거네요.

구: 석재도 마찬가지야. 거칠은 다듬이 현재는 잘 사용 안해 . 지금은 기계를 사용하니까 깨끗하잖아. 무조건 나무로 하려고 했으니까. 나무모양 그대로 하려했지. 그걸 품셈책을 만들었지. 감사원 기술자와 붙어서 승인을 받았지.

| 광화문의 시공과정 - 거푸집 |

강: 현재는 설계, 시공, 장인이 따로 (기능자) 만들죠. 장인은 누가 선택을.. 도목수의 역할이 어떤 건지.. 전체 한 건지.

구: 부분 도급을 줬지. 시공사 총책임이지. 도목수는 거푸집을 다 제작한 거지. 내가 모르니까 현촌도를 모든 부분에 있어 제작하고 바닥에 합판을 깔고 현촌도를 만들어 맞도록 거푸집을 짠 거지. 목조는 첨차를 그대로 놓으면 되지만, 첨차, 소로, 대첨차에서 앙커 볼트를 심어 구멍을 뚫고 통과하여 최상 슬라브에서 잡았지. 목재와 달리 부재 연결을 위해 구멍을 뚫고 변형이 안 되도록 심었지 현촌도에 구멍자리를 만들어놓은 거지.

강: 다른 현장에 다시 쓸 수는 없었는지.

구: 이 현장에서 소로, 첨차는 수백 개라 이 현장에서 사용했지.

강: 네..

구: 광화문 난간의 직경이 60mm인데 그건 pvc로 제작했지 너무 작아서 pvc를 사용했지.

강: 서까래가 150이라 당연히 pvc라고 생각했습니다.

구: 그 정도 사이즈의 pvc가 없었던 거 같아.

구: 조립해서 지붕칠 때 다 묻히도록 공포가 매달리도록했지. 이광규라는 목재 도편수. 우리나라 유명한 도편수는 광화문 앞으로 안 가겠다 했지. 떨어질 거 같다고.

강: 왜 콘크리트였죠. 목재 생산은?

구: 박 대통령이 영구 광화문을 세우라 했지. 역사성이야. 목재로 설계하였다가 시공과정에서 바뀐 거지. 불탄 자리 번호판 붙여놓고 해체할 때 콘크리트로 설계를 바꿨고. 평여장은 흙벽돌로 해야 했지만, 12월 12일 준공할 때 옛날식대로 전돌로 만들기는 힘들었지. 공기 내에 불가능했지. 과거는 뒤쪽이 깎여 강회를 넣고 바짝 붙어있었지. 매지 6미리였지. 6미리. 철판을 사용하여 사이사이 합판을 깔고 못 움직이게 했지. 문양을 맞추어 매지 넣고 콘크리트 쳤지. 단청 칠로 벽을 칠했지.

강: 콘크리트에 대하여 실험적으로 사용 많이 했지요. 그런데, 지금은 좋지 않은 재료로 이야기 하죠.

구: 맞아. 이때 10년 정도가 노출실험을 많이 했지. 아니지. 더 좋은 재료가 있었으면 다른 재료로 갔을 거야. 66년도 졸업하고 75년까지 10년간 이 일을 했지. 그리고 경주박물관을 끝으로 이 일에서 벗어났지. 난 무조건 pc를 했지.

강: 왜 이 공법(pc)을 사용했죠.

구: 일체식은 이익창출이 힘들었어. 속도가. 경주박물관은 기둥 위마다 화반이 있지. 연꽃모양의..1.2m짜리가. 44개의 11개 사면이니까. 이희태 씨가 설계했지. 국립극장은 처마돌출하고, 64미터의 정사각형이지. 백제스타일로 설계하여 처마모양을 백제식이라 바꾸어야 합니다. 경주는 신라집인데. 백제와당을 사용했지. 공사 시작때 거의 다 만든 상황에서 알았지. 백제와당과 신라와당을 모르는 때였지 공주박물관 설계를 먼저 했던 건축가여서 그랬지. 지붕처마가 신라스타일은 석가탑 모양으로 합시다.

구일옥 _ 제2차 구술채록문

· 일시 _ 2015. 10. 3.

· 장소 _ 서울시 영등포구 여의도동 미원빌딩

· 진행

구술 _ 구일옥(구)

채록 _ 강난형(강)

구: 이게 현장에서 세운 사전모형. 이걸 뜯어다가 다시 세웠지.

강: 서까래까지 만든 거였네요. 실제와 다른 부분은 없는지요.

구: 원래는 벽이 없고 안과 밖이 하나였지만.. 이건 나누었지 기와를 만들어서 자르는 거지. 잡상이고. 내부로 물 흐르는 부분.

강: 파노라마사진이네요.

구: 이것을 알아야 만드니까 모형이 두 가지니까. 얘는 다 틀려서.. 복원과정이니까 해체 전에 사진으로 기록을 남겼지.

강: 순각판도 pc로 제작했잖아요.

구: 개판?

강: 공포 첨차 사이 위에 붙이는.

구: 그렇지, 거푸집을 짜서 넣고 치면 빼기가 힘드니까 ㄷ자형으로 제작했어. 놓고 바로 쳤어. 바로 거푸집이지.

강: 내부 반자는요?

구: 그건 pc가 아니고 일체형이지.

구: 목재 틀이 있고, 채우고 빼는 거지. 일제 때 옮겼지. 모양이 틀렸어 외부에 회랑을 더 붙였어. 그런데 그 회랑은 불타고 없었으니까 못 봤지.

구: 도편수 이시형은 충남 아산군 탕정면 우동리 사람이었어.(수첩에 적힌 글을 보며) 도석수 안기호. 단청에 김제규.

강: 콘크리트 목수가 아닌 전통목수 이시형 씨가 한 게 특징이네요. 전통기술이 담겨있는.

구: 아무도 조립식을 요구하지 않았지. 최승일 씨 보고도 도면을 그려주면 콘크리트 조립식으로 해보겠다고 했어. 나도 놀랐어. 이시형 씨가 복잡한 작업을 잘 해냈지. 순각판은 꼽으면 되는데, 콘크리트 위에는 필요가 없으니까 반을 잘라서 만들었지.

| 기타 |

구: 광화문 공사하고 남대문 70년에 보수공사를 했어. 임천은 63년도 공사했고. 광화문 이후 예산 세워서 69년에 그 다음해 북측 기와 터진 부분 서까래 부재 썩은 부분 교체하고 그랬지.

구: (경주박물관 사진 보며) 지붕 위 다보탑 사진.

구: 단청 계란색은 육영수가 좋아해서.

강: 장기인 선생은 나무로 지은 건물에도 칠했다고.

구: 나도 불만이었어. 문화재라고 지어놓고 자기 색을 칠해주어야지. 왜 그런 생각을 했는지. 단청을 주술적이라고 생각해서인지.

윤홍로 _ 구술채록문

· 일시 _ 2016. 4. 15.

· 장소 _ 서울시 종로구 삼일대로 운현궁 평상

· 진행

구술 _ 윤홍로(윤)

채록 _ 강난형(강)

· 핵심어

문화재관리국, 영선계, 설계검토 자문 위원회, 도면작업(허 진)

| 종합박물관 설계 당선안 |

강: 종합박물관 설계과정과 맡으셨던 역할에 관하여 이야기 부탁드립니다.

윤: 먼저 간단하게 국립박물관에 대하여 설명을 할께. 원래 명칭은 국립종합박물관. 그전 우리 박물관이 일제시기부터 경복궁에 박물관, 광복이후 덕수궁의 박물관이 협소하여 5.16혁명이후 민족문화중흥 기치아래 다시 건립을 해야겠다는 국가의 정책에서 경복궁 안에 종합박물관 국보건설단 강봉진 선생이 공모아래 당선되었어. 2층3층5층의 각황전, 미륵전, 팔상전이 국보로 지정되어 있었어. 국보지정 건축물을 모으면 대표적인 건축물이 될 것이다. 박물관도 박물관이지만 경복궁 안에 한옥군 속에다가 지으면 경복궁 안과 조화도 될 것이고, 이런 생각 하에 당선되었어.

강: 그런데 안이 바뀌었죠.

윤: 실제 공사입찰과 설계과정에서 한식 건물의 기둥방식, 주 칸 방식으로 간 것이 박물관 기능으로 불합리했지. 이것 때문에 검토하는 과정에 있었어. 검토과정 담당으로 건축에서는 정인국 교수님이 당시 문화재 위원이셨어. 미술 쪽에서는 숙명여대 계셨던 화가 인데.. 현대건축가야. 다른 분들은 김윤기(건설부 장관), 김형걸(서울대 공대 교수), 홍붕의(서울대 교수).. 당시

문화재관리국 국장이 하갑청이야. 그 당시 방첩대장, 요즘으로 말하면 보안사령관을 지낸 분이었지. 이분이 당시 문화재관리국장으로 이런 분들을 설계검토 자문위원을 구성해가지고, 검토과정에 나는 4학년 1학기 때였지. 조교는 강건희, 윤도근 선생이 있을 때, 강건희 조교의 추천으로 정인국 선생님 통해 문화재관리국 설계수정작업을 했지. 1966년 6월 쯤이었지.

강: 수정 이유는..

윤: 당시 외형은 그대로 두되 내부는 주 칸 변경 후 박물관 기능이 되도록.. 정인국 선생님이 직접 주도하시고 같이 온 친구 두 명은 졸업 작품 관계로 그만두었지. 66년 10월 즈음 도면이 정리되었지 착공당시 감독 보조로 있게 되었고, 주무감독은 장경호(전 국립문화재 소장)선생님 밑에서 보조 작업을 했지. 그 무렵 전통 한옥으로 짓는 것을 새로이 시작한 게 불에 약한 건축물, 목조를 콘크리트로 해라. 박정희 대통령의 강한 의지와 문화재. 경복궁 안에 짓는 것이 가능했지. 지금 같으면 안 되지만. 문화재 인식이 적었어. 무난히 통과했지.

강: 다른 문화재에서도 한옥을 콘크리트로 짓는 경우가 있었지요.

윤: 그 무렵 콘크리트로 지은 것은 광화문, 육군사관학교 연병장 육사 화랑대가 순수 콘크리트 건물이 한옥이었지. 화재 때문에 대통령의 의지. 불국사 복원이 73년에 콘크리트로 지어라,라는 의견에 대해 문화재 위원의 건의가 있었어. 콘크리트 건물은 전통이 아니고 목조와 달라 딱딱하고 수명도 100년 강화되고 100년 약화된다. 200년 후를 알 수 없다. 해서 다시 목조로 했지. 대부분 정부에서 하는 건축물. 사당 등 모두 콘크리트였지. 지금에 와서 경복궁 내부에 있어야 하는지에 대해서 기존 터 한옥건물을 철거하고 박물관 터를 잡았지.

| 문화재관리국과 5대 궁 관리 |

강: 문화재관리국이 주도로 많은 건축을 지었죠.

윤: 당시 문화재관리국이 모든 건축을 지었지. 법상에 문화재 총괄하는 곳으로 박물관은 유물만 보관하는 곳이었지. 관리국은 정책이지 관리가 아니니까 국립박물관에 이관했지. 소유는 문화재관리국 소속이야. 그전에는 5.16전에는 일제 때에는 문교부 문화과가 있었지. 거기서 전국의 문화재를 다루었지. 수립정책 세우면 밑에 시도교육위원회 문정과가 있었지. 시군에 문정과에서 관리를 한거지. 중요한 국보 남대문수리같은 경우는 문교부 문화과에서 직접 주도하였고, 중요도에 따라 달랐지. 문화재관리국은 1962년~63년에 생겼고, 문교부 문화과에서 고궁, 능, 창덕궁 덕수궁 등 고궁과 능원, 순수하게 조선왕조시대 건물. 구 황실(재산)사무총국이라는 곳에서 5대궁과 능원을 관리하다가 5.16혁명이후 모든 문화재는 문화재관리국에서 관리하도록. 이때 만해도 고궁이나 능원은 사적지정이 아닌 보존재산이었어. 문화재는 아니었지. 구 황실재산으로 국가재산으로만 관리했지. 그 이후 5대 궁과 능원을 사적 지정하게 된거야.

강: 전통건축물을 이용한 설계의 생각은 있지만 디테일 도면이 필요하였을 텐데요.

윤: 이미 그 이전에 국보이기 때문에 다 되어있었고, 그 도면을 이용했을 거야.

| 국립종합박물관의 수정과정 |

강: 종합민족문화센터 건립추진위원회 7동으로 소속되어있었는데요. 처음 기획시기, 공보부의 종합민족문화센터를 만들때 문교부가 종합박물관이 별도 작업을 하고 있었는지. 이야기 좀 부탁드립니다. 공보부는 문교부 건의 내용이 있어서요.

윤: 건립 이전 행정관계는 잘 모르고.

윤: 장경호는 건축주사로 주무담당관이었고. 최병호 씨는 방송관리국에 있다가 교류가 되어 왔다갔다 했지. 기술주임에 고문현은 나보다 선배이고. 김영호는 전기, 박종진은 전기, 권오다는 건축보조였고..나는 고문현 씨와 같이 일했지.

강: 협조기관이 설계도면에 역할이 있었는지

윤: 잘 모르겠고.

윤: 건립추진위원회, 실무자 회위, 소위원회로 나뉘지만 회의를 웅성웅성 할 수 없으니까 건축분과, 유물분과 등 소위원회로 나누었지.

강: 종합민족문화센터 소위원회 사람들이 다시 박물관에서 역할이 있었는지요. 설계개선위원회에 송민구와 김수근 이름이 있어서요.

윤: 별로. 나있을 때는 설계개선 소위원회 분들이 오지않고 전부 여기에서 장경호 선생과 다했지.

| 국립종합박물관의 시공사 공영토건 |

강: 시공회사 이야기좀 부탁드려요.

윤: 화일산업은 1차였지 여기에서 떨어져 나와서 공영토건을 만들었지. 변호석이 나와서 차린거지. 그래서 밑에 직원이 민세기 등 빠진 사람이 변옥우(현장부소장, 홍대 중퇴, 변호석의 조카).. 제일 열심히 한사람은 민세기, 변옥우 였지. 그 밑에 김재명(한양대 나오고)..도편수 이시형이 중요해. 콘크리트 건축으로 지으려면 전부 원형으로 되어있는 원기둥을 거푸집을 짜야하지. 기둥이 곡이 있기 때문에 그 곡을 잡아야해. 거푸집 만드는 것이 기술인데, 목수 머리가 좋았어. 역으로 하는 거지. 나무기둥은 깎으면 되지만 거푸집 짜고 철근배근을 해야지.

강: 이분은 전통목수였는데..

윤: 아니야 현대목수. 전통목수가 하기는 어려워.

강: 구일옥 씨는 충남 전통목구조 하시던 분이시라고

윤: 물론 전통건축과 현대건축 작업을 모두 하셨지만, 전통기능자로 등록되있지는 갖고 있진 않았어. 박상갑 씨는 전통기와장. 단청에 김제규..

| 국보건설단의 강봉진 |

강: 설계도면은 어느 분이 그렸는지요.

윤: 설계과정에서 도면을 그린 사람은.. 국보건설단에 홍대 선배인데..허진.. 최승일(현 대전 거주)은 살아있고. 이응묵은 죽었고.

윤: 강봉진 선생님은 전남 목포 공업고를 나오셨을 거야. 한양대학 전신 소화공과대학을 나오셨어. 목포공업고등학교 교사를 하시고.

강: 강봉진 선생님의 1960년 이전 이력을 알고 싶습니다.

윤: 몰라. 아들이 편찬한 거를 봐봐. 아버지의 글을 단행본으로 남겼어. 서울시에 근무했는데 서울시 건축직. 고건축을 안했어. 건축사, 문화재 실측사를 안 따서. 건축사를 찬반하는 사람이 있었어. 당시 의사도 대학 나오면 의사지.. 건축사도 마찬가지였어. 정인국 선생님은 반대해서 시험을 안 보고. 장기인, 강봉진 선생은 면허를 따고 업을 했지. 장기인 선생이 1호일거야. 법 이전에는 박물관의 고건축전문으로 하는 몇 분이 임천(박물관 학예관, 단청전문)이 했지. 아들도 하고 있지. 문화재 전문설계는 양철수 라는 분이 원로였어. 일제시기때 소화공과를 나와서 하셨던 분이고. 문화재 업체가보기업을 하셨지. 지금은 등록해야하지만, 당시에는 재무부에 이 분야에 관심있고. 할 수 있는 분은 회계법상 재무부령으로 문화재관리국에 입찰해서 일을 딸 수가 있었어.

강: 과도기네요. 전문지식은 있고. 실무능력은 되지만.. 자격증을 따라고 한 상황이네요.

윤: 업체관계는 청주 문화재 업체하시는 안상열 씨에게 물어보도록 하는 게 좋아. 업계쪽에 있어서 강봉진 씨도 잘 알아. 아들도 안준희 씨도 하고 있어.

강: 준공보고서에는 강봉진 선생님이 작업을 초기설계에만 하셨다고...

윤: 마지막은 경복궁에서 작업했지. 내가 모형을 만들고 도면을 수정하고 마지막은 실시도면은 국보건설단에서 정리했어. 10분의 1. 30분의 1.. 비례와 외형을 보기 위한 모형을 만들었지. 석고로 외형만 만들었지.

강: 석고 모형작업이 있었네요.

윤: 그 당시는 전시준비가 수업보다 많았지. 국전으로 대통령상 타서 세계일주와 프랑스 해외 유학을 시켰지. 부암동. 강석원 씨..국전에 건축이 포함되어서 대통령상을 받았어. 논산훈련소 작품이었지.

| 당선안과 수정안의 차이 |

강: 공간잡지도면을 보니 박물관은 계획안이 실제로 지어진 것과 차이가 많아요.

윤: 공모작과 현재 시공부가 다른 부분은 기단부 부분인데 청운교, 백운교 부분이 돈도 많이 들고 해서 약식화 했지. 건축물은 단청 등 제대로 했지.

강: 외부계단이 팔상전까지 올라가는데 전망대로 되어있던데. 실제 박물관 기능은 하부에 외부공간에 대한 계획이 있었는지..

윤: 팔상전을 엘리베이터로 전망대를 하려했는데, 청와대가 내려다 보인다고. 전시도 안 되고 관리동으로 쓰게 되었지. 서울시청사, 화신백화점, 상공회의소 등 당시 낮은 건물 사이에 전망대를 만들려고 한 거 였어. 경호문제로 활용을 못했지. 북한 때문에... 너무 가깝지.

| 국립종합박물관의 시공과정 |

강: 시멘트 공장이 급격히 생기고. 레미콘도..

윤: 그때 레미콘을 안 쓰고 통에다가 콘크리트 타워에 1,2층 올라갈 때마다 윈치.. 통통통 소리 나는거 방앗간 돌아가는 거처럼 드럼통에 콘크리트를 배합해서 들어 올리고 층에 부어. 그전에 철근 배근해놓고. 20~30명의 콘크

리트 공들이 펼쳐. 나라시 하는거지. 콘크리트 타설 후 삽으로 평평히 만들지. 수평기가 없었으니 사람이 다했지. 돌 가공도 기계 없이 정으로 다 깨는 거지. 이리 옆 황등석을 가져다 쓴 거지. 몇 개 철근은 관급이라는 것이 있었어. 정부 문화재관리국에서 사서 시멘트와 철근은 지급해줬고. 돌, 골재는 직접 사왔고.

강: 창호는 알루미늄 샤시.

윤: 창호는 철재로 접어서 사용했어.

강: 당선안 설계설명서에 국내 생산을 중심으로 하겠다는 글을 읽었어요. 다른 재료 사용에 대해서도 기억나시는 부분..

윤: 미다시 콘크리트 제물치장과 일반 타설후 시멘트 몰탈로 바르는 것이 있었지. 여기 벽은 시멘트몰탈로 바르지만 외부는 돌이라 안 보이고, 바닥은 인조대리석 느낌의 도끼다시로 처리. 이 당시 최고급품이었지. 보통은 흙바닥. 다음 시멘트 몰탈 바르는 정도. 그 다음은 돌을 깔 수가 있었어. 벽은 시멘트 몰탈을 바르고 그 다음은 타일붙임작업. 지금이야 외장재가 많지만. 그렇게 해놓고 진열장 작업은 철물을 접어 제작하였지. 단청과 기와는 전통 방식을 사용할 수밖에 없었어. 콘크리트 위에 정식 안료를 넣어 했고. 청기와는 고려청기와가 아니고. 청색 안료를 넣어 겉만 청색이 나는 구천요업사라고. 천호동은 현재 개발되어 아무것도 없지만 그때는 한강가에 기와공장이 있었어. 90년대 ks기와가 나오지. 갑자기 수요가 늘어 100만장이 필요하게 되면서 기와는 가마속 불 온도가 불균형적이라 60%만 사용 가능했어. 청기와를 만드는데 가족부부와 아들이 함께했지. 안료를 배합할 때 녹색 안료를 가족에게도 비밀로 혼자 비법을 유지했지.

강: 광화문과 차이가 있는지요. 박물관은 서까래를 놓고 쳤다고.

윤: 같은 방식이었어. 철근을 꽂아 구멍을 내어 속에 넣고. 달아맸어. 거푸집을 짜서..공포도 하나하나 일일이 만들어 조립했지. 이시형 목수는 구조를 알았지. 머리가 좋았어.

강: 각황전 도면은 콘크리트 구조인데 철골구조물을 사용했더라구요. h형강 사용했는지. 철물작업, 창호랑.

윤: 창호는 현장 철제소에서 만들어왔지 공영토건이 하청을 주어서.

강: 스팬이 가장 큰 것인 각황전입니다. 구조적으로 특별히 고려한 부분이 있는지. 추녀는.

윤: 추녀는 아니고, 연목, 공포, 익공 같은 것만 미리 제작하고 나머지는 현장 타설로.

강: 비계작업도 특이한대요.

윤: 콘크리트니까 상관없지. 4주까지 양생작업은 없었고. 급했지. 기둥용 바이브레이터로 곰보생기니까. 큰 역할을 했고. 철근으로 쑤셔도 곰보가 많이 생겼지. 장갑끼고 몰탈 비비고. 했지. 한번 큰 사고가 날뻔 했어. 기리바리라고 선을 매는데 기둥에다가 고정하면서 작업을 해서. 감독하러 나갔더니. 윈치 진동이 주 구조체에 가면서 경화되면서 크랙 갈거고. 중지하라고 했더니. 선을 풀어서 넘어갈 뻔 해서 빨리 윈치 중지하라고 했지. 안 그랬으면 난리 나서 안전관리를 그 다음에 철저히 했지.

강: 당시 원조된 부분이 있었는지요.

윤: 우리 힘으로 능력으로 해본다는 의지가 있어서. 자유센터 김수근 선생이 했던거지. 그 당시 미다시 제치장이 나왔어. 그전까지는 좋은 건물은 타일을 바르고 몰탈 바르고 했지. 거푸집을 깨끗하게 짜고, 거푸집 자체 느낌이 살아있게 했지. 김수근이 공간사 창설하면서 했지 장충, 한국일보사 구멍이 뚫려 있지 판끼리 결구하는 부분에 선이 생기는 부분을 메꾸었지. 당시 우리나라 기술은 고도화된 것이 아니었어. 순전히 돌도..손으로 깨고 철근도 손으로 자르고.. 기계가 없었어. 수천통의 철근도 일일이 손으로 잘랐어. 카터가 없었지. 용접도 손으로 60~70년대에는 기술이 없었지.

강: 그 상황에서 타워를 만든 거잖아요.

윤: 그래서 나는 경복궁 내 경관과 맞지 않다고 하는데 안 지은게 아닌데. 이것 뜯고 다른 것을 하기 보다는.. 어차피 콘크리트 이론에 의하면 100년이 갈지. 이거를 전망대라도 하고.. 같이 공존할 수는 없는지. 19층 종합청사보다는 한옥으로 되어있으니까. 순수성도 좋지만. 경복궁을 위압하는 거라기보다는.. 난 철거는 반대야. 어차피 콘크리트 수명이 있으니까. 그전까지

20~30년 동안 예산편성해서 땅 먼저 준비하고 차근차근했으면 좋겠어. 민속박물관으로는 부족한 상황이긴 해.

| 국립종합박물관의 프로그램 |

강: 위인 선열실이 사라지고. 위층 공용 프로그램이 1층으로 내려가게 되죠. 그 원인은.

윤: 이건 고고학 박물관이야. 위인 선열실은 역사학 박물관이니까. 전문적인 박물관으로는 떨어지니까. 변경되었고. 지금이라도 팔상전을 전망대로 사용하면 좋지만 경호 때문에 힘들지.

강: 팔상전은 슬라브가 있는지. 현대기능을 위해 구조를 만든 거라. 도면을 찾고 있어요.

윤: 엘리베이터 때문에 없을 거야. 국보건설단이 해체되어 만나기 쉽지가 않지.

윤: 건축은 고대건축과 현대건축이 따로 있는 거가 아니야. 교육을 잘못 받은 거야. 맨날 뎃상만하라고 하고. 건축 미술과였지. 주로 서양건축사만 배우고. 윤무병 박물관 학예관이 와서 한번 강의하셨지. 처음 공포집을 배웠지 나중에 충남대 교수를 했어. 공포 한 시간. 최순우 선생님이 박물관 학예관으로 동양건축사를 했지. 고건축이라는 것은 오히려 여기 와서 팔상전 등 경복궁 실제로 보면서 고건축 공부를 시작했지.

강: 정인국 선생님은 어떤 분이셨는지.

윤: 일찍 돌아가셨지. 아들도 건축 활동을 하는데 외국에 있다 와서..60대이겠네.

| 경복궁의 운영상황 |

윤: 무명각은 창고로 사용하고. 태원전 측에는 일본 사람들 관사가 있었는데 철거하고 30경비단을 사용했지. 문공부청사, 문화공보부, 문교부도 여기 있었지. 경천사탑도 일본에 갔다가 5.16이후 받아 온거야. 문화재관리국(창성동, 덕수궁 등 이전)이 여기 있었지. 6.25이후는 그때는 아니었고. 그 시간 사이는 무엇으로 썼었는지. 구 황실재산사무총국은 창덕궁에 있었지. 박물관 부속창고가 지금도 있지. 자선당 터 동궁지역이었지.

강: 설계도면은 어디에서.

윤: 천추전에서 했지. 만춘전은 6.25로 파괴되어서. 장경호 선생님도 그 창고를 개조해서 사용했지. 시공회사에서는 박물관 터에 창고에서 작업했어.

강: 문화재관리국이 모두 사용했으니.

안상열 _ 구술채록문

· 일시 _ 2016. 4. 29.

· 장소 _ 전화통화

· 진행

구술 _ 안상열(안)

채록 _ 강난형(강)

· 핵심어

국보건설단, 실측조사보고, 임천, 고건축 연구소, 종합박물관 투시도

| 개인의 이력소개 |

강: 저는 국립종합박물관과 광화문을 주제로 박사논문을 준비하고 있는 강난형입니다. 간단한 이력 부탁드립니다.

안: 저는 (설계사무실은) 남대문에서 61년 10월 설계를 처음 배웠습니다. 지난번 공사하던 김의중과 동기생입니다. 그 친구는 경기공업, 저는 성동공업을 나와 고등학교 3학년에 실측을 시작했습니다. 그 이후 임천 씨가 국립박물관의 미술과장이었는데 이북 분인데 건축전공은 아니었죠. 왜정때 일본사람을 많이 따라다녀서 단청과 건물은 밀접한 관계가 있죠. 그래서 시작되어서 설계, 공사감독을 했습니다. 임천 씨가 북창동에 남선다방. 거기에 옛날 신양사라는 건설사, 철도공사를 많이 하던.. 재무부령으로 문화재 공사를 할 때 신양사에서 임천 씨를 도와주는 의미에서 건물 방 한 칸을 내어줬습니다. 거기에서 몇 사람이 설계를 했습니다. 당시 불국사 석굴암 전실 설계도 그곳에서 했습니다. 거기서 설계를 배우고 시작했습니다. 그래서 그 후에 국립종합박물관 현상설계를 하고, 그만두고 나왔어요. 박물관은 변경설계를 하고 나왔어요. 당시 화일산업(공영토건. 변옥우가 공사를 수주함).

| 국보건설단 |

강: 국보건설단에 계실 때 같이 계셨던 분들의 성함과 역할을 알 수 있을까요.

안: 허진이라는 분이 함께 있었는데 도면을 그렸죠. 세상을 떠났어요. 홍대출신인데.. 거기 몇 사람이 있었는데 무엇을 하는지 연락이 안 되네요.

강: 국보건설단에서 손 도면을 그리던 시기, 팀 작업은요.

안: 예전에 문화재청장 하갑청 씨가 있을 때 비서가 정재훈 씨가 있었어요. 그 다음 문화재관리국장까지 하셨고, 경남 진주 출신. 발인은 기억이 안나지만 현상공모로 박물관이 나왔어요. 국보건설단 강봉진 씨 팀에 함께 설계했고. 실시설계도 했어요. 사실 형식적이었어요. 일등 당선을 실시설계했지. 박물관 공모전 금액은 1400만 원 정도로 그때 돈으로.. 현상공모로 허진, 안상열,, 저 말고도 있었는데 연락이 안 되네요. 건물 세 개 - 보은 법주사 팔상전, 구례 화엄사, 김제 미륵전를 설계했죠. 도면이 없기 때문에 현지에 가서 한군데에 20일 정도 이상 실측을 했습니다. 정 실측은 아니고 약 실측으로 본 따서 설계를 했습니다. 그 당시는 캐드가 없이 손으로 캔트지에 연필로, 잉킹으로 그리던 시절이었어요. 그때 국보건설단이 종로2가(종로3가에서 광화문 채 못 가서 우측, 무가수 빵집, 1층 과학서적, 2층 화성다방 있는 3층)에 설계 사무실이 있었어요.

| 실측보고와 설계의 관계 |

강: 구례화엄사각황전 실측보고(1968, 강봉진), 보은법주사팔상전 실측보고(1968, 강봉진)는 당시 박물관 설계와 어떤 관계가 있는지요. 67년부터 보수설계검토가 이루어졌고 69년쯤 복원공사가 완료되었습니다. 그리고 첫 설계와 다른 부분이 있는데요.

안: 그때도 잡지실측보고와 실측. 함께 했습니다. 처음 실측에서부터 보수설계시에도.(처음엔 약식으로 실시도면을 그리기 위해) 정 실측은 그 후였어요.

박물관은 정 실측을 할 시간이 없어서 처음엔 한군데 20일 머물면서 평면 체크하고 설계를 했어요. 부속건물 회랑은 조사 안 하고.

| 최초 한식 설계자 강봉진 |

강: 젊은 시절 만났던 강봉진은 어떤 분이셨는지요.

안: 회랑은 조사를 안 하고 건물을 했습니다. 콘크리트로 한식건물이 안 지어질 때니까요. 그 전에는 육군사관학교 화랑연병장 사열대를 강봉진 씨가 설계해서 감리는 안상열(제)가 했어요. 육사2기생들이 (박 대통령이 2기) 그때 교장은 정내역 씨 모금해서 기증한 거였어요.

강: 강봉진 씨도 육사였는지요.

안: 아니요. 삼환기업 최종환 씨. 이화당 을지로 입구에서 삼환기업이 있고. 내무부고 있을 때. 그 이후 종합박물관 설계를 하게 되었죠. 최초 한식설계는 강봉진 씨였죠. 당시 할 수 있는 사람이 없었어요.

강: 한식설계를 할 수 있었던 이력이 있는지요.

안: 그게 어떻게 되었는지. 운대가 잘 맞았지. 그 양반이 전라남도 사람인데 어떻게 처음에 우리가 들어갈 때는 직원은 여직원 한명(전북교향인 김명희) 뿐이었어. 자동차는 새나라. 설계하고 새나라 하나 사고, 5917인가 번호가 있었는데 일이 없어서 전화까지 잡혀있었지. 박물관 설계하고 1400만 원이면 현재 14억 이지. 자동차 사고 사무실 활성화 되고.. 그러면서 여기 저기 실측을 몇 개 맡았어요. 송광사 하사당, 남한산성 등 정 실측을 말았어. 그 후 삼성 장기인 씨가 고향이 미륵이야. 그 양반이 구조책도 쓰고. 설계는 강봉진은 대선배지.

강: 강봉진 씨도 실측하면서 학습한 부분이 있었겠네요.

안: 그랬죠. 그때 당시는 문화재를 다룰 사람이 없었어요. 설계나.. 임천 씨 하고 보수공사에는 양철수 씨가 있었어요. 벌써 돌아가셨어. 가보라는 이름은 후고 이전에는 왜정시대 따라 다니면서 학습했지. 그때 당시 문화재 공

사를 하려면 저 공사 500만 원 하면 그게 설계였지. 감독하고 준공검사하고..

강: 광화문 콘크리트 작업이 목수가 작업하듯 공포 등을 만드는데.. 기존에 있었는지.

안: 거의 처음이죠. 지금은 콘크리트 구조를 pc로 서까래를 다 뽑고 하였지만. 손으로 합판으로 깎고 모형을 짜서 콘크리트를 타설했죠.

강: 이시형이라는 목수가 하셨는데 이분의 이력은 아시는지요.

안: 저도 잘 모릅니다.

| 임천 고건축 연구소 |

강: 국보건설단은 언제까지 다니셨는지요.

안: 광화문 설계 도중에 그만 뒀습니다. 막 시작될 무렵 서울 숭례문 김의중 씨하고 이정표하고 모여서 설계하자 안국동에다 조그만한 방을 얻어서 설계를 시작했습니다. 68년 정도 임천 고건축연구소.. 있다가 없어졌는데 우리가 임천 선생님한테 배웠으니까. 임천 고건축 연구소로 해서 설계를 해보자하는 원대한 꿈을 꿨어. 정재훈 씨가 문화재관리국 시절 사무관, 계장이었지 관리과.. 문화재관리국에 기술자가 없고. 윤홍로 씨는 영선계팀이었지. 장경호 선생하고, 윤홍로, 고문현, 김홍식 그 팀이 영선계 팀이었어. 나는 문화재 팀에서 별도로 했고. 정재훈 씨가 만나자 해서 만났더니 문화재관리국에 들어와 일하자고 했지. 그래서 문화재관리국에 들어갔지.. 원대한 꿈을 가지고 한다는데 무슨 이야기냐. 방 한칸 놓고.. 내가 빠질 수도 없다. 했지. 전화도 없어서 백색/청색전화가 있었어. 백색은 이동가능하고 청색은 안 되었지. 그렇게 하고 전화 하나에다가 몇 군데 번호만 써서 교환원 놓고 하던 시절이었어. 옆집 임..누구 내과의사 한옥집이 옆집인데 그 집에 뿌락지해서 전화했지. 정재훈 씨가 이야기했을 때 거부했는데, 문화재관리국에서 일 안 줄거야 해서 몇 번 문화재관리국 1분과 상근 전문위원으로 갔

지. 근무하는 매시 출근하는 69년도인가. 사실은 광화문 설계를 위해 나간 거 였는데 잘 안 되었지.

강: 국가기록원 자료를 보고 종합박물관의 정문에서 중앙청 정문으로 설계 변경시 목구조에서 콘크리트구조로 바뀌죠. 2차 설계자로 언급된 사람에 강봉진, 장기인, 임영방이 있었어요.

안: 저도 문화재관리국 8년 있다가 쫓겨났지.

| 문화재관리국 |

강: 정재훈은 건축과인가요.

안: 사범대학 출신 학구파에요. 조경분야도 기여를 하고. 청와대 파견근무도 하고.

강: 정재훈 선생님은 호국유적 등 5개 분류를 이야기 하셨는데요. 그 분류가 나중인지요.

안: 처음부터는 없었어요. 나중이야.

강: 최근 논문에 종합박물관 공모전 있을 때 내부적으로 안이 있었는데 팔상전을 크게 설계한 스케치가 있었대요.

안: 이철하 라는 영선계장이 있었지. 처음엔 없고 시교육위원회에 있던 분이 영선계장을 했고, 장경호, 윤홍로 등 모두 그 밑에 있었어. 박물관과 같이 하게 되었어. 그 이후 이래우 씨도 영선계장을 했지. 이철하 씨 때가 박물관 추진할 때. 이래우는 광화문 후이고.

강: 광화문 옛 석축 사진찍고 실측은.

안: 그건 우리가 안했어. 영선계에서 했어.

| 종합박물관 투시도와 실측조사 |

강: 투시도 작업을 사무실 안에서?

안: 김정남이라는 홍대출신에게 조감도 그릴 사람을 수소문해서 아르바이트로 그렸어요. 그 친구가 문화재관리국 영선계에 조금 근무했지. 조감도 잘 그려서..

강: 기공식 투시도가 그런가요? 투시도 여러 장이에요. 서울시와 문교부 위치 논쟁 중 투시도가 실렸어요.

안: 문화재 업무가 문교부 교육위원회에서 관장했어. 그래서 문화과로 넘어왔지. 서울시교육위원회가 전국의 문화재를 관리하고 문교부 문화과는 중심으로 일부를 했어요.

강: 실측 조사시 국회의사당 경우 건축양식보고서를 조사서 책을 내는데요. 실측하는 분들이 도움을 줘서..

안: 정인국 선생은 홍대교수였어. 세상 떠난 허진이라는 친구가 홍익대 출신으로 저도 정인국 선생도 잘 알고 했지만, 허진 씨가 많이 도움을 줬어요. 1939년생이었지 돈암동 살고. 술 잘 먹고 하는 폐가 나빠서 세상을 떠났어요.

강: 실측조사 작업이 건축설계까지 이어지는 작업이었네요.

안: 지금은 기계를 가지고 정밀실측이지만 그때는 수동으로 가설.. 정밀함은 떨어졌어요.

강: 해방 이후는 작업이 없다가. 실측작업이 일어난 거죠. 선생님 생각에 순수한 실측조사는 언제일 지.

안: 순수한 실측은 80년 초 70년대 말. 송광사 하사당 등 몇 개가 나온거지.

강: 그 전에 문묘, 동대문실측, 장안문 등.

안: 수원화성은 그 이후에요. 공사감독도 했지. 약 실측을 위한 공사도면이었지. 자료를 위한 정밀실측은 아니었지. 예산상도 불가능했지.

안: 이한철 씨가 그 분.. 이북에서 넘어왔지 왜정 시대 때 따라다니며 도면 그렸지 사진을 슬라이드로 찍어놨지. 자료. 켄트지에 잉킹으로 해서 박물관

(국립박물관) 창고에서 나왔지. 이한철 씨와 몇 사람이 했겠지. 자료가 많이 나왔어요. 그 도면을 빼다가 복사를 했죠. 캔트지에 대다가 트레싱지에 그렸지. 100여 점 이상 나왔지 광화문은 있었는지.. 60년도 후반에 발견했어. 김주태 씨. 오래 홍대출신인데.. 그때 당시 빼다가 도면도 만들고. 박물관에 있는지. 문화재 관련 후배가 슬라이드로 복사했지.. 윤홍로 선생님도 가지고 있을지 모르지. 후배인데 문화재 계통을 떠났어. 전세민이라고.. 좋은 자료라고 슬라이드로 만들었지. 몇 사람이 가지고 있겠지.

최승일 _ 구술채록문

· 일시 _ 2016. 4. 30.

· 장소 _ 서울시 종로구 사직로 경복궁 고궁박물관 벤치

· 진행

구술 _ 최승일(최)

채록 _ 강난형(강)

· 핵심어

실측설계사무소 실측조사, 한국건축양식보고서

| 개인의 이력소개 |

강: 반갑습니다. 선생님. 간단한 이력 부탁드립니다.

최: 임천 선생님이 학예관 정년퇴직하고 나와서 문화재연구소를 만들었어. 1961년 남대문해체복원 즈음으로 해서 .. 난 현장보조역할로 처음 일을 시작했어. 임천 선생님이 돌아가시고 나서도 신양사 주식회사가 인수해서 투자를 계속했지. 나는 경주불국사, 석굴암 해체복원도 하게 되었지. 그 후에 국보건설단(강봉진)을 들어갔다가 한성개발 사무실을 1968년에 시작했지. 군대를 다녀온 1968년도부터 광화문설계팀장으로 들어갔지. 1차 설계 정문은 삼성건축은 장기인 한양대 교수가 했어. 강봉진 씨가 아닌..

강: 강봉진 선생님 1차 작업을 했다고..

최: 그것까지는.

강: 한성개발은 몇 년도부터.

최: 1968년도부터.

강: 광화문 시점에 모두 모였다가 사무실을 각자 차리게 되는 거군요.

최: 그렇지. 한성개발의 대표적인 작업은..전국구 작업을 다했어.

강: 1968년 드로잉을 하신 거네요. 당시 국보건설단에 어떤 분이 계셨어요.? 도면을 그리신 분 등..

최: 국보건설단에 하신 분이 이 일에 참여 안 하고 죽고, 나 하나밖에 없지..안 상열(현 청주에서 문화재사업), 김의중, 박종석(관련 일 안함), 허진(사망). 임천 사무실을 거쳐 온 드로잉하는 사람이야.

| 실측조사와 한국건축양식보고서 |

강: 공사보고서 실측조사 작업하신 것. 정인국 선생님 건축양식보고서 말고도 있는지요.

최: 수리보고서 양 옆 재원, 도면, 실측도면을 삽입하게 되어있었지.

강: 보수 작업을 위한 것이 아니라 한국건축 정리하기 위한 작업이었죠.

최: 정인국 선생님이 가장 참여를 많이 했지. 정인국 선생님 삽화, 도면, 고택 실측설계 등 작업을 하고, 사비로 돈을 내고 했지. 대학을 졸업하고 임천 선생님과 하면서 한국건축과 영향이 되니까. 정인국 선생님 한국건축 드로잉의 부탁하시면 작업을 했어.

강: 정인국 선생님 말고도 있었는지요.

최: 없어.

| 광화문의 2차 설계 |

강: 선생님은 광화문 2차 설계 시점에 들어간 거죠.

최: 광화문에 대한 이야기를 하자면, 설계 시작이 1968년도. 박정희 대통령이 명령을 했지. 왜냐면 광화문 자리 뒤에 중앙청이 있을 때 외국 손님과 세종로를 지나 돌아서 청와대를 드갈 때마다. 외국인이 저 건물은 무슨 건물이냐. 일제강점기 때 사용한 건물이다 이야기는 못하고. 몹시 고민을 했지. 안 보이게 할 방법은 없느냐. 앞의 정문에 광화문이 있었다.

최: 복원을 하면 중앙청이 안 보인다. 박물관 정문 자리에 왜정 때 옮겼던. 광화문을 원위치 시키자. 국가 최고위원 하실 때, 쌍둥이 빌딩에 있을 때 방법이 머요. 내가 원위치 시키면 됩니다. 설계를 시작한 거지. 광화문 설계에 자료가 있어야지.

강: 1차 설계 도면이 있지 않았나요.

최: 그때는 광화문 보수설계를 한거지.

강: 석축만..

최: 그렇지, 총알자국 있는 것..

강: 2차로 문루를.

최: 그렇지. 자료가 있어야지. 다 타버리고 설계를 하자니. 원형을 찾아야 하는데, 절벽에 부딪혔지. 원 도면을 누구라도 실측설계를 해놓았을텐데. 문화재관리국과 수소문을 시작했지. 왜정때 일본 사람. 중앙청 근무했던 토목기사.. 그 사람을 찾아야 하잖아. 그 사람이 다케우치. 다케우치 그 사람이 설계한 거를 입수했지. 문화재관리국이었지. 정문들어오는데 석조건물. 거기 있었지.

강: 옛날 박물관자리.

최: 그래.. 영선 계장하던 건물 보수하던 과에서 했지. 이래우 라는 사람이 했지. 항상 같이 연구하고 의논했어. 업을 하다 돌아가셨지. 영선계장의 제일 우두머리였지. 문화재청의 문화재 담당이지. 말하자면.. 정보가 있다는 것을 알았지. 부산에 있는 사람을 도면을 가지고 있다는 사람을.. 정보를 보았고.. 쫒아갔지. 조그만한 서류봉투를 보여주며.. 이거다 했지.. 일본 청사진 도면.. 가져와서 펴보니까 도면 6장. 다시 그리고..치수하나 안 틀리고. 국가 최고위원에게 갔지.. 목조로 되어있지.. 썩어 없어지니 콘크리트로 설계해라. 그래서 설계를 바꾸었지

강: 드로잉을 두 번 그렸겠네요.

최: 그렇지 콘크리트로 그릴 때 자문위원이 김동현, 신영훈. 가져갔더니 끝내 콘크리트는 안 된다고 싸인을 안했지. 오케이 하지 않았어. 두 분 다 살아계시지. 김동현은 학술발표를 많이 하셨지. 고건축 단장. 등.. 보수기술자

시험 지금도 김동현 씨 책으로 하지. 콘크리트로 하는 것을 그 분들 싸인 없이 했어. 해 놓으니까 학계에서는 반대.. 찬반이.. 광화문의 포 뜨는 거 곡은 꼭 같게 했어. 내부는 틀리고.. 외부는 똑같아. 그것이 가장. 비슷한 게 흥례문하고 똑같아. 곡은 항상 임천 씨가 저거하고 같다고.. 다음거 보고 한 거니까.. 광화문 곡하고 똑같아. 그래서 지어놓았는데 김영삼 대통령 때 부셔라 했지.

| 아산 현충사 |

강: 문화재청 소장 도면을 보니 포나 목구조 조립하듯 한 것은 광화문이 처음이죠. 새로운 시도이죠.

최: 아산 현충사.

강: 그거도 조립했나요.

최: 그거도 내가 담당이었어. 본전.. 청기와 집.

강: 목수가 누가 했어요?

최: 그건 콘크리트 지. 목수가 아니지.

강: 구일옥 씨가 광화문은 전통목수.

최: 그래. 지금으로 말하면 가다쿠 잘 짜는 사람이 했어.

강: 현충사는 원래 건물이 아니잖아요.

최: 조그만 사당이 있었는데, 헐고 다시 지어라 해서 다시 지었지. 자리에 서서 능선 안에는 바깥으로 내보내고 성역화해라.

강: 성역화라는게 건물을 끼고 경관을 바꾸는 거군요.

최: 이순신 장군을 위한 왕실 무덤하듯이.

강: 육군사관학교. 화랑(대)..

최: 그것도 했지.

강: 육사도 pc방식이었나요.

최: 마찬가지야.

강: 구조 함성권 선생님이..

최: 그때는 한국건축에 구조설계는 함성권 밖에 없었어.

강: 김창집 선생님은..

최: 그때는 그 분 뿐이었어.

| 실측 전문설계사무소 |

강: 국보건설단처럼 실측전문회사가 있었나요.

최: 삼성건축의 장기인 씨. 그때 한양공대 교수였는데..개성 분이었지. 하루 오라고 했지. 나도 연구를 하고 싶으니까 면허를 내고 싶다. 그래서 참고자료고 가져다 드렸지.. 그래서 하게 되었지.

강: 강봉진 선생님이 하던 분야로 들어오신거네요.

강: 국보건설단이 처음한 사무실이고. 장기인 선생님 말고 임천 선생님은 그런 일을 안 하셨죠.

최: 그럼. 임천 선생님이 제자들을 키운 셈이지. 그 당시 임천 선생의 외아들이 임영주. (현 경기도 전문위원)

강: 그분이 임천 고건축으로 이어가지는 않으셨고요.

최: 거기도 홍대 나왔는데.. 안 했어.

강: 임천 선생님 사무실로 가게 된 동기가 어떻게 되세요. 건축과를 나와 현대건축을 하고 싶었을 수도 있는데요.

최: 그때는 우연의 일치였어. 61년도 남대문 해체복원으로 임천 선생이 총 감독인데. 수제자를 두 명 와서 조수를 해라해서 계속 상근하면서 실측하고 했어. 그때 김동현, 신영훈은 문화재연구소에서 나와 상근을 하고. 우리는 임천 밑에 감독으로 보조를 했고. 그 때 일본에 계시던 김정기 박사가 나오셨지. 일본에 한국건축 공부를 하시고 나오셨어. 김동현, 신영훈, 김정기 세 분이 만났지. 연구자로.. 우리는 현장. 그때는 남대문을 해체설계하다보니까 도면을 다 그렸지. 도면이 남아있어. 그때 있던 사람이 설계 팀장이

박면수. 남대문 해체 복원할 때 서울시 교육위원회 문교부 시절. 서울시 교육청에서는 양철수.

강: 양철수는 왜정 때부터 공사를 많이 하셨다는..

최: 임천은 감독. 양철수는 공사. 그때 목수로는 수원에는 임대근. 조원재. 그분은 항상 5대 궁은 자기가 지었다고... 파고다 공원 삼일문을 강릉 객사문을 본 따서 한 거지. 목수는 그때 두 분이 쌍벽을 이루었지.

| 광화문 투시도 |

강: 석축을 남아있는 실측. 사진은.

최: 했지.. 불에 타서 못 쓰는 거 빼고는 다 썼지.. 우리 팀에서 했어.

강: 투시도 그린 거는.. 기공식 때..두 장. 서울시와 문교부의 논쟁 때 발견된 투시도가 있고.. 그거는 누가 그렸었는지요.

최: 강봉진 설계 사무실에서 서울시에서 그려달라고 하면.. 김정남이 그렸어. 국보건설단에..투시도 담당만 했지..

강: 신문기사에서 보는 투시도는..

최: 그놈이 혼자 다했어.

| 광화문과 종합박물관의 설계 차이점 |

강: 시공상 광화문과 종합박물관의 차이가 있나요. 68년 광화문 69년 박물관.

최: 건물을 얹은 거니까. 구례 화엄사 각황전, 금산사 미륵전, 팔상전. 세 개를. 같은 회사가 했지 공영토건이 이걸 지으면서..

강: 국보건설단 담당이 누구였는지요.

최: 우리보다 윗사람들이 당선 돼서 한 거니까.. 안상열, 허진, 박종석 그리고 홍대 학생들이 팀으로 와서 했지. 이름은 기억이 안 나고.

강: 광화문은 모형작업을 했나요. 윤흥로 선생님이 석고모형 뜬 이야기를 하셔서.

최: 안 했지.

| 경복궁의 상황 |

강: 광화문 공사시 경복궁이 어떻게 쓰였어요.

최: 관람통로였지. 관람도 안 시키고. 6등분을 해서 올해가 마지막 복원인데 부서진 건물 복원해 가는 거지.

강: 6 0 년대 광화문 지을 때 남아있는 건물..

최: 없었어.

강: 다른 건물 전각이 라던지..

최: 이 앞 건물이 없어졌지. 옆으로 석조 건물이 있었지. 큰 거.. 원각사도 있었고. 미술관이었다가 박물관. 문화재관리국 없어진 다음에 없어진 거지.

강: 여기 미술관이 있었죠. 경복궁이 공개되는 영역이 신무문을 통해 들어왔었나요. 영선계가 들어오고 문화재관리국이 되고 구 황실재산사무총국이 들어오고 공개를 시작하죠. 이 안을 다닌 것은 ..

최: 그때는 그렇지. 집옥재는 현재 있으니까 실측 가능하고.. 청와대 앞 신무문은 봉하고 공개를 안 하고..

강: 국전이 열릴 때는..

최: 국전은 앞으로 왔을 거야.

강: 광화문이요.

최: 그렇지. 탑이 없어진 것은 얼마 안 돼.

최: 근래요. 박물관 통합되면서 옮긴 거지.

강: 산업박람회는..이곳이니 탑이..

최: 산업박람회하면서 파괴되었지.

강: 62년 산업박람회.

최: 6.25 끝나고? 그건 몰라.

| 문화재관리국 영선계 |

강: 이래우 전 사람이 장경호였는지요.

최: 장경호가 문화재연구소 가면서 윤홍로가 과장을 했지. 문화재연구소가 생기면서 분리되는 거지. 장경호는 문화재연구 비슷한 거만 했지. 건축기사인데 윤홍로와 같지. 이래우와 같지.

강: 정재훈은.

최: 문화재관리국장까지 했고 퇴임했지. 교육위원회도 하고 국장 비서실에서도 일했지. 혼자 연구를 많이 해서 나중에 .. 행정관이었지.

강: 서울시와 문화재관리국 논쟁일 때 위치 논쟁 때 문교부/ 서울시교육위원회는..

최: 서울시 안에 있지만 분리. 소관은 문교부지.

강: 시교육위원회(1차), 문교부 문화과(2차) 차이가 있나요.

최: 지방자치법이 바뀌니까. 문교부 시절에는 되었지만 문화재관리국이 독립적으로 나오니까. 그렇게 된 거지.

| 광화문과 종합박물관의 시공과정 |

강: 각황전 서까래 나중에 매단 게 아니라 했다고 해서.

최: 제 위치에 놓고 콘크리트를 부은 거고. 서까래를 놓고 들어 끼우고 콘크리트를 부은 거지. 개판자리를 콘크리트가 된 건데, 미리 놓고 콘크리트 친거야. 가다쿠와 같이 서까래가 된거야.

강: 구일옥 선생님이 설명해주시긴 했어요.

최: 아는 사람이 없어. 일한 사람 체계적으로 이야기 할 수 있는 게 구일옥 밖에 없어.

박종석 _ 구술채록문

· 일시 _ 2016. 5. 24.

· 장소 _ 서울시 종로구 세종대로 대한민국역사박물관

· 진행

구술 _ 박종석(박)

채록 _ 강난형(강)

· 핵심어

실측설계사무소 광화문 1차 설계와 2차 설계

| 개인의 이력소개 |

강: 반갑습니다. 선생님. 간단한 이력 부탁드립니다.

박: 성동공고를 나왔고, 졸업 후 63년에 2년 정도 제네럴 건축사무소를 다녔어. 그리고 안상열 씨 소개로 국보건설단에 들어갔지. 66년 정도에서 68년 사이 근무하고 잠깐 수도건축사무소(허진)를 다니다, 김동현 선생님이 '나하고 불국사 가자'해서 문화재관리국 보수과에서 한 오년 정도 불국사 복원공사를 참여했지.

강: 문화재관리국에서는 어떤 일에 참여하셨나요.

박: 불국사 복원공사 이후 통일전 공사감독하고 경주사적 관리사무소의 건설관리본부에서 도로공사를 하면서 발굴 유물을 정리하는것에 참여했어. 덕동댐 수몰지구에서 석탑 옥개부를 발견했지. 경주 박물관 앞에 있는 그 고선사지 삼층석탑. 그리고 월정교 기본설계 실측하고.

강: 국보건설단 팀들이 광화문, 종합박물관 이후에 불국사에서 만나는 거 같은데요. 초기에 콘크리트 설계로 논의되었다고 들었습니다.

박: 그렇지. 김정기, 김동현 선생이 일본에 가서 콘크리트 복원을 보고 목조로 하겠다고 강하게 주장했어. 난 관음전을 설계하고, 유문용이가 비로전, 김

동현 선생님이 무설전, 김의중이 좌경로 우경로의 해체보수를 맡았어. 관음전 설계를 위해 신영훈과 팀이 되어 문화부 이종석 기자랑 국내전국사찰을 답사했고.

강: 국내 사찰답사로 실측 도면을 그렸나요. 혹시 자료가 남아있을까요.

박: 응, 유문용이 보고서는 봤지. 신영훈 선생이 보관할지 모르겠네. 문화재관리국을 나와 현대건설로 갔어.

강: 현대건설이 문화재 관련 공사 많이 하더라고요. 장기인 선생님과 함께 수원화성이라든지.

박: 그래 거기서 나는 문화재 팀 담당이었어.

강: 네.

박: 거기에서 덕수궁 석조전 내부공사를 88년에, 경희궁 공사를 91년에 했지.

| 문화유산 실측조사와 투시도 |

강: 네. 국보건설단의 많은 분들이 실측조사 작업을 임천 선생님 밑에서 시작하셨던데요.

박: 그렇지. 이정표. 김주태, 안상열, 최승일. 문화재는 손으로 하는 작업이었어. 지금 기계로 하는 작업과 달라. 스캔해서 3d로 도면 뚝딱하는 거랑. 점점 정밀한 것만을 요구하지. 원칙 기준을 제시하고 끌어갈 사람이 필요해.

강: 네. 종합박물관에서 현상설계 때 실측 조사를 하셨다고..

박: 먼저 투시도 작업이 중요했어. 투시도 한 컷이랑 설계설명서. 거기에는 약식 도면이 들어갔지.

강: 그럼 초기에 실측조사를 안 한 건가요.

박: 나는 화엄사 앞 여관잡고 실측작업을 하긴 했는데 정밀 실측은 그 이후인 거지.

강: 모형작업은요.

박: 없었어. 그 때는 투시도가 중요했지. 처음 일을 성사할 때는 투시도로. 군사행정이 보고방식이니까. 그런 영향이 있지 않았을까.

박: 박물관의 팔상전, 각황전, 미륵전의 실측도면은 문화재 보수설계 도면과 동시에 진행되었을걸. 아마. 1968년도인가.

강: 자료로 팔상전, 각황전은 있는데 미륵전이 없어서요.

박: 아마도 같이 했을 거야.

| 국보건설단과 도면작업 |

강: 설계사무소로써 국보건설단은 이름이 독특한대요. 당시 국토 건설단처럼. 어떤 국가와 관련된 기구 같기도 하고.

박: 그렇지. 당시 정재훈 씨가 문화재공단을 만들어야 한다고 주장했지. 그런데 국보건설단은 그런 건 아니고.

강: 그리고 광화문 설계 후 한성개발, 새한 건축사무소, 수도건축 등 많은 사무실이 국보건설단에서 나왔죠.

박: 그래. 나도 허진 씨가 하는 수도건축에 68년도에서 69년도 사이 있었어. 동대문 작업할 때였을 거야.

| 광화문 1차 설계와 2차 설계 |

강: 광화문 신문기사를 보면 문화재관리국이 박물관 정문으로 목조 설계를 주장하고 서울시는 중앙청 정문으로 콘크리트 구조 설계를 주장하면서 두 번의 설계가 있었는데요.

박: 그렇지. 일차에 석축 실측하고 종이로 축적자를 만들어서 도면을 그렸어. 1차 설계 담당자는 허진, 안상열, 이응묵 그리고 나였고. 2차 설계는 최승일, 이응묵, 안상열이었지. 우리는 이러다 광화문이 두 개 지어지겠네 했어.

| 건축가 강봉진 |

강: 20대에 만났던 강봉진은 어떤 분이셨는지. 그 분도 처음엔 현대 건축에서 시작해서 문화재 설계를 하셨는데. 초기엔 한식설계자로써는 대표적인 분 아니었나요.

박: 초창기 단청과 도석수가 팀을 이루어 문화재 분야를 하다가 건축설계분야가 되었지. 그런데 대화가 되었던 초창기와 달리 후에는 경쟁이야. 이후 장기인 삼성건축이 들어오면서 크게 둘의 구도에서 인맥이 좋은 건 장기인이었지. 경제성. 살기 위한 설계였던 측면이 있지.

[표 4-1] 국립종합박물관과 광화문 관련 건축행위자 명단

	국립종합박물관	광화문
시행청	문화공보부 문화재관리국장: 하갑청 관리과장: 이영호 영선계장: 최병호 기술주임(현장감독관): 이철하, 장경호(건축), 고문현(건축), 윤홍로(건축), 김영호(전기), 박종진(전기)	관리과장: 장인기(문화재과), 엄정흠 영선계장: 최경은 기술주임(현장감독관): 이래우(관리과, 건축기사), 임호균(관리과, 건축기사보) 기타: 김전배(문화재과, 행정주사), 홍덕균(법무주사보)
협조 기관	원자력원/국립중앙박물관/한국과학기술연구소/국립공업연구소/서울대학교 미술대학/ 홍익대학교 미술대학	
관련 조직	종합민족문화센터 건립 추진 위원회 위원장: 김윤기(무임소장관, 문화재위원) 건립추진위원: 김윤기 외 17인 종합민족문화센터 실무자회의 위원(18인): 이세득, 김세중, 전창일, 송민구, 이희태, 이구, 김수근, 신일범, 손명단, 최문환 등 소 위원회(11인): 이희태, 송민구 등	추진위원회(8인): 김윤기(문화재위원), 김상기(문화재위원장), 정인국(문화재위원), 김택진(동아대 교수), 이기주(서울특별시 건설국장), 김병익(총무처 총무국장), 윤장섭(서울대 공대 교수), 하갑청(문화재관리국장)
	종합박물관 건립지도위원: 김윤기(문화재위원), 강봉진(대한건축학회 이사), 김교만(서울대 미대 강사), 임영방(서울대 미대 강사, 문화재위원), 윤장섭(서울대 공대 교수), 장기인(건축사협회 회장), 정인국(홍익대 교수, 문화재위원)	전문위원(4인): 방석호, 정관용(총무처 관리과장), 장기인(삼성건축), 강봉진(국보건설단)
시공자 화일산업 공영토건	현장소장: 민세기 부소장: 변옥우	
	건축: 권석형, 구일옥/전기: 박철종/설비: 김재명 도편수: 이시형, 이상길/석공: 안기호/와공: 박상갑, 권상우/단청공: 김제규, 권상우/미장공: 장동식/철공: 최석기, 김상희/설비: 이동락/조원: 김태남	건축주임: 구일옥/도목수: 이시형/도석수: 안기호/와장: 박명갑/단청장: 김제규/전기공: 김종석/미장: 박와우/토목주임: 김문형/콘크리트공: 이정봉/철근공: 김병철
설계자	초기설계: 강봉진(국보건설단 대표) 참여: 안상열(도면), 최승일(도면), 허진(도면), 박종석(도면), 김정남(투시도) 국립종합박물관 현상설계 심사위원(7인): 정인국, 김윤기, 김형걸, 홍붕의 등 설계변경: 설계개선 소위원회(6인) -보존과학: 김용선 박사(문화재위원) -건축: 송민구/김수근 -구조: 함성권(한양대 공대 교수) -미술: 정창섭(서울대 미대 교수) -전시: 최순우(문화재위원) 설계실무 -실내장식: 유강렬(홍익대 미대 교수) -전기: 문유현(문유현 전기설계사무소) -설비: 유동렬(삼신설비설계사무소) -조경: 김형수(조경가) -전문설계: 장기인(삼성건축설계사무소)	설계: 강봉진(국보건설단 대표) 참여: 최승일(도면), 이응묵(도면), 김정남(투시도) 구조설계: 함성권 전기조명: 정병준 지질검사: 윤동진

*국립종합박물관 관련 명단 출처: 문화공보부 문화재관리국, 1972, 국립중앙박물관 준공보고서
*광화문 관련 명단 출처: 광화문 준공식 명단 참조(국가기록원, ba0774178)/ 강봉진, 1969a
*종합민족문화센터 관련 명단 출처: 광화문 준공식 명단 참조(국가기록원, ba0774178)
*정리된 명단은 구술채록을 통하여 수정 보완하였음

[표 4-2] 광화문 복원 추진위원회 구성 ©국가기록원, BA0774178

분류	구성		담당역할
문화재관리국	총무과		추가예산의 작성, 시안설명 및 운영계획의 수정, 자금계획수립, 조정 및 지출, 기타 필요 규정 제정, 위원 및 전문위원의 위임사항, 입찰, 공보활동 및 각종 행사일체
	문화재과		복원공사 추진계획의 제출, 추진위원회의 소집 통보, 의사정리 및 회의록 작성, 발간물의 원고수집 및 편집
	관리과		설계도, 시방서, 내역서의 검사 및 작성, 복원공사 시공 및 감독에 대한 일체 업무, 시공과정의 기록 및 사진촬영, 위치지정에 따르는 도시계획 및 기존시설 처리에 관한 일체 업무
추진위원	당연직 (3인)	문화재관리국장 서울시 도시계획국장 총무처 기획관리실장 또는 총무국장	공사진행의 주체적 역할을 하며 위원장은 업무진행상 각 위원 및 전문위원들로 하여금 담당부서를 정해준다.(문헌 및 기록조사(위원 1인, 전문위원 2인)/기획설계시공감독(위원 1인, 전문위원 4인)/도시계획(위원 1인, 전문위원 1인)/보존시설처리(위원 1인, 전문위원 1인))
	임명직 (5인)	문화재위원회 제1분과위원 및 전문위원 중 학식 덕망이 있는 사계 권위자. 전문위원(약간명)-기술적 보조자 위원 및 전문위원은 문화재관리국장 재량으로 문교부장관 위임 소개의 수당 실비지급	
	간사 (약간명)	문화재관리국장이 그 소속직원 중의 임명	

[표 4-3] 강봉진의 실측조사 및 건축설계리스트

年度	實測報告(補修設計)	實測復元設計	建築設計
1964		보물 141호 서울 문묘 실측복원설계 (1964.7.) 보물 142호 동묘 실측복원설계(1964.7.) 사적 10호 창의문 실측복원설계(1964.7.) 순천 송광사 하사당 실측복원설계 (1964.12.)	
1965	사적 57호 남한산성 동문, 북문 연무관 보수설계(1965.4.) 사적 3호 수원화성 북암문, 동북공심돈, 동북노대, 북각루내탑 보수설계(1965.5.) 국보 55호 법주사 팔상전 실측설계 (1965.7.) 남한산성 동문 실측설계(1965.11.)	사적 3호 수원화성 장안문 복원설계 (1965.6.) 보물 324호 여수 전남관 실측복원설계 (1965.12.)	아산 현충사 본전 기타 신축공사설계(1965.12.)
1966		보물 1호 서울 동대문 실측복원설계(1966.9.)	국립종합박물관 설계공모(1966.1.) 육군사관학교 화랑대 설계감리(1966.3.) 국립종합박물관 건립설계(1966.12.)
1967	보물 299호 대웅전 보수공사설계 (1967.2.) 국보 55호 보은 법주사 팔상전 보수설계 (1967.2.) 보물 322호 제주 관덕정 보수공사설계 (1967.2.)	구례 화엄사 각황전 실측복원설계(1967.2.) 사적 117호 광화문 복원설계1차(1967.8.)	창경원 식물원 대온실설계(1967.4.) 민족관설계(1967.9.)
1968		사적 117호 광화문 복원설계2차(1968.3.)	국립묘지 현충문설계(1968.10.)
1969	창덕궁 보수정화설계(1969.8.)		안중근의사기념관 설계감리(1969.6.)
1970	덕수궁 보수정화설계(1970.2.) 남대문 보수설계(1970.6.)		영릉제실 신축설계(1970.3.) 경주박물관 신축설계(1970.11.)
1973	보신각 보수설계(1973.8.)		경주인터체인지 종합조경설계(1973.6.)
1974	불국사 다보탑, 석가탑 실측설계(1974.5.) 동묘 보수설계(1974.7.)		
1975	봉정사 대웅전 및 개암사 대웅전 실측설계(1975.9.)	숭정전 해체이건 복원공사설계(1975.11.) 한산도 이충무공 유적 정화사업설계 (1975.11.)	
1976		흥인문 및 오간수문 복원설계(1976.5.)	해인사 대장경판전 정문 신축설계 (1976.6.)
1977			사육신묘지 공원 내 사적시설 설계 (1977.4.) 충장사 유물전시관 신축설계(1977.11.)
1978			대전국군묘지 기본설계(1978.2.)
1980			국립묘지 현충관 신축설계(1980.5.) 대전국군묘지 현충문 내정문 및 외정문 설계(1980.6.) 중원군 내 고구려비각 설계(1980.11.)

[표 4-4] 1960~70년대 문화재와 관련시설 리스트 ©문화공보부,『호국선현의 유적』, 1977.

유산 분류	유산명	준공시기	예산 (백만원)	사적지정명(년도)	구조 (성격)	신축건축(준공년도, 설계자, 건설사)
국난 극복 의 유적	1.낙성대	1973~1974	458	서울특별시 유형문화재 제4호-낙성대(1972.5.25.)	●(○)	안국사(장기인, 대림건설)
	2.현충사	1966~1969(1) 1972~1974(2)	590 708	사적 제155호-아산 이충무공 유허(1967.3.18.)	●(○)	현충사 본전, 정문(1967,강봉진, 내외건설), 유물전시관(1969,강봉진, 내외건설)
	3.제승당	1975~1976(1) 1978~1979(2)	430 150	사적 제113호-한산도 이충무공유적(1963.1.21.)	●(◎)	제승당, 충무사, 수루, 대건문, 사정, 수호사, 관리사무소(1970,장기인,한도실업)
	4.칠백의총	1970~1971(1) 1975~1976(2)	103 476	사적 제105호-금산 칠백의총(1963.1.21.)	●(◎)	기념관(1970, 장기인, 현대 건설), 종용사(1971, 장기인, 현대건설), 정문, 관리사무소
	5.광주 충장사	1974~1978	233		●(○)	충장사 유물전시관, 외삼문, 사무소(1977, 강봉진)
	6.윤봉길의사유적	1973~1977	147	사적 제229호-예산 윤봉길의사유적(1972.10.14.)	●(○)	충의사, 전시관, 정문, 후문(최승일, 극동건업)
	7.행주산성	1969~1970(1) 1977~1979(2)	109 458	사적 제56호-행주산성(1963.1.21.)	●(◎)	기념관, 충장사(장기인)
	8.진주성	1969~1970	342	사적 제118호-진주성(1963.1.21.)	●(◎)	촉석루(장기인, 최승일)
	9.강화 전적지	1976~1977(1) 1978(2)	916 80	사적 제130,132,133,225-227호-강화 삼랑성/강화산성/강화 고려궁지/강화 초지진/강화 덕진진/강화 광성보(1964.6.10.)	●(◎)	덕진진 문루, 광성보문루, 강화산성 서문루, 북문루(1977, 최승일, 대림건설)
	10.남한산성	1970	234	사적 제57호-남한산성(1963.1.21.)	(◎)	서문, 북문 문루(장기인,서원건설)
	11.서울성곽	1975~1981	6129	사적 제10호-서울한양도성(1963.1.21.)	(◎)	광희문(1975, 대림산업), 숙정문(1975, 도진건설)
	12.수원성곽	1975~1979	2119	사적 제3호-수원화성(1963.1.21.)	(◎)	장안문, 팔달문, 창룡문, 회서문, 서북공심돈등(장기인,최승일,대림건설)
	13.고창읍성	1975-1977	95	사적 제145호-고창읍성(1965.4.1.)	(◎)	서문, 동문문루(전일기업)
	14.홍주성	1972~1977	37	사적 제231호-홍성 홍주읍성(1972.10.14.)	(◎)	동문(박태수, 동영건설)
	15.해미읍성	1973~1977	137	사적 제116호-서산 해미읍성(1963.1.21.)	(◎)	동문, 서문 문루(전일기업,신한건영)
	16.문경 관문	1975~1977	85	사적 제147호-문경 관문(1966.3.22.)	(◎)	문루(장기인, 태영개발)

민족 사상 의 선현 유적	1.통일전	1976~1977	649		●(○)	통일전(1977, 장기인)
	2.오릉	1972	124.47	사적 제172호-경주 오릉 (1969.8.27.)		(장기인)
	3.무열왕릉	1971~1972	140	사적 제20호-경주 무열왕릉 (1963.1.21.)		정문, 보호각(장기인, 현대건설)
	4.김유신 장군묘	1974	28.7	사적 제21호-경주 김유신묘 (1963.1.21.)		현대건설
	5.영릉	1976~1977	150	사적 제195호		세종전, 수복방
	6.도산서원	1969~1970	96.616	사적 제170호-안동 도산서원 (1969.5.28.)		유물 보존각(장기인)
	7.오죽헌	1975	471	보물 제165호-강릉 오죽헌 (1963.1.21.)		문성사, 기념관(1975, 강봉진, 현대건설)
	8.자운서원	1970~1978	151.26	경기기념물 제45호-자운서원(1973.7.10.)		(대림산업)
전통 문화 유적	1.불국사	1970~1973	369.8	사적 및 명승 제1호-경주 불국사 경내(1963.3.28.)	(◎)	관음전, 무설전, 비로전, 회랑(장기인, 현대건설)
	2.대능원	1973~1975	933	사적 제175호-경주 미추왕릉 (1969.8.27.)		
	3.포석정지	1974	49.2	사적 제1호-경주 포석정지 (1963.1.21.)	(◎)	
	4.팔만대장경판전	1963~1977	439		●	경판전(1976, 강봉진)
	5.부석사	1977~1978	212			일주문, 조계문(한양사)
	6.직지사	1977~1978	190	지방기념물 제17호-황악산 직지사 일원 (1974.12.10.)		범종루, 만세루, 호국성전(석학산업)
	7.법주사	1965~1976	62.97	사적 및 명승 제4호-송리산 법주사 일원 (1966.6.24.)		강봉진
	8.내장사	1974~1977	3234		(◎)	(대왕설계, 한미토건)
	10.추사고택	1976~1977	114.85	충청남도 유형문화재 제43호-김정희선생 고택(1976.1.8.)		사당,주차장, 관리소
	11.광화문	1968~1969	150	사적 제117호 (1963.1.21.)	●(◎)	광화문(1968, 강봉진, 공영토건)
문화 보존 시설	1.국립중앙박물관	1966~1972	1276.6		●	국립종합박물관(1972, 강봉진, 공영토건)
	2.국립경주박물관	1968~1975	1135.5		●	국립경주박물관(1975, 이희태, 공영토건)
	3.국립공주박물관	1972	142		●	국립공주박물관(1972, 이희태, 공영토건)
	4.국립부여박물관	1965~1970	239.5		●	국립부여박물관(1970, 김수근)
	5.중앙국립극장	1967~1973	2771.3		●	국립극장(1973,이희태, 삼환기업)

◎: 전쟁터 ○: 전쟁영웅 ●: 콘크리트 재료 사용

*콘크리트 구조의 사용 여부는 건물의 연혁지 도면 또는 책의 사진을 참조하였다.

*유산 중 전쟁과 관련된 성격을 기술한 시설을 표기(◎ ○)하였다.

*강봉진: 국보건설단/장기인: 삼성건축설계사무소/최승일: 한성기술개발공사/박태수: 태창건축/허진: 수도건축설계연구소/이응묵: 새한건축문화연구소/김홍식: 금성건축설계사무소

| 찾아보기 |

ㄱ

가보기업 126, 244
강건희 130, 241
강명구 147
강봉진 80, 81, 107, 109, 111, 155, 157, 159, 171, 173, 177, 195, 244, 252, 261, 265, 268
강석원 245
개발 국가 63
개발주의 20, 35, 38
건축 텍토닉 141, 142, 151, 153, 181, 195, 197, 199
건축가협회 95, 100, 131
건축대서사 81, 126
건축유형 173, 174
경복궁 공개 263
경무대 42
광화문 보수계획 104, 259
광화문 중건계획 34, 113, 115, 117, 157, 176, 267
광화문복원추진위원회 105, 115, 117, 120
군사혁명1주년 산업박람회 40, 45, 47, 49
시정 5주년 조선물산공진회 45
신무문 45, 49, 56, 263
영추문 49, 232
조선박람회 47, 49
경복궁 복원계획 195, 197
경제 재건 28, 79
경제기획원 43, 63
경주박물관 237, 239
계승 77, 78, 83, 100, 101, 102, 103, 107, 117, 142, 149, 151, 152, 153, 155, 159, 171, 173, 177, 190, 195
고유섭 129
공간사 247
공보부 56, 57, 58, 86, 89
공영토건 243, 250
공주박물관 237
공포 105, 157, 163, 165, 188, 233, 237, 248
공화당 56, 70, 119
광화문 지하도 53, 55, 71, 71
구 중앙청사 복구기술위원회 43
구일옥 187
구 황실재산사무총국 41, 67, 68, 80, 242, 249, 263
국립국악원 55, 59, 61, 151
국립극장 42, 56, 58, 61, 151, 152, 153, 171, 172, 237
국립중앙도서관 58, 61, 151
국민당 32, 33, 180, 190
국보건설단 80, 81, 126, 155, 244, 251, 261, 262, 266
국사편찬위원회 58, 61, 150
국회의사당 79, 255
권보드래 184
권영필 129
권위주의적 코퍼러티스트 국가 30, 197
근대성 20, 39, 77, 102, 113, 155, 180, 195
근대성의 위기 29
근대화 15, 16, 20, 32, 53, 55, 77
금산사 미륵전 90, 97, 99, 101, 240

기념유물 179, 186
기념유적 150
기술 혼종적인 163
기술자 78, 149, 236, 253
기술적 모방 153, 154
기술적 변용 153
김경승 70
김동리 95
김동현 126, 133, 260, 261, 265
김두종 126
김수근 31, 64, 70, 100, 101, 152, 171, 247
김원룡 70, 117
김윤기 126, 130
김윤태 30
김의중 105, 250, 253, 258, 266
김일성 149
김재원 85, 128
김재철 68, 125
김정수 125, 147, 148
김정일 185
김종필 70
김주태 126, 127, 133, 155, 256, 266
김중업 68, 100, 132, 147, 152, 153, 169
김지훈 188
김택진 134, 136, 233
김현옥 31, 53, 132, 145
김형걸 240
김희춘 100, 147

ㄴ

남대문 해체수리 17, 126, 242, 250, 257, 261, 262
내재적 발전론 38, 39
네이션 빌딩 141, 142, 149, 179

ㄷ

다케우치 109, 111, 159, 259
대도시 서울도시계획 113
대림건설 147
대림산업 71, 189
대만 32, 33, 67, 77, 178, 179, 180, 190
대만 고궁박물관 179, 192
대한관광회사 131
덕수궁 40, 41, 45, 47, 57, 58, 67, 86, 242, 249
　국산품전람회 45, 46
　대한문 53, 71, 133
　석조전 86, 87, 127, 266
　중화전 51
도시기념비 51, 101, 117
독립기념관 197
동화 39

ㄹ

리안 르페브르 141

ㅁ

마이클 로빈슨 39
말레이시아 179, 180
명정전 회랑 90
모던 프로젝트 14, 15, 195
무라다 지로 127
무량사 극락전 90
문교부 56, 57, 86, 89, 104
문묘 155
문순홍 21
문화공보부 33,87,150, 249
문화대혁명 32, 33
문화부흥운동 33
문화유물보존국 37
문화유물보존위원회 37
문화재 보존과 도시개발 18, 35, 38, 53, 55, 57, 71
문화재 실측설계사 80
문화재관리국 34, 35, 37, 41, 53, 55, 56, 87, 88, 95, 104, 107, 150, 169, 241, 242, 246, 264, 267
문화재연구소 150
문화재위원회 55, 57, 71, 72, 126
문화재보호법 37, 71, 126
물질문화연구보존연구회 85
미셸 롤프 트루요 24, 62
민속박물관 234
민족 문화재의 계승사업 157
민족주의 39, 120, 199
민족주체성 19
민족형식 149
밀양 영남루 90, 101

ㅂ

박길룡 124
박윤성 147
박정희 28, 33, 42, 53, 63, 120, 142, 145, 149, 169, 241, 258
박종석 133
박종화 56, 136
발전국가 13, 20, 21, 27, 28, 77, 78, 85, 113, 145, 151, 195, 197, 199
발전연합 30
배형민 66
법주사 팔상전 89, 90, 91, 97, 99, 101, 131, 167, 240, 251
벤야민 29
보편주의 15
부흥주의 78
분열적 정체성 32, 79, 190
불국사 241, 250, 257, 265
  관음전 265
  무설전 266
  비로전 265

ㅅ

사전모형 157, 232, 233
사직공원 51
사천왕사 102
산업 민족주의 142
산업유형 176
삼일로 빌딩 147

삼척 죽서루 90, 91
삼환기업 145, 147, 252
상상공동체 유산 178
새로움의 발명 153
새한 건축사무소 267
샘플 169, 171
서울특별시사편찬위원회 37
서정주 136
선자연 165, 234, 235, 236
설계지침 105, 125, 151, 152
성역화 150, 260
세종대왕기념관 40, 55, 59, 153, 169, 171
세종로 51, 53, 99, 113, 119, 258
세종시 195
세키노 타다시 134
소륜 45, 69
소조 127
소화공과학교 80, 126
속도전 49, 107, 147
송민구 95, 100, 152, 169, 171, 242
송율 126
수공예 기술 147, 176, 181, 195
수공예 콘크리트 모던 19, 142, 151, 172, 173
수도건축사무소 265
순수성과 혼종성 181
식민지 근대화론 39
신건축문화연구소 82
신기욱 39
신양사 249, 257
신영훈 105, 133, 259, 261, 266

ㅇ

아시아 문화적 모델과 역사 토착적 모델 178, 180
아시아 신생국가 32, 141
아시아 재단 113
아시아의 근대성 13, 15
안상열 127, 133, 251, 252, 265
알렉산더 초니스 141
애국선열동상 51, 70, 119
애국선열조상위원회 51, 70, 119
앨리스 앰스던 28
야나기 무네요시 87, 128
양사성 124
양철수 126, 244, 252, 262
엄덕문 70, 82
역사적 서술 복원 38, 102, 149
역사적 전유 151
역사적 주체 29, 30, 64
역사적 지속성 20, 27, 77
염복규 39
영빈관 102, 131
예총광장 59, 61
예총회관 61, 152
오가와 게이이치 127
요네다 미요지 127
우동선 66, 127
원조건축프로그램 148, 195
원조기술검토회사 43
위인선열실 87, 96, 130, 247
유문용 265, 266

유물 33, 35, 37, 47, 57, 85, 88, 89, 90, 97, 102, 103, 128, 150, 180, 197, 265
유산 35, 37, 38, 45, 53, 57, 59, 77, 111, 112, 115, 148, 149, 174, 176, 195
유산산업 142, 149, 150, 186
유형화 90, 119, 125
육군사관학교 화랑대 155, 176, 241
육영수 241
윤무병 127, 248
윤장섭 133, 136, 187
윤정섭 147, 148
윤홍로 126, 127, 130, 131, 169, 187, 253, 254
이광규 237
이구 53, 101, 152
이규재 68
이상헌 30, 64, 125
이순신 동상 51, 70, 112, 120
이시형 157, 160, 187, 232, 237, 239, 243, 246
이응묵 133, 267
이종건 29, 64
이천승 55, 68, 78, 184
이한철 127, 254
이희태 152, 171, 237
임대근 262
임영방 70, 115, 254
임영주 107, 261
임천 81, 107, 126, 127, 239, 244, 250, 258, 261,262
임천 고건축 연구소 252, 253
임호균 133

ㅈ

자본주의 20, 29,, 30, 77, 153
자유문화연구센터 79
자율성 28, 95
장경호 126, 130, 189, 241, 254, 264
장기인 68, 107, 125, 126, 133, 252, 257, 268
장소경합 56, 57, 58, 89
장식 93, 174, 177
장연채 125
장제스 33
재현과 생산 93, 155, 173, 195
전통 발명 141
전통계승과 탈 전통 논쟁 77, 100, 101, 103, 117, 152, 153, 155, 171, 178
전통계승방식-비례 171
전통계승방식-주고와 척 109, 111, 159
전통계승방식-질감 93, 159, 165, 171, 236
전통계승방식-축 115
전후 산업국가 84, 142, 148, 173
정부종합청사 115, 145, 200
정인국 79, 82, 83, 101, 102, 105, 111, 117, 127, 133, 134, 153, 155, 173, 177, 178, 179, 180, 240, 241, 244, 258
정인창 82
정재훈 65, 251, 253, 267
정체성 만들기 35, 55, 79, 85, 148, 181, 197
정체성의 위기 77, 141, 199
제국주의 13, 30, 39
조달청 143, 184

조선 르네상스 39
조선건축사협회 81
조선시대 재조명 40, 119, 159
조선식 건축 149
조선총독부 37, 42, 43, 45, 49, 51, 86, 113, 115, 119, 120, 127, 197
조원재 107, 133
조은정 70, 135
종묘 57, 58, 59, 61, 95, 155
종합민족문화센터 51, 55, 57, 58, 72, 86, 119, 169, 171
종합민족문화센터 건립추진위원회 55, 57, 72, 85, 97, 242
주한미군원조사절단 42
중간조직 16, 18, 31, 32, 180
중국 32, 33, 64, 65, 77, 78, 124, 142, 178, 179, 180, 190
중앙공보관 59, 61, 151, 152
중앙청 27, 29, 39, 41, 42, 43, 45, 49, 51, 68, 69, 99, 102, 107, 112, 113, 115, 117, 119, 120, 135, 149, 157, 259, 267
중화문화부흥운동 추진위원회 33
지역성 45, 67, 100, 102, 103, 117
진정성 16, 39, 62, 202
진정한 건축 173

ㅊ

차일석 53, 70, 71, 132
찰머스 존슨 28
창경궁 41, 45, 56, 69, 80
　연무각 102
　해방 10주년기념 산업박람회 45
천정환 186
청계고가도로 31, 64, 147
최순우 129, 248
최승일 127, 133, 239, 266, 267
최창규 100
최희순 105, 133
치환의 유전학 27
칠궁 53, 55

ㅌ

(탈)식민주의 13, 19, 28, 38, 47, 149, 153, 155
타자 15, 133, 178, 197
타푸리 29, 63
탈 발전국가 30, 197, 199
테크노크라트 17, 18, 30, 31, 77, 195
특수주의 15

ㅍ

풍전산업주식회사 145

ㅎ

『한국양회공업』 147, 148, 173, 176
『호국선현의 유적』 65, 150
하갑청 35, 128, 130, 241, 251
하루미 124
한국건축양식보고서 125, 255, 258
한국기술개발공사 31, 147
한미합동경제위원회 42, 43
한석정 63
한성개발 257, 267
한신공영 229
한일회담 51, 120
한창진 100
함성권 157, 188
해리 하르투니언 20
허진 131, 133, 134, 266
현대건설 147, 183, 189
현촌도 163, 165, 236
현충사 107, 129, 143, 155, 176
형태주의 78
홍붕의 130, 242, 271
화엄사 각황전 90, 97, 99, 101, 167, 242, 248
화일산업 187
효창공원 51
후앙 바오유 179
후지시마 가이지로 127
힐조 127

| 감사의 글 |

연구는 하면 할수록 외로운 싸움일 거라고만 생각했는데 요즘은 가는 길에 비슷한 고민을 하는 친구들을 만나게 됩니다. 심원건축학술상 덕분에 연구가 지평을 넓히는 소통의 기회가 되고 있습니다.

이 책은 많은 분들의 관심과 조언, 질문들로부터 도움을 받았습니다. 논문을 심사해주셨던 김종헌, 박진호, 우동선, 함성호 선생님, 심원건축학술상을 제정하여 주신 심원문화사업회의 이태규 이사장님께 감사드립니다.

박사 논문의 주제를 처음 발표한 것은 2013년 1학기 수업을 통해서입니다. '전통과 모더니티의 접점—서울 세종로(황토현) 광장 1961~1972'(한국건축연구)와 '한옥과 감각—나무와 콘크리트 논리의 경계에서 광화문 복원(현대 건축사 특론)의 제목에서 보듯이 처음에는 모더니티를 전통과 연결하여 문화재 복원의 도시 정치학과 건축 텍토닉을 거칠게 다루면서 시작되었습니다. 이후 박사논문 심사과정을 통해 비서구 식민지를 경험한 도시의 다른 모더니티를 정리하는 시간이 되었습니다. 송인호, 배형민, 김성홍, 우동선, 한동수 교수님과 나누었던 질문과 다른 입장의 시각을 통해 연구의 즐거운 영감을 받았습니다. 깊이 감사드립니다. 무엇보다 제가 던진 질문이 논문이 될 수 있도록 오랜 시간 격려해주신 송인호 교수님의 도움 없이는 연구가 불가능했습니다. 또한 연구는 구술 작업이 적지 않은 기반이 되었습니다. 선뜻 만나 귀한 자료와 기억을 공유해 주셨던 구일옥, 박종석, 안상열, 윤홍로, 최승일 선생님께도 감사드립니다.

항상 건축가에게 필요한 것은 담대한 도전의 용기라는 것을 알려주시는 김인철 교수님과 아르키움 선후배 동료들에게도 고마움을 전합니다. 그리고 자유롭게 풍요로이 학문적인 여정을 겪을 수 있게 도와준 역사건축도시연구실과 작은 건축 소모임 선후배분들께도 고맙습니다. 박정현, 정기황, 정은경, 박해인과 함께했던 도시공간의 정치학, 제3세계 도시계획과 전후 식민 모던, 냉전과 분단도시의 공부가 힘이 되었습니다.

마지막까지 논문을 책으로 고심하며 만들어준 와이드AR의 전진삼 발행인님과 디자인 현의 심현일 대표님, 시공문화사 김기현 사장님께도 감사드립니다.

연구자로서 소중한 시간을 만들어주는 가족에게 고마운 마음을 표현하고 싶습니다.

2018. 11.

강 난 형

경복궁의 모던 프로젝트

제9회 심원건축학술상 수상작

심원문화사업회
이사장 이태규
사무장 신정환

ISBN 978-89-5592-407-7

초판 1쇄 2018년 11월 17일

지은이 강난형
발행인 김기현
디자인 심현일
국문감수 이정범
편집감수 전진삼

발행처 시공문화사
등 록 1993년 3월 12일
주 소 서울특별시 서대문구 독립문공원길 13 (극동프라자 5층)
전 화 02) 3147~1212, 2323
전 송 02) 3147~2626
http://www.spacetime.co.kr spacetime@korea.com

편 집 디자인·현
인 쇄 예림인쇄
제 본 (주)서정바인텍
용 지 (주)대림지업사

정가 20,000원
* 파본은 구입한 곳에서 교환해 드립니다.